高等教育网络空间安全规划教材

防火墙技术及应用

孙 涛 高 峡 史 坤 编著

机械工业出版社

“防火墙技术及应用”是网络空间安全专业的核心课程之一，全面介绍了防火墙的技术原理与部署应用。本书按照实用为主的课程设计原则，分为基础篇、实践篇、拓展篇三大部分，共 17 章，主要内容包括防火墙基本知识，防火墙透明模式、路由模式、双机热备模式等常用部署模式，VPN、入侵防御、病毒防护等安全防护功能，防火墙配置方法和相关实验，以及企业部署应用综合案例等。书中通过典型组网图、流程图、示意图等形式，由浅入深地介绍了防火墙技术原理、配置方法和企业项目案例。

本书理论与实践相结合，实训实操内容占 50%，适合作为高等院校计算机、通信、网络空间安全、信息安全专业的教材，也可作为安全运维工程师、网络安全服务工程师的参考书。

本书配有电子课件，需要的教师可登录 www.cmpedu.com 免费注册，审核通过后下载，或联系编辑索取（微信：13146070618；电话：010-88379739）。

图书在版编目（CIP）数据

防火墙技术及应用 / 孙涛，高峡，史坤编著．—北京：机械工业出版社，2022.9（2024.1 重印）

高等教育网络空间安全规划教材

ISBN 978-7-111-71342-5

Ⅰ．①防…　Ⅱ．①孙…　②高…　③史…　Ⅲ．①防火墙技术-高等学校-教材

Ⅳ．①TP393.082

中国版本图书馆 CIP 数据核字（2022）第 138826 号

机械工业出版社（北京市百万庄大街 22 号　邮政编码 100037）

策划编辑：郝建伟　　责任编辑：郝建伟　张翠翠

责任校对：张艳霞　　责任印制：任维东

河北鑫兆源印刷有限公司印刷

2024 年 1 月第 1 版・第 2 次印刷

184mm×260mm・18 印张・445 千字

标准书号：ISBN 978-7-111-71342-5

定价：79.00 元

电话服务

客服电话：010-88361066

010-88379833

010-68326294

网络服务

机　工　官　网：www.cmpbook.com

机　工　官　博：weibo.com/cmp1952

金　　书　　网：www.golden-book.com

机工教育服务网：www.cmpedu.com

高等教育网络空间安全规划教材
编委会成员名单

本书编委会

前言

党的二十大报告中强调，要健全国家安全体系，强化网络在内的一系列安全保障体系建设。没有网络安全，就没有国家安全。筑牢网络安全屏障，要树立正确的网络安全观，深入开展网络安全知识普及，培养网络安全人才。

防火墙技术是网络安全人才必修的专业基础课。

防火墙通常部署在外网与内网之间，是保护内网安全的第一道屏障，在网络安全防御体系中占据重要位置。为使广大高等院校学生、网络空间安全领域从业者对防火墙的技术原理和部署应用有全面了解，我们精心编写了本书。

本书理论和实践相结合，从理论知识开始，介绍防火墙的技术原理、处理流程和实现机制。在此基础上，结合启明星辰公司的天清汉马防火墙，介绍防火墙在实际使用中的配置方法，最后通过企业综合案例，介绍防火墙在工程项目中的部署应用，将全书内容进行拓展和提升。

本书包括基础篇、实践篇、拓展篇三大部分，共 17 章，各章内容安排如下：

基础篇（第 1～9 章）主要介绍防火墙基本知识，为学习实践篇内容奠定基础。其中，第 1 章介绍了防火墙的基本概念和发展历程。第 2～5 章对防火墙的透明模式、路由模式、双机热备模式和其他模式的技术原理、处理流程、实现机制及相关的基础知识进行了介绍，包括防火墙接口类型、防火墙策略和路由等内容。第 6～9 章介绍了防火墙的 VPN 技术、安全防护、应用控制与流量控制、防火墙日志管理等安全相关功能，包括常见网络攻击、技术原理及防御方法，并对防火墙的不同日志类型进行了详细介绍。

实践篇（第 10～15 章）主要介绍防火墙实验和配置方法，包括管理防火墙的方法，透明模式、路由模式下常用功能的配置，双机热备实验、其他模式实验等内容。本篇介绍的防火墙常用功能及配置方法，将在拓展篇进行综合应用。

拓展篇（第 16、17 章）介绍防火墙在大型企业中的两个实际部署案例，是对实践篇的拓展和提升。本篇内容从具体企业的实际情况和需求出发，介绍项目范围、项目需求分析、项目原则、总体方案设计、实施过程等阶段的工作内容和防火墙的部署与配置方法，包括了项目从计划到落地的整个过程。

本书由孙涛、高峡、史坤编写。由于编者水平有限，错误和不妥之处在所难免，恳请专家和读者批评指正。

编　者

目录

实 践 篇

拓 展 篇

基　础　篇

学习目标

1. 了解防火墙的基本概念、主要作用，掌握防火墙的分类方法和每类防火墙的特点，通过防火墙演化过程了解防火墙的技术趋势。

2. 了解防火墙的各类接口及其特性，安全策略和安全域在防火墙中的应用，Access 接口和 Trunk 接口的报文收发处理流程；理解防火墙透明模式的工作原理。

3. 了解防火墙透明模式、路由模式、双机热备、混合模式等的工作原理。

4. 了解防火墙静态路由、动态路由的概念，策略路由技术；了解源地址转换、目标地址转换和静态地址转换原理；理解防火墙路由模式的工作原理。

5. 了解防火墙双机热备主备模式和主主模式的概念；掌握双机热备中数据同步和流量切换的实现机制；掌握双机热备中主备模式、主主模式在路由模式及透明模式下的部署和实现原理。

6. 了解防火墙安全功能，IPSec VPN、SSL VPN、L2TP VPN 和 GRE VPN；了解入侵防御、防病毒、Web 攻击防护、应用控制、流量控制等概念。

7. 了解防火墙日志管理功能；掌握本地日志、Syslog 日志、E-mail 日志等日志输出方式。

各章名称

第 1 章　防火墙概述
第 2 章　防火墙透明模式
第 3 章　防火墙路由模式
第 4 章　防火墙双机热备模式
第 5 章　其他模式
第 6 章　VPN
第 7 章　安全防护功能
第 8 章　应用控制与流量控制
第 9 章　防火墙日志管理

第1章 防火墙概述

自第一款包过滤防火墙发布以来，防火墙经历了 30 多年的发展。近年来，随着信息化建设的加快，万物互联时代到来，网络安全威胁的范围和内容不断扩大和演变，僵尸网络、钓鱼网站、分布式拒绝服务攻击等网络安全威胁不断增加，勒索软件、高级持续威胁等新型网络攻击愈演愈烈，网络攻击趋向复杂化、系统化、高级化、规模化。防火墙作为网络的首道防线起着至关重要的作用。防火墙技术也不断地调整和进步，用于应对日益严峻的网络威胁。

防火墙作为最基础的网络安全设施，承担了越来越多的安全任务，不论是网络管理者，还是网络安全相关的从业人员，对防火墙技术的学习都是非常必要的。本章主要介绍防火墙的基本概念和分类，带领读者了解防火墙的基本作用和各类防火墙的工作特点及优缺点。

1.1 防火墙基本概念

自 20 世纪 60 年代互联网诞生以来，人类社会就进入了信息时代。但是伴随互联网而来的，既有高速、便捷的信息传输这样好的一面，也有网络攻击这样不好的一面。1988 年，一段只有 99 行的程序在互联网上传播，这段程序利用了 UNIX 系统的缺点，用 Finger 命令查询联机用户名单，然后破译用户口令，用 Mail 系统复制、传播本身的源程序，再编译生成代码，这就是第一种蠕虫病毒——“莫里斯蠕虫”。“莫里斯蠕虫”导致数千台工作站和小型机瘫痪，大量数据和资料被毁，造成了近亿美元的损失，这次事件也是互联网历史上第一次引起广泛关注的网络攻击事件。近年来，网络攻击事件频发，互联网上的木马、蠕虫、勒索软件层出不穷，对网络安全乃至国家安全造成了严重威胁。在这种情况下，安全防护技术应运而生。网络攻击与安全防护，就像是“矛”与“盾”的关系，此消彼长，不断变化。为了应对不断发展变化的网络攻击技术，网络安全防护产品与技术也从无到有，不断提升，其中最常用的网络安全防护设备，就是防火墙。

1.1.1 防火墙定义

简单来讲，防火墙（Firewall）就是一套网络安全系统，这套系统可以通过配置安全规则，将内部网络和外部网络环境隔离，用于监视和控制传入和传出的网络流量。通常来讲，防火墙一般部署在网络的出口，用来在可信网络和不可信网络之间建立一道屏障，防止不可信的网络流量非法访问被保护的资产，尤其是 Internet 接入内网的流量。

防火墙部署在内部网络和外部网络之间，使用一系列的安全手段保护内部网络，实现对不安全流量的拒绝。只有在防火墙允许的情况下，外部数据才能通过防火墙进入内网。如果防火墙拒绝，数据就会被阻挡于外。当不允许的流量要通过防火墙进入内部网络时，防火墙丢弃流量的同时会发出相应的警报，用于提醒用户。防火墙可以对数据的流量实施监控，用户通过防火墙的流量监控能够掌握数据的上传和下载情况。

在 2020 年发布的国家标准 GB/T 20281—2020《信息安全技术 防火墙安全技术要求和测试评价方法》中，对防火墙做了明确的定义：防火墙是作用于不同的安全域之间，具备访问控制及安全防护功能的网络安全产品，主要分为网络型防火墙、Web 应用防火墙、数据库防火墙、主机型防火墙或其组合。

1.1.2　防火墙的作用

随着当今各行各业的信息化程度越来越高，因特网（Internet）也越来越流行和普及，万物互联的时代已经到来，人们当前几乎 90%以上的工作都需要网络才能完成。伴随着网络的普及，网络安全的问题也愈发严峻。还有一个不得不面对的现实：目前大多数的系统基本上没有很完善的安全防护能力，都是在假定互相信任的基础上设计和制造的。在一个系统里，部署的安全防护模块太过分散且无法管理，每个系统的开发人员都不同，系统的防护能力也参差不齐，分散的安全架构协同抵御攻击的能力非常差，对系统管理员的网络运维能力提出了非常高的要求。此外，随着公司规模的扩大，网络的规模也在不断地扩大，这时候就需要一套精简的安全系统来降低网络的复杂度。防火墙可以解决上面提到的问题，因此防火墙在网络中就成了必不可少的设备。

通过防火墙的概念可以了解防火墙最基本的作用，就是内部网络和外部网络之间的一道屏障。图 1-1 所示为一个典型的防火墙部署在实际网络拓扑结构中的位置。在这个拓扑结构中，网络划分为 3 个区域：受信任区域、不受信任区域、非军事区（Demilitarized Zone，DMZ）。

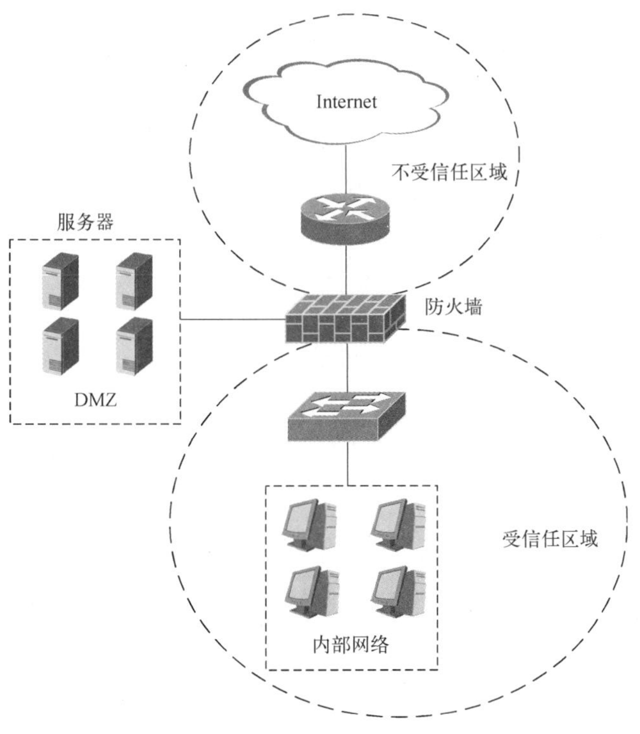

图 1-1　防火墙典型部署拓扑图

防火墙在网络中的作用，主要体现在以下几个方面：

1．网络基础转发和网络地址转换

防火墙作为一台重要的安全设备的同时，也是一台网络设备。通常来讲，防火墙部署在网络的出口（出口防火墙），承担着内部用户访问外部网络和外部网络访问内部服务器资源（HTTP、FTP 等）的任务。用户所有的业务流量都会流经防火墙，防火墙对外连接运营商的路由器，对内连接核心的交换机，起到至关重要的作用。在没有防火墙之前，这类工作往往由一台路由器承担，路由器上开启简单的访问控制（ACL）功能，但是路由器不具备抵御攻击的能力，因此最终被具备完备安全防护能力的防火墙所取代。

我们知道，内部用户想要上网会需要一个 IP 地址，通过 IP 地址才能解析域名和浏览网页，因为 IPv4 地址资源有限，大部分用户使用的都是私网 IP（Private IP）地址，而私网地址在公网中是不可路由的，想访问公网的资源就需要转换为公网的出口 IP 地址，这时候就需要防火墙部署网络地址转换（Network Address Translation，NAT）功能来解决这个问题。

2．集中的安全防护，抵御各种威胁

防火墙的核心作用之一就是集中的安全防护，防火墙的防御能力高低主要体现在这里。在每一个操作系统中分别部署安全功能不现实，因为防火墙部署在可信网络和不可信网络的边界，因此在防火墙上部署安全防护功能就会事半功倍，就像一个国家的边界，集中部署各种防御机制，抵御外来的威胁。防火墙可以实现限制非法用户的访问，如木马蠕虫攻击、网络渗透、抵抗分布式拒绝服务（Distributed Denial of Service，DDoS）攻击、网络扫描。较新的下一代防火墙还支持防病毒、入侵防御、应用控制等功能。随着产品的演进，不同安全功能还可以联动，共同抵御威胁。

3．网络流量监控和审计

因为防火墙部署的位置使全部内外访问的流量都会流经防火墙，所以防火墙可以对所有流量进行监控，了解网络实际带宽的使用情况、应用的分布，记录下所有用户（IP）的访问痕迹，并通过日志和统计图表的方式进行展示，便于管理员随时进行分析和追溯。当防火墙检测到可疑行为时，会通过日志或短信等方式进行告警，管理员可根据攻击的详细监测信息，适当调整防火墙的安全级别和防护策略。如果内部有主机被入侵，也可以快速定位失陷主机地址（IP），并及时处理，避免威胁扩散。

4．安全策略，隔离和控制不同子网（Subnet）和区域（Area）间的互访

防火墙的基础功能就是访问控制，通过设置不同用户（IP）访问不同资源的安全策略，来实现访问权限控制和网络隔离的目的。默认所有的用户都是不允许通行的，只有防火墙开放的 IP 和端口才可以通过防火墙转发。这不仅限制了外部用户的非法入侵，也可以防止网络从内部被攻破，将内部主机作为跳板攻击内部服务器的例子很多，因此内部用户之间的互访也应被严格控制。防火墙还可以通过认证用户的方式来确定合法用户，并通过配置基于用户的安全策略来决定哪些用户可以使用内部的服务以及允许访问的网站。

1.2 防火墙分类

谈到防火墙的分类，就不得不提到防火墙的发展历史。如图 1-2 所示，防火墙大致经过了基于包过滤的第一代防火墙，基于应用代理的第二代防火墙，基于状态检测的第三代防火墙和下一代防火墙 4 个阶段。在第三代防火墙和下一代防火墙之间，还短暂存在过 UTM（统一威胁管理）的概念。从 1988 年美国数字设备公司（DEC）发布首款包过滤防火墙至今已经过了 30 多年了，随着网络技术的不断进步和发展，也对防火墙提出了各种新的需求和挑战，这些挑战促使防火墙不断进步，演进到当今的“下一代防火墙”（Next Generation FireWall，NGFW）。

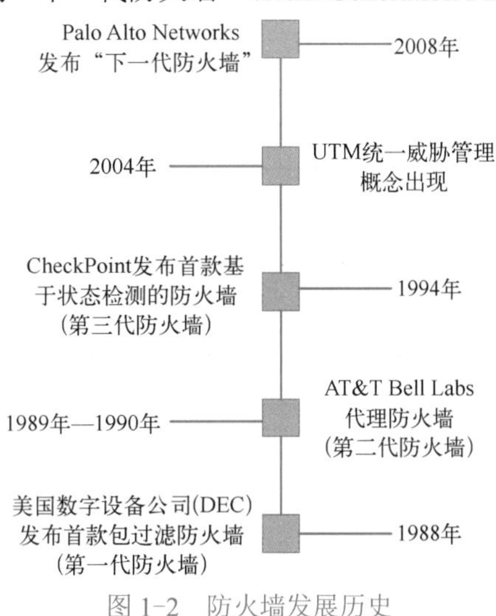

图 1-2　防火墙发展历史

1.2.1　包过滤防火墙

顾名思义，包过滤防火墙是基于包（Packet）级别过滤的防火墙，它工作在 OSI（Open System Interconnection）模型的网络层和传输层，因此又称为网络级防火墙，采用静态 IP 报文过滤技术（Static Packet Filter）对流经防火墙的业务流量进行过滤。防火墙收到包，进入 TCP/IP 协议栈进行解封装（De-encapsulation），经过物理层、数据链路层到达网络层。包过滤系统中收到的 IP 报文的头部如图 1-3 所示。

版本号(4位)	头长度(4位)	服务类型TOS(8位)	总长度(16位)	
标识(16位)			标志(3位)	位偏移(13位)
生存时间TTL(8位)		协议(8位)	头部校验和(16位)	
源IP地址(32位)				
目标IP地址(32位)				
选项 （最多40字节）				

图 1-3　IP 报文头部

图 1-3 中的源 IP 地址、目标 IP 地址等信息与预先配置的访问控制列表（Access Control List，ACL）进行比对，如果命中 ACL 规则，就根据规则设置的动作进行阻断或者放行。包过滤防火墙工作在传输层，可以看到 TCP/UDP 的头部，但是只能根据头部中的源端口、目标端口、标志位进行分析和过滤。相比后面介绍的基于状态检测的防火墙，包过滤防火墙缺少对方向的辨

别和数据报文的关联（流）。

因此包过滤防火墙的核心就是 ACL 规则，ACL 规则设置得是否合理、是否全面至关重要。表 1-1 就是一个典型的 ACL 规则示例。

表 1-1 访问控制列表（ACL）规则示例

序号	源 IP 地址	目标 IP 地址	协议	源端口	目标端口	标志位	动作
1	内部 IP 地址	外部 IP 地址	TCP	任意	80	任意	允许
2	外部 IP 地址	内部 IP 地址	TCP	任意	>1023	ACK	允许
3	所有	所有	所有	所有	所有	所有	拒绝

访问控制列表（ACL）是有顺序的，优先匹配列表的第一条（序号 1），如果没有命中规则就会匹配第二条（序号 2），直到找到能够匹配的规则，如果都没有命中就将报文丢弃。包检测流程如图 1-4 所示。

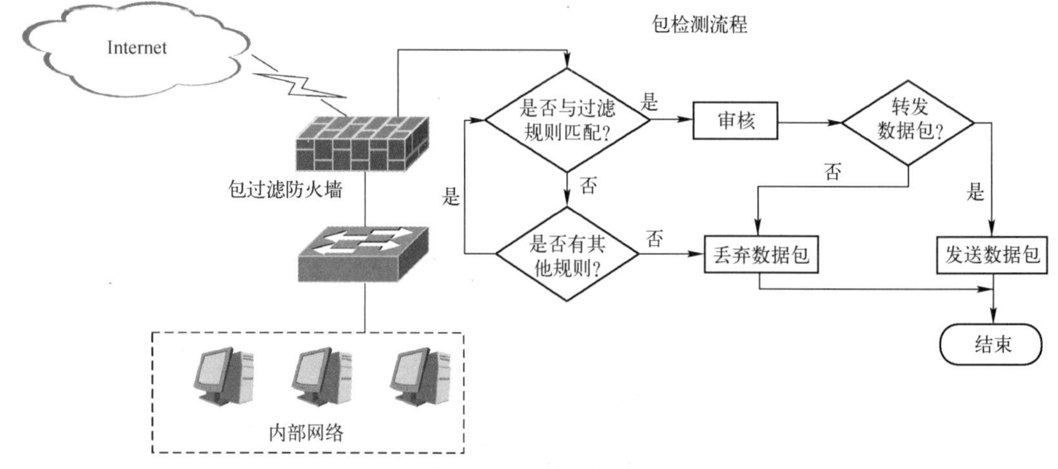

图 1-4 包检测流程

第一条规则，放行了内部地址访问外部地址的 TCP、目标端口为 80 的访问。

第二条规则，放行了外部地址响应内部地址请求的 TCP、ACK 标志位的报文，目标端口为客户端请求的端口（>1023），源端口为任意端口。

第三条规则，拒绝除了匹配第一条和第二条规则外的所有报文。

包过滤防火墙具有如下优点：

1）因为只检查报文头部，因此检测效率很高，一般使用专用的处理器（ASIC 芯片），报文处理延迟较低。

2）安全规则支持源及目标 IP、源及目标端口、协议和标志位。相比下一代防火墙的规则，包过滤防火墙简单很多，易于理解和配置。

3）包过滤防火墙只支持 IP 层和传输层头部的控制，对用户的应用协议不关心，对用户是透明的，不会干扰到应用层的处理。

包过滤防火墙也有缺点，具体如下：

1）因为实际应用（如 UDP、RPC）中的端口往往是动态变化的，无法固定开放某几个端口，因此需要对内开放所有高端口的访问，这就暴露了内部的服务端口，很容易成为黑客的攻击目标。

2）只适用于小规模网络，大型网络规则数可能达到上万条，大量规则的匹配会加大防火墙 CPU 的处理压力。此外，因为网络规模较大，安全规则的复杂度也会急剧上升，几乎无法维护。

3）包过滤防火墙是无连接状态的，容易遭到如 TCP 重放和挟持的攻击，也只能防御源地址为内网地址的 IP 地址欺骗攻击，攻击者很容易逃逸规则的控制。

4）因为包过滤是基于网络层的，所以无法抵御攻击特征在应用层的威胁，如木马蠕虫、SQL 注入、XSS 攻击等。

1.2.2　代理防火墙

随着 Web 服务越来越普及，针对应用层的攻击也越来越普遍，急需一个可保护网络免受应用层攻击的防火墙。包过滤防火墙明显无法胜任，因此代理防火墙应运而生。

应用代理防火墙是最安全的访问类型之一。应用代理部署于受保护的网络和不安全的网络之间。每当应用程序发出请求时，代理程序都会将请求拦截到防火墙处理。与实际传递客户端的初始请求相反，防火墙应用代理程序会发起自己的请求。当目标服务器响应防火墙的代理请求时，防火墙代理程序将响应发给客户端，就像它是目标服务器一样（分别与两端建立 TCP 连接）。这样，客户端和目标服务器实际上就不会直接进行交互。代理防火墙工作模式如图 1-5 所示。

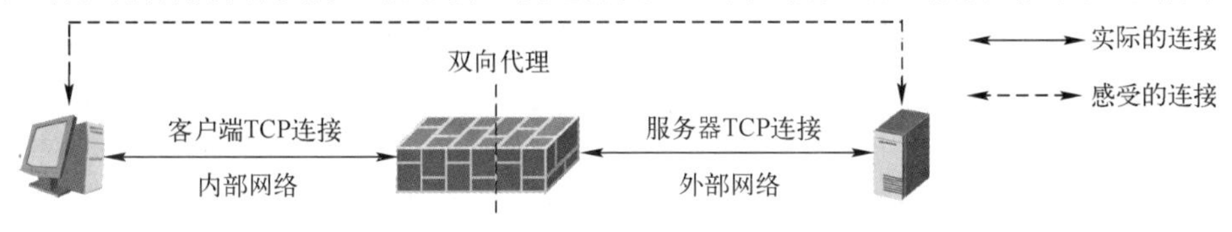

图 1-5　代理防火墙工作模式

代理防火墙和包过滤防火墙正好相反，相比包过滤防火墙（不关心上层应用，只识别 IP 头部），它是最安全的防火墙类型，因为可以对整个数据包（包括其应用程序部分）进行全面检查。代理防火墙工作原理如图 1-6 所示。

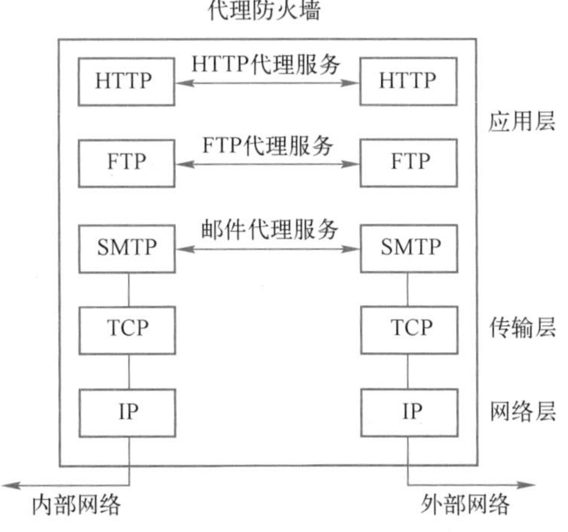

图 1-6　代理防火墙工作原理

因为报文会从下到上传送到防火墙的应用层，所以防火墙可以对应用协议的合规性进行检查，判断报文格式是否遵循协议标准，可以细化到每一个报文的头部字段和内容，例如不仅可以过滤一个 HTTP 请求的端口是否是 80 或 8080，也可以判断它的请求方法（GET/POST）、请求的 URI、请求的版本信息（1.0/1.1）、浏览器类型、压缩编码方式（Accept-Encoding）、接受的语言（Accept-Language）等。对于 FTP，代理防火墙可以只允许它从远端服务器查看文件列表和下载（LIST、GET 请求），而不允许它上传外发文件（PUT 请求）。

代理防火墙的优点如下：

1）代理网关支持用户认证。因为可以看到内部用户的全部信息（ID、Cookie 等），因此可以进行用户的认证并能够登记详细的用户信息。

2）相比包过滤防火墙动辄上百条访问控制策略的情况，代理防火墙更易于配置和维护。因为用户只需要关心上层的应用特征，而不用逐包地配置访问策略。

3）采用全代理的工作模式，更利于交互的可视化。可以审计和记录交互的全过程，提供详细的日志信息。

4）安全性极高，可以隐藏内部主机免受外部攻击。由于只能先与防火墙建立连接，因此攻击者无法直接攻击内部主机。

5）内部用户对外访问的地址都转换为防火墙的 IP 地址，自然解决了 IP 地址紧缺的问题。

虽然代理防火墙很安全，控制的粒度也很精细，但是由于种种原因，它并不是当今社会的主导技术，主要是它有如下缺点：

1）由于应用代理防火墙实际上是启动自身与目标系统的第二个连接，因此它需要两倍的连接量才能完成其交互。在较小的范围内，速度下降不会是一个很大的问题，但是当应对具有高并发连接的需求时，这不是可扩展的技术。到了今天，即使拥有超高性能的通用 CPU 和高效的操作系统，应用代理防火墙在不同现实环境中的性能仍然会有很大差异。

2）当代理防火墙要与多种不同的应用程序进行交互时，它需要具备处理多种不同应用程序的引擎，才能与其所连接的应用程序进行交互。对于大多数高使用率的原始应用程序（如 Web 浏览或 HTTP），这不是问题。但是，如果使用的是专有协议，那么使用应用代理防火墙可能不是最佳解决方案。而且应用程序的版本更新很快，HTTP 从最初的 0.9，到 HTTP 1.0，再到 HTTP 2.0，代理防火墙显然很难跟上应用更新的速度。

1.2.3 状态检测防火墙

状态检测防火墙采用基于连接的状态检测机制来过滤报文。防火墙将客户端和服务器之间交互的同一条 TCP 或 UDP 连接作为一个整体数据流来看待，这条交互的数据流也称为“会话”（Session）。每条会话都维护了交互双方的连接信息。一个标准的会话表至少包含策略 ID、协议、源 IP 地址、目标 IP 地址、源端口、目标端口、持续时间、超时时间、连接类型（全连接/半连接），如表 1-2 所示。

表 1-2 会话表

策略 ID	协议	源 IP 地址	源端口	目标 IP 地址	目标端口	持续时间	超时时间	连接类型
44	TCP	10.2.55.39	62062	36.110.237.236	80	3:51:35	0:59:58	全连接
46	TCP	10.3.12.102	46968	36.110.238.56	80	0:00:12	0:00:04	全连接
144	TCP	10.200.182.137	60289	58.218.215.131	80	0:01:01	0:58:59	全连接

每当客户端主动向服务器发起连接请求，防火墙收到数据包后，首先检查是否存在对应五元

组的会话信息。如果没有对应的会话表项，就会检查收到的报文是否可以创建新的会话，如果符合要求，就会创建一条新的会话表项，接着匹配安全访问规则（安全策略），然后转发给服务器。如果命中了已经存在的会话表项，则无须再次匹配安全策略，刷新会话的超时时间后直接转发给对端。状态检测防火墙工作原理如图 1-7 所示。

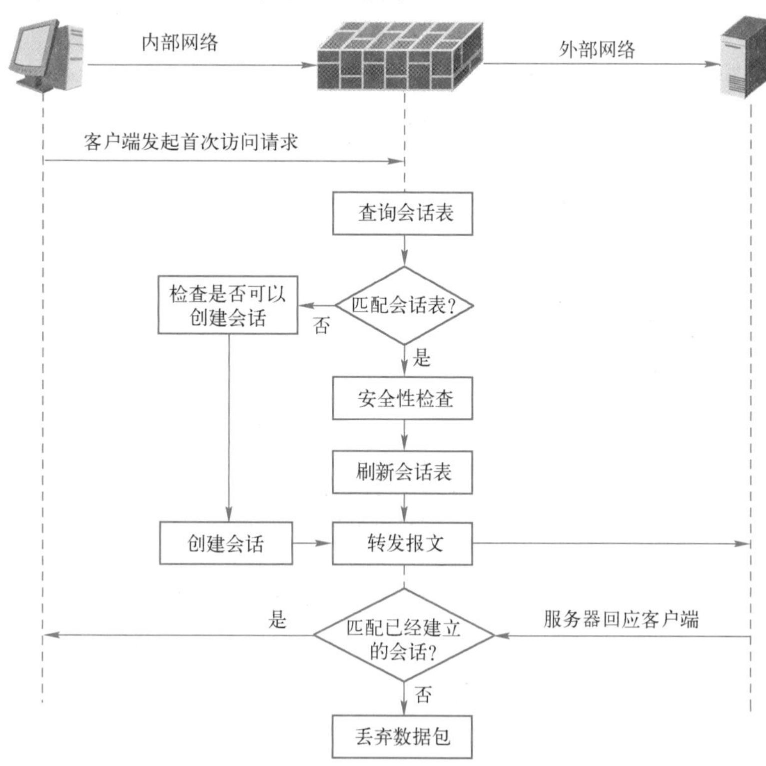

图 1-7　状态检测防火墙工作原理

和包过滤防火墙不同，因为状态检测防火墙基于会话来过滤流量，所以只需要放行一个方向的流量（存在一条安全策略），就可以达到控制客户端和服务器双向通信的目的。在大型的网络中，状态检测防火墙安全规则的条目数相比包过滤防火墙大幅减少。另外，因为一条会话内的报文多次交互只需要匹配一次安全规则，也极大地提高了防火墙的转发效率。基于状态检测的防火墙作为当今市场的主流技术受到越来越多用户的认可。

状态检测防火墙的优点如下：

1）因为是基于状态的检测，所以每个报文不是孤立的个体，而是相互联系的，可以抵御各种逃避安全规则的攻击，如 SYN flag 攻击。

2）处理性能高。状态检测防火墙会针对每条连接维护一个会话表项，在整个会话报文交互的生命周期内只需要匹配一次策略，后续的报文只需要命中会话表就可以直接处理，此时唯一要做的就是刷新一下会话表的老化时间，避免重复检测。例如，用户通过网页下载一个 1GB（1073741824B）的视频文件，使用包过滤防火墙需要重复检测大约 715827 次（按照每个报文 1500B 计算），而基于状态检测的防火墙，只需要在最初建立下载链接时匹配一次安全控制策略，后续的包命中会话后直接转发，极大地提高了匹配效率。

3）扩展性较好。状态检测防火墙不需要像代理防火墙一样，针对每种应用都开发一套协议栈。它几乎支持所有服务，只需要识别传输层的信息，提取出关键的字段并进行匹配，维护一条TCP或UDP连接即可。它也没有代理防火墙那么强的安全能力。

状态检测防火墙的缺点如下：

1）状态检测防火墙虽然解决了包过滤防火墙无法确认返回报文合法性的问题，但是因为其主要工作在传输层，因此无法识别上层的应用流量是否安全，如HTTP内容的过滤、应用控制。用户需要一种既能维护会话以保证传输层安全，又能检测上层攻击的防火墙，因此就有了下文介绍的下一代防火墙。

2）性能挑战。虽然相比包过滤防火墙匹配上的性能损耗低了很多，但是维护大量会话的同时还需要兼顾实时的业务转发，这就对防火墙的处理能力提出了更高的要求。随着硬件的升级（更快的CPU、更大的内存），这个缺点越来越不易察觉。

3）因为工作在传输层，并且安全规则只检查首次建立会话的包，因此容易受到针对性的攻击，比如伪造回应的报文来逃过安全规则的检查，还有一些针对内部的攻击，如控制内部主机主动发起连接，这样攻击者就可以用内部失陷主机搭建的"桥"攻击内部网络。

1.2.4 下一代防火墙

无论是包过滤防火墙还是状态检测防火墙都有着很明显的问题，需要一个新的防火墙产品来弥补上述的缺陷。于是从2003年开始，著名的研究机构Gartner（高德纳咨询公司）就开始着手研究下一代防火墙（NGFW）了，并于2004年发布了相关的注意事项。同年，国际数据公司（IDC）提出了统一威胁管理（Unified Threat Management，UTM）的概念，将杀毒软件、入侵防御系统、防火墙进行统一管理。许多公司都基于这个设计理念开发出了产品，如启明星辰公司的天清汉马USG一体化安全网关，华为和天融信等公司也先后推出了自己的UTM产品。

2004年以后，UTM产品得到迅速发展，但同时面临一个新的问题：因为功能越来越丰富，堆叠的功能越来越多，设备的处理性能严重下降。

于是在2009年，Palo Alto Networks公司发布了新一代的防火墙产品，解决了UTM中多功能串行处理导致的性能下降问题，同时将用户和应用、内容进行关联管控，可视化进一步加强。Gartner公司于2009年10月12日发布的研究报告中正式定义了下一代防火墙的概念。

报告中提出了下一代防火墙应具备以下特点：

1）具备基本的安全特性，如安全策略、包过滤、NAT（网络地址转换）、基于状态的检测能力和VPN等。

2）集成一套高效的入侵检测引擎和丰富的攻击特征。将入侵检测引擎深度地集成到防火墙的各种功能中，成为防火墙的一部分，统一进行管理，而不是安全模块的简单堆砌。

3）应用识别和全栈应用可视化。支持基于应用的安全策略，不只是基于端口的识别，而是基于应用特征的识别，比如可以支持聊天软件发送文字消息，但是不允许视频通信。

4）智能化的访问控制。当识别到攻击后，应该可以自动添加安全规则，如黑白名单。

5）高性能。同时开启防病毒、入侵防御、应用识别等功能后，性能没有明显下降。

6）支持用户的识别。和用户服务器联动，可以将用户和应用、攻击行为进行关联，实现基于用户的管理，改进管理方式。

下一代防火墙也有它的不足。主要是应用识别能力对生产防火墙的企业提出了非常高的要求，应用的更新迭代很快，生产防火墙的企业就需要非常多的人力进行应用特征库的维护，因为应用的识别没有统一的标准，因此防火墙的识别能力也参差不齐，还没有哪个产品可以识别出市面上所有的应用。

瑕不掩瑜，下一代防火墙既融合了上一代防火墙的优势，又扩大和深化了侦察和控制能力，还无须牺牲性能。它的深度包检测功能可确保系统识别出尝试性攻击并及时采取补救措施，是当之无愧的“下一代”防火墙。

本章小结

本章介绍了防火墙的概念以及分类等基本知识。防火墙通常部署在网络边界，具有网络基础转发、网络地址转换、集中安全防护、流量监控和审计等作用。防火墙的发展历程经历了包过滤防火墙、代理防火墙、状态检测防火墙和下一代防火墙 4 个阶段。通过本章学习，读者应了解防火墙的工作原理、基本架构，各类防火墙的作用及其优缺点。

1.3　思考与练习

一、填空题

1．包过滤防火墙检查每个 IP 报文的字段，包括_______、_______、_______、_______。

2．第一代防火墙采用_______技术，是依附于路由器的包过滤功能实现的防火墙。

3．包过滤技术可以作用在防火墙的_______，也可以作用在_______。

4．代理防火墙的作用之一是可以_______内部网络结构。

5．状态检测防火墙主要工作在_______层，无法识别_______层流量是否安全。

二、判断题

1．防火墙必须记录通过的流量日志，但是对于被拒绝的流量可以没有记录。(　　)

2．包过滤防火墙能够抵御木马蠕虫、SQL 注入和 XSS 攻击。(　　)

3．包过滤防火墙的核心是 ACL 规则。(　　)

4．防火墙对内网起到了很好的保护作用，并且它是坚不可摧的。(　　)

5．防火墙不仅可以限制外部用户的非法入侵，也可以防止网络从内部被攻破。(　　)

三、简答题

1．什么是防火墙?

2．请简单描述防火墙的发展历程经历了哪些阶段。

3．请简述包过滤防火墙的工作原理。

4．请简述下一代防火墙应具备的特点。

第 2 章 防火墙透明模式

防火墙工作在透明模式，对用户而言，可以理解为防火墙是透明的。因为不需要设置 IP 地址即可接入网络，因此用户意识不到防火墙的存在，但实际上防火墙在不停地对出入的流量进行过滤，为内网提供安全防护，这就是透明模式防火墙。透明模式可以在不改变网络拓扑结构的前提下实现内网安全保护。但是透明模式也可能带来问题，比如造成网络环路。

本章主要介绍防火墙部署模式中的透明模式，包括不同的接口类型，以及安全域、防火墙策略、透明模式的工作原理和部署等。

2.1 防火墙接口类型

接口（Interface）是防火墙最基本的组成部分之一。宏观上看，不同物理设备之间依靠接口互联，组建成一个完整的网络拓扑结构；微观角度，在防火墙内部又通过逻辑接口将网络数据包进行分发和处理。

以太网（Ethernet）中按照接口性质的不同可以分为：

- 物理接口（Physical Interface）。
- 逻辑接口（Logical Interface）。

其中，物理接口又可以根据电气特性的不同分为：

- 光口（Fiber）。
- 电口（Copper）。

按照速率不同可以分为：

- 百兆（100Mbit/s）接口。
- 千兆（1000Mbit/s）接口。
- 万兆（10Gbit/s）接口。

逻辑接口按照功能可以分为：

- VLAN（Virtual Local Area Network）接口。
- 桥接口（Bridge Virtual Interface，BVI）。
- 聚合接口（Aggregate Port）。
- 环回（Loopback）接口。
- 隧道接口（Tunnel Interface）。

2.1.1　物理接口

对于物理接口，通过字面含义可以知道其工作在 OSI 网络模型（如图 2-1 所示）的最底层，即物理层。物理接口用于设备之间的连接，它定义了数据报文从一台设备发送给另一台设备的规则。

学习物理接口之前先要了解它所在的物理层的特性：

- 处理通过物理介质传输过来的原始数据（Raw Data）。
- 它依托于特定的硬件（网卡），负责不同网络设备之间的实际物理连接。
- 数据以 1 和 0 的形式处理，并由光脉冲、电压或射频来传递。
- 该层中包括一些组件，如以太网电缆、令牌环网络、电缆、连接器等。

网卡（Network Interface Card，NIC）是物理层的主要设备，物理接口特指网卡的接口。

物理接口在防火墙中主要有以下一些重要参数：

- 接口类型：电口（Copper）、光口（Fiber）、光电复用接口（Combo）。
- 电口是相对光口来讲的，是指防火墙的物理特性，是对 RJ45 等各种双绞线接口的统称，也就是人们平时常说的网线。目前主要使用的是千兆电口，百兆电口已经基本淘汰。
- 光口是指用光纤相连的物理接口。根据内部传导的波长不同可以分为单模（1310nm）光口和多模（850nm）光口。
- Combo 也叫光电复用接口，它由设备上的两个接口组成（光口和电口），但在防火墙的接口视图中只显示一个逻辑接口，同时只能生效一种接口类型，如在电口上插网线，那么光口处于不工作状态，而在光口中插光纤，那么电口就处于不工作状态，两者互斥。图 2-2 所示为光电复用接口。

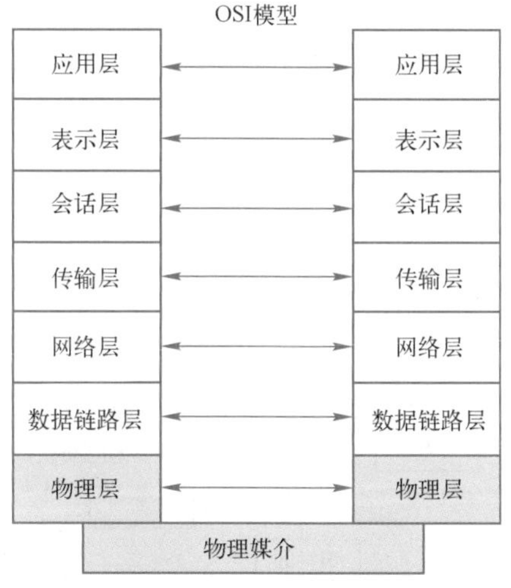

图 2-1　OSI 网络模型

图 2-2　光电复用接口

- 链路状态：显示接口物理链路状态。Up 指接口联通，Down 指接口断开。
- 接口名称：不同类型的接口在防火墙中的命名方式相对固定，一般来讲百兆命名以 eth 开头（eth0），千兆以 ge 开头（ge0），万兆以 xge 开头（xge0），根据接口在防火墙中位置的不同，又用 ge0/1 等方式（0 代表槽位号，1 代表接口顺序）进行区分。
- IP 地址（Internet Protocol Address）：分为 IPv4 和 IPv6。物理接口工作在三层的时候使用 IP 地址进行报文的路由和转发。

- MAC（Media Access Control）地址：MAC 地址唯一标识一个物理接口。MAC 地址也称为物理地址，由网络设备厂家在制造时烧录在网卡的闪存芯片中。IPv4 地址与 MAC 地址在计算机里都是以二进制表示的，IPv4 地址的长度是 32 位的，MAC 地址的长度为 48 位（6 个字节），通常表示为 12 个十六进制数。例如，00:10:f3:36:9f:99 就是一个 MAC 地址，其中，前 3 个字节由IEEE（电气与电子工程师学会）进行统一分配。十六进制数 00:10:f3 代表网络硬件厂商的编码，而后 3 个字节的十六进制数 36:9f:99 代表该厂商所制造的网卡唯一编号。形象地说，MAC 地址就和身份证上的号码一样，具有唯一性。
- 接口速率（Speed）：接口的速率有 10Mbit/s、100Mbit/s、1000Mbit/s、10000Mbit/s。
- 双工模式（Duplex）：是接口的工作模式，支持全双工（Full）和半双工（Half）。当工作在全双工模式时，收发可以同时进行，半双工模式下只能同时进行一个方向的传输。
- 管理状态：区别于物理状态，指的是管理员对接口的管理状态，可以设置接口管理状态为 Up 或者 Down，管理状态优先于物理状态。

2.1.2 VLAN 接口

VLAN 接口是在实际网络部署中经常用到的一类逻辑接口。说到 VLAN 接口就不得不先讲一下 VLAN 的定义，VLAN 接口通俗来讲就是应用在 VLAN 环境下的接口的总称。

虚拟局域网（Virtual Local Area Network，VLAN）工作在 OSI 模型的第二层，即数据链路层，基于报文的目标 MAC 地址进行转发，用于分隔广播域和二层网络。它可以根据用户网络的需要按照部门、功能、应用等因素将网络分成不同的局域网，而不受物理网络的限制。同一个虚拟局域网中的用户可以互相访问传输数据。

要改变 VLAN 网络的拓扑结构，并不用使网络中的设备发生物理上的移动或者连接线路的调整。管理员仅需改动防火墙的 VLAN 设置，就可将不同部门从一个大的广播域分别“移到”各自独立的 VLAN（如工程部 VLAN、销售部 VLAN、财务部 VLAN），如图 2-3 所示。这可以使网络节点的移动、变换、增加变得非常灵活和容易。

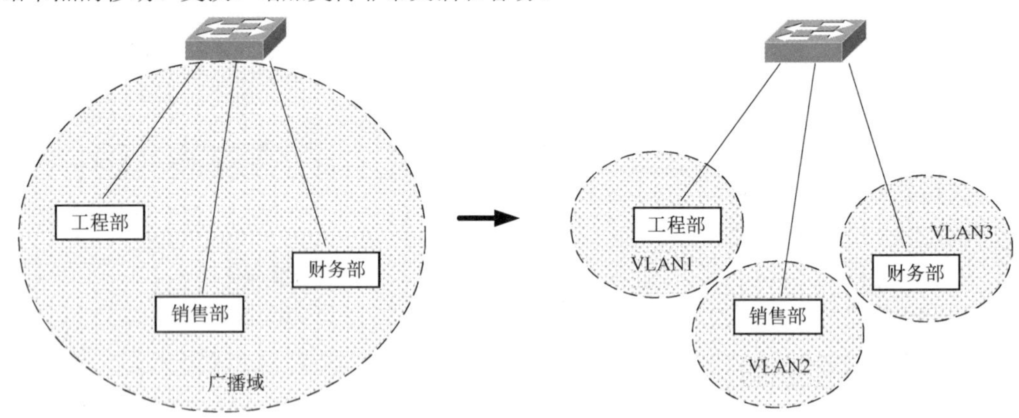

图 2-3　VLAN

根据划分方式的不同，VLAN 可以分为以下几种：

- 基于端口的 VLAN：根据设备的端口号来划分 VLAN。
- 基于 MAC 地址的 VLAN：根据访问 PC 网卡的 MAC 地址来划分 VLAN。
- 基于网络层的 VLAN：根据报文中的 IP 地址信息确定添加的 VLAN Tag 信息。

● 基于协议的 VLAN：根据接收到的报文所携带的协议类型来给报文分配不同的 VLAN Tag。网络管理员需要配置以太网帧中的协议和 VLAN Tag 的映射关系表。

基于端口的 VLAN 也称静态 VLAN，是当前使用非常广泛的一种 VLAN 划分方法。它通过端口来定义 VLAN 的成员，相比其他几类划分方法，这种端口的划分方法比较简单，易于维护和理解。通过创建 VLAN 接口，将物理接口划分到同一个虚拟局域网，当数据报文进入该接口的时候，就会被打上相应的 Tag（也称 VLAN ID），之后在 VLAN 内部传输，所有数据报文都携带相同的 Tag。

防火墙一般部署在企业的网络出口，作为网关使用，所以 VLAN 接口一般工作在混合模式。混合模式是指 VLAN 接口既可工作在数据链路层，通过 MAC 地址转发二层数据，又可工作在网络层，通过 IP 地址路由转发 IP 报文。图 2-4 所示为 VLAN 划分。ge0 和 ge1 划入 VLAN100，VLAN 接口 1 的地址为 192.168.1.1，工程部 1 和工程部 2 同属于 VLAN100，共享一个广播域；而 ge2 划入 VLAN200，VLAN 接口 2 的地址为 192.168.2.1，销售部属于 VLAN200，与工程部通过不同的 VLAN 隔离。

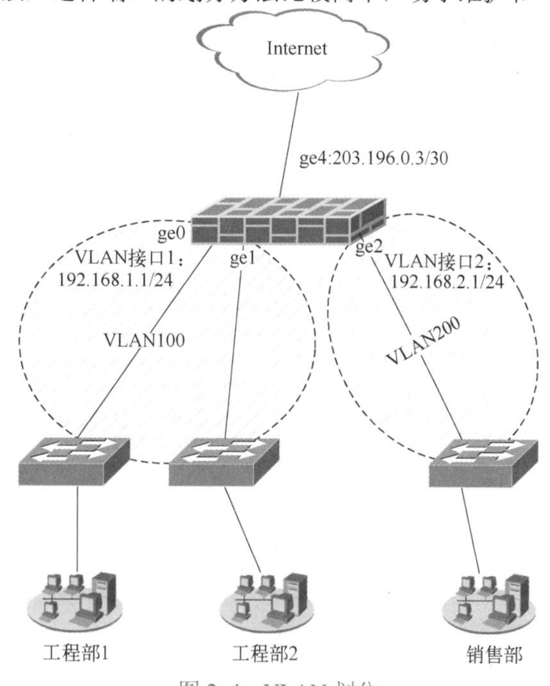

图 2-4　VLAN 划分

VLAN 接口主要有以下参数：

● 名称：VLAN 的名称，一般根据 ID 直接命名，如 VLAN100。
● Tag（VLAN ID）：VLAN 的 ID，即 TAG 信息，如 100。
● IP 地址：当 VLAN 接口参与三层路由转发的时候，需要配置 IP 地址。
● 管理状态：和物理接口一样，可以设置管理状态为 Up 或 Down。
● VLAN 内物理接口：选择将哪个物理接口划归 VLAN 内；划分方式可以是 Tag 方式和 Untag 方式，两种方式对于报文处理的机制略有不同。
● MTU（Maximum Transmission Unit）：指最大传输单元，用来通知对方所能接收服务单元的最大尺寸，说明发送方能够接收的有效载荷大小。
● STP（Spanning Tree Protocol）：生成树协议，用于解决 VLAN 内部的环路问题。

2.1.3　透明桥

透明桥即透明的网桥，是网桥的一种。除了透明桥外，还有转换网桥、封装网桥和源路由选择网桥。转换网桥和封装网桥主要用于不同物理网络类型之间的转换，与防火墙关系不大，不再赘述。源路由选择网桥和透明桥曾经在局域网协议标准中存在竞争关系，最终透明桥因为在实际网络中更容易安装和部署而胜出。虽然存在资源利用不充分的问题，但是瑕不掩瑜。

透明桥的作用和 VLAN 类似，都是工作在数据链路层，根据 MAC 进行寻址转发。透明桥收到数据报文后要决定从哪个物理接口发送出去，这时候就需要查询 FDB（Forwarding Data Base）表，表中列出了 MAC 地址和接口的对应关系。最初，FDB 表只包含接口 MAC 和接口的静态表项，在随后运行的过程中，会采用自学习（Self-learning）的机制处理收到的数据帧，当收到数据帧后会学习收到报文的源 MAC，并将 MAC 和入接口对应的关系加入 FDB 表，同时也会在 FDB 表中进行查找操作，根据目标 MAC 查找表项，如果找到对应的表项，就根据出接口直接转发出去。透明桥 MAC 学习过程如图 2-5 所示。

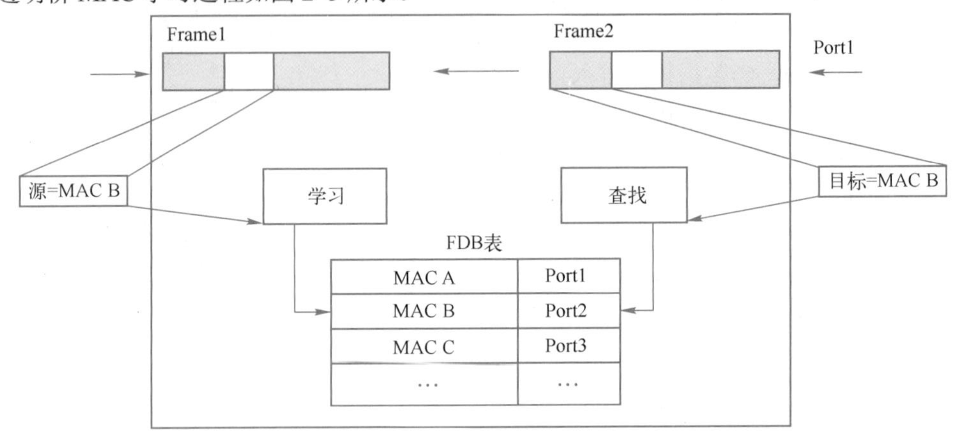

图 2-5　透明桥 MAC 学习过程

透明桥在防火墙中主要在进行透明模式的部署时使用。相比 VLAN 的配置，透明桥的配置更加简单，只需要将物理接口加入透明桥即可。透明桥默认工作于混杂模式，对于收到携带任何 VLAN ID（Tag）的报文都直接转发出去，不会剥离或修改报文的任何内容，也可以只允许转发指定的 VLAN ID（Tag），非常灵活。

2.1.4　聚合接口

聚合接口是指将多个以太网接口汇聚在一起形成一个逻辑接口，实现在这些汇聚接口之间进行流量的负载分担以及扩充网络带宽的目的。当汇聚接口中的某一个接口发生故障时，设备会将流量自动分担到其余的接口，避免网络的中断。图 2-6 所示为链路聚合。负载分担支持手工聚合和基于 LACP（Link Aggregation Control Protocol）的动态链路聚合两种方式。手工聚合就是逐流或逐包地平均分配流量到每个接口，而动态聚合则可以根据目标 MAC 或“源 IP+目标 IP 哈希”的方式分担流量。

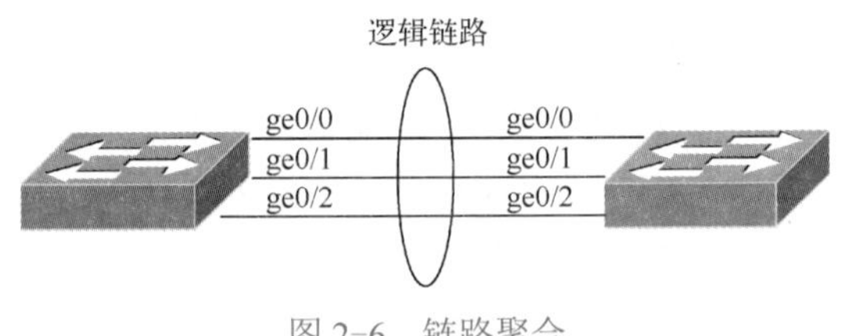

图 2-6　链路聚合

2.1.5　接口联动

接口联动指可以通过配置接口联动组的方式，把多个物理接口绑定在一起，实现联动组内接口之间链路状态一致的功能。在实际网络环境中，当上游交换机或路由器出现故障而引起链路状态异常时，通常不仅会使与防火墙设备直接相连的这条链路失效，也会导致关联的下游链路不再可用。如果不能及时使关联链路也同时失效，就可能导致报文无法重新路由，继续发往无效的链路，从而导致流量中断。

如图 2-7 所示，在实际网络环境中，客户端的流量经过主防火墙转发到服务器，ge0/0 和 ge0/1 分别连接防火墙的上下游交换机。当与接口 ge0/0 相连的链路发生故障（本端或对端接口为 Down）时，如果 ge0/1 没有联动机制，则从服务器返回的流量还是会发给主防火墙的 ge0/1，导致反向的流量不通。如果将 ge0/1 和 ge0/0 加入同一个联动组，那么 ge0/1 就可以感知 ge0/0 的 Down 状态，从而使流量从备用防火墙转发，用户业务不会中断。

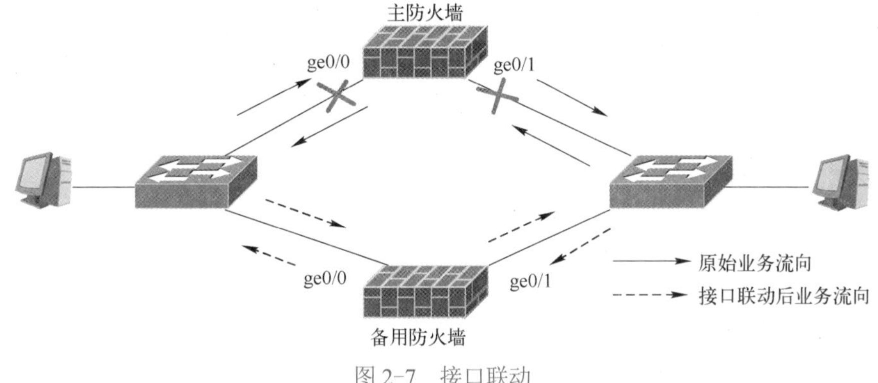

图 2-7　接口联动

2.2　安全域

安全域可以理解为由一组具有相同安全防护需要的并且互相信任的系统组成的逻辑区域，系统一般预定义 3 个安全域，分别为可信任的安全域、不可信任的安全域和非军事区（DMZ）。

1）可信任的安全域受信任的程度高，一般用来定义内部网络。

2）不可信任的安全域一般代表不受信任的网络，通常用来定义 Internet 等不安全的网络。

3）非军事区（DMZ）的受信任程度中等，一般用于定义对外提供服务的服务器所在的区域。

不同安全域之间的通信通过安全策略进行控制，安全域内部默认不受任何安全策略控制，管理员也可根据需要加以限制。

防火墙通过接口来划分不同的网络区域，将接口划分到安全域后，自然就将对应的网络和安全域关联起来。如图 2-8 所示，根据接口划分不同的安全域，将接口 1 和接口 2 划入可信任（Trusted）安全域，将接口 4 划入不可信任（Untrusted）安全域，将接口 3 划入 DMZ。默认接口 1 和接口 2 相连的网络可以互相访问，不受策略控制。

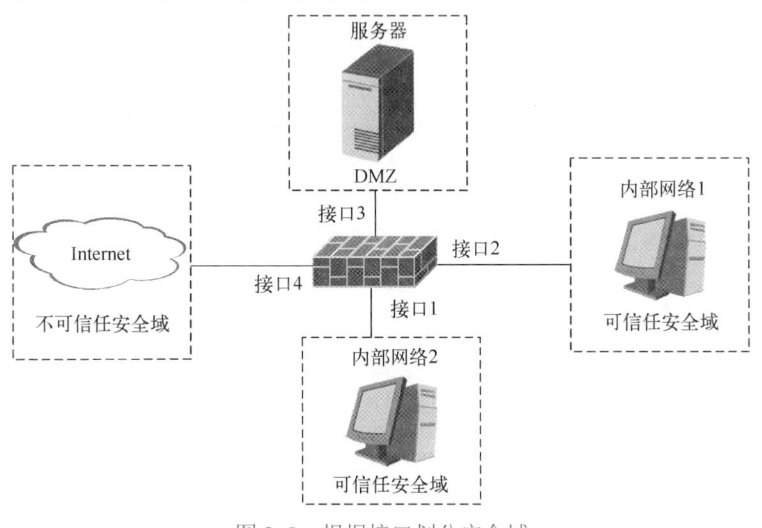

图 2-8　根据接口划分安全域

2.3 防火墙策略

防火墙为了能够对流量数据进行统一的控制，并方便用户的管理，引入了安全策略的功能，通过调整安全策略的配置就可以对经过设备的数据流进行有效的控制和管理，类似交换机的访问控制列表（Access Control List，ACL）。当防火墙收到数据报文时，会根据其所属会话的方向、源地址、目标地址、协议、端口等信息和策略进行匹配，来决定是否建立这条会话，同时将该会话和匹配的策略关联起来，从而可以判断后续的报文如何处理，如允许（PERMIT）通过的流量可以转发，拒绝（DENY）通过的流量无法通过防火墙。图 2-9 所示为策略的动作。

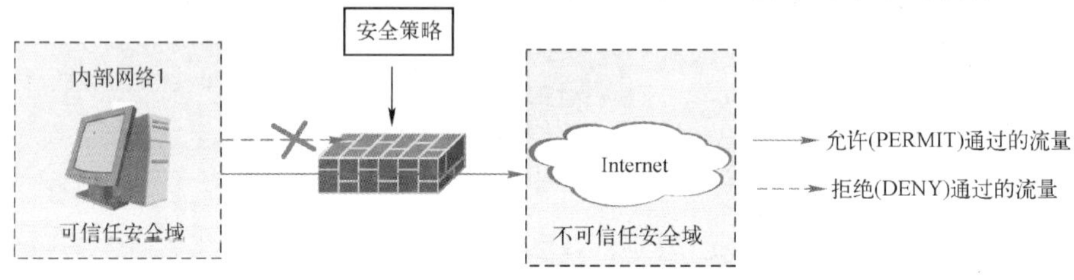

图 2-9　策略的动作

在较早的防火墙策略设计中，为了方便用户进行集中管控，安全策略集成了越来越多的安全功能，如入侵防御、防病毒、防 DDoS 攻击、应用控制等。但是随着安全功能的增多，安全策略也越来越臃肿，带来了不易维护等问题。因此在当今的防火墙设计理念中，除了基本的包过滤功能之外，其他功能被逐步分化出去。根据安全功能的不同形成了各自的“策略”，如 DDoS 防护策略、流控策略、应用控制策略等。灵活的策略可以让用户根据自己的需要配置相应的安全功能，避免了性能的浪费，增强了功能的易用性。

2.3.1 策略的匹配条件

防火墙的匹配离不开 6 个最基本的要素：入接口、出接口、源地址、目标地址、服务、时间。下一代防火墙还可以支持应用、用户等要素的匹配。安全策略的匹配如图 2-10 所示。

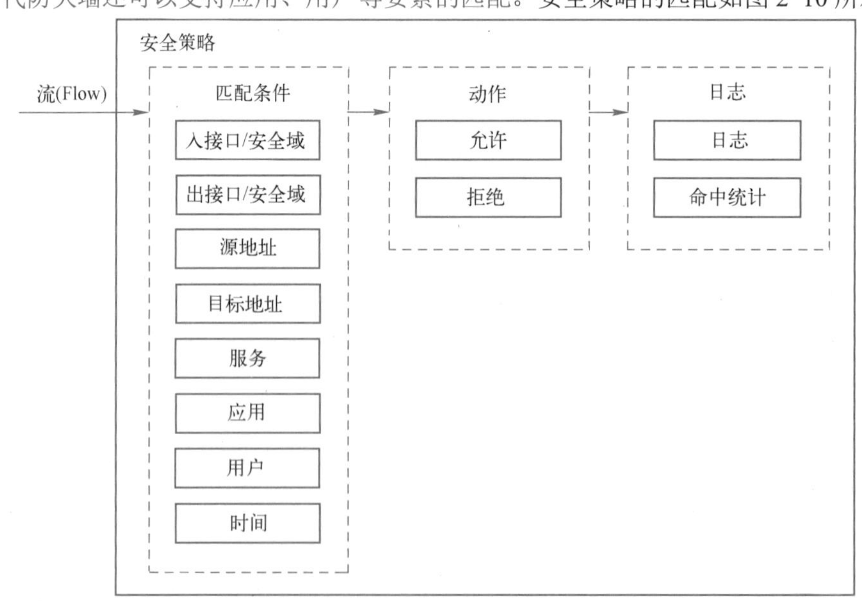

图 2-10　安全策略的匹配

图 2-10 中，各要素的具体含义如下：

- 入接口：流量首次进入的接口，可以是物理接口、逻辑接口和安全域。
- 出接口：流量经过路由或者透明转发的出接口，可以是物理接口、逻辑接口和安全域。
- 源地址：流量的源地址。地址可以是 IP 地址、MAC 地址、IP+MAC 地址等。一般来讲，只有透明部署的防火墙才可以支持 MAC 地址的匹配。
- 目标地址：流量的目标地址。地址可以是 IP 地址、MAC 地址、IP+MAC 地址等。
- 服务：服务一般是指传输层（TCP、UDP）端口。通常是源端口和目标端口的组合，源端口的范围一般为 1～65535，目标端口根据服务类型来确定。例如，HTTP 的目标端口为 80，Telnet 的目标端口为 23。
- 时间：时间是指策略生效的时间段。可以设置绝对时间和周期时间，绝对时间是指明确的起始和截止时间，如 2020 年 12 月 19 日 8 点到 2020 年 12 月 19 日 18 点。周期时间是指每周或每天的某个时间段，如每周一到周五的 8 点到 18 点。
- 动作：包括允许（PERMIT）、拒绝（DENY）。
- 日志：防火墙可以记录转发会话的开始和结束日志以及拒绝（DENY）的日志。

2.3.2　策略的匹配原则

策略匹配遵循以下原则：

- 由上至下：安全策略按照从上到下的顺序进行查找和匹配。
- 匹配优先：只要命中任何一条安全策略，就不会再继续向下匹配。
- 默认禁止：在策略的最后存在一条不可见的默认策略，禁止任何流量。

根据上面所讲的匹配原则，想要正确地放行可信的流量并阻断不可信的请求就需要精细化地配置安全策略，严格地按照匹配条件梳理每条策略的顺序和位置，避免因为错误的顺序导致策略的失效或冗余。

在图 2-11 所示的策略案例中，想要禁止 PC2 访问外网（Internet）的任何资源，同时放行所有内部主机访问外网 HTTP 服务（TCP/80 端口）和 DNS 服务（UDP/53 端口）的流量。

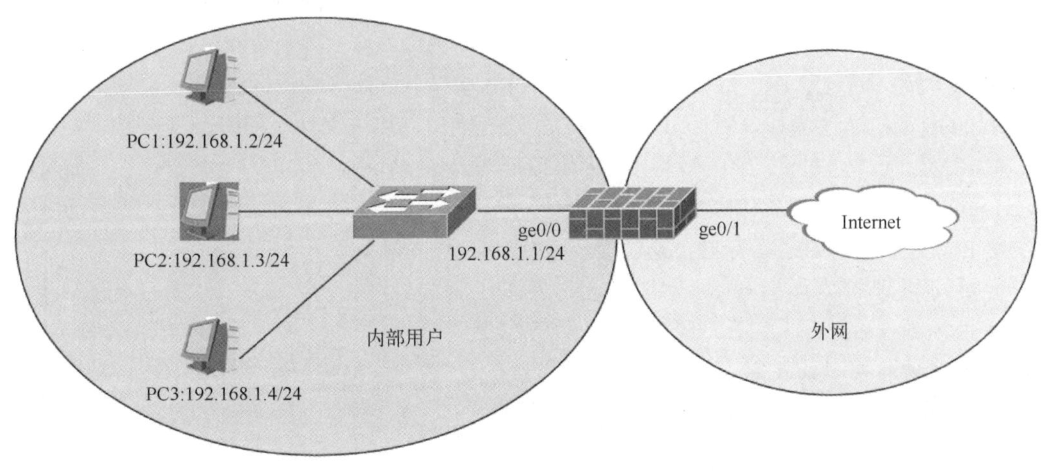

图 2-11　策略案例

根据需求和安全策略的匹配原则可以配置 3 条安全策略，如表 2-1 所示。

表 2-1　安全策略

策略 ID	入接口	出接口	源地址	目标地址	服务	时间	动作
1	ge0/0	ge0/1	192.168.1.3/24	any	any	always	DENY
2	ge0/0	ge0/1	any	any	TCP/80	always	PERMIT
3	ge0/0	ge0/1	any	any	UDP/53	always	PERMIT

根据上面的配置，PC2 访问任意外部地址的时候都会命中第一条策略，其他主机访问 TCP 80 和 UDP 53 端口的时候会命中第二条和第三条策略，访问其他服务会命中默认策略。从外网访问内网的请求命中默认策略会被阻断。

2.3.3　策略的配置规范

防火墙通常位于网络出口，主要作用就是保护内部网络的机密性和网络的可用性。作为一名合格的网络管理员，除了要保证网络的安全性之外，还要充分考虑网络的可维护性。因为在日常的运维过程中，对防火墙操作最多的就是安全策略，尤其是大型的网络。因为防火墙下游涉及各种网络设备，策略非常复杂，并且随着业务规模的不断扩大和调整，经常需要修改安全策略的规则，这就为管理员提出了难题，因此必须按照一定的规范去设计和调整策略才能避免因失误导致的各种问题。

通常需要遵循如下配置规范：

- 根据最小化访问控制原则优化安全策略，避免冗余。
- 根据防护需求细化防护对象的地址范围。
- 根据业务实际需要，只开放需要的服务，实现端口级的细粒度控制。
- 根据运行过程中的历史命中统计，持续优化策略的配置。

2.3.4　流与会话

谈到安全策略就不得不提到命中策略及触发动作的流（Flow）和会话（Session）。流和会话的概念在防火墙的相关文章中经常出现，两者关系密切，容易混淆。

网络中常提到的流特指某个五元组或三元组所唯一标识的一组报文，它没有方向的概念。根据 IP 层协议的不同，可以将流分为 4 类：

- TCP 流：通过源 IP、目标 IP、源端口、目标端口、协议来唯一标识。
- UDP 流：通过源 IP、目标 IP、源端口、目标端口、协议来唯一标识。
- ICMP 流：通过源 IP、目标 IP、协议、ICMP 类型、ICMP 代码唯一标识。
- IP 流：通过源 IP、目标 IP、协议唯一标识。

会话可以理解为两台设备或用户之间为了信息交换所维护的一个通道。既然是为了信息交换，那么就有信息的发起方（Initiator）和响应方（Responder），是一个双向的交互，存在方向的概念。会话通常关联两个方向的流，初次建立会话的流的方向可唯一定义会话的方向。

这里以建立 TCP 会话的三次握手的过程为例，图 2-12 所示为 TCP 连接的建立过程。

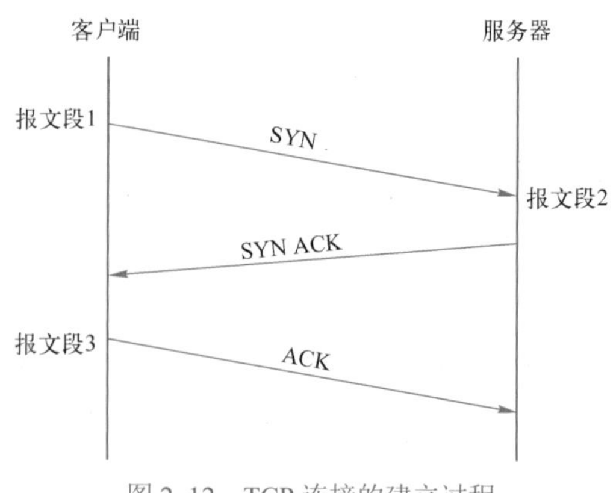

图 2-12　TCP 连接的建立过程

1）客户端首先向服务器发起建立连接请求报文，标志位 SYN 置位。

2）服务器收到请求报文后，如果同意建立会话，则回应确认报文，标志位 SYN 和 ACK 置位。

3）客户端收到服务器的确认后，对服务器的回应再次确认，标志位 ACK 置位。

经过上面的 3 步交互就建立了一条完整的会话，会话的方向就是首包（SYN）发起的方向，也就是客户端到服务器。

会话和策略的关系可以简单描述为只有会话初次建立时会命中安全策略，会话生存周期内的报文交互无须再次匹配策略。例如，客户端从服务器下载一个电影文件，只有在建立下载的 TCP 连接的过程中才会匹配策略，如果策略放行，那么后续下载数据的过程便不会反复匹配策略，这样可以极大地提高策略的匹配效率，同时达到安全控制的目的。

2.4　透明模式的工作原理和部署

透明模式是防火墙的部署模式之一，相比于路由模式的部署，工作在透明模式的防火墙在网络拓扑结构中会以“透明”的形式存在，不会作为其他设备路由的下一跳，因此不需要修改网络中 IP 地址的设计，其他设备不会感知到它的存在。但它仍然可以监控会话的交互，并通过安全策略控制流量的通行。

透明模式用到的主要技术就是 VLAN，VLAN 主要用于划分广播域，主要的工作就是终结或添加数据报文头部的 VLAN 标签，并查找 MAC 地址表进行转发。VLAN 帧如图 2-13 所示。IEEE 802.1Q 标准对 Ethernet 帧格式进行了修改，在源 MAC 地址字段和协议类型字段之间加入了 4 字节的 802.1Q Tag。

在防火墙中，通过将 VLAN 下的物理接口配置为不同的模式（Access 和 Trunk）来实现与其他设备所在的 VLAN 进行通信，VLAN 标准 IEEE 802.1Q 中采用 Untagged 和 Tagged 两个术语来描述报文的 VLAN 属性，在标准中并没有 Access 和 Trunk 的定义，但是在交换机的配置中大多使用 Access 和 Trunk 来表示端口的工作模式，防火墙中也沿用了这个称呼。

根据链路中需要承载的 VLAN 数目的不同，以太网链路分为以下几种。

（1）接入链路

接入链路只可以承载一个 VLAN 的数据帧，用于连接设备和用户终端（如用户主机、服务器等）。通常情况下，用户终端并不需要知道自己属于哪个 VLAN，也不能识别带有 Tag 的帧，所以在接入链路上传输的帧都是 Untagged 帧。图 2-14 所示为接入链路示意图。

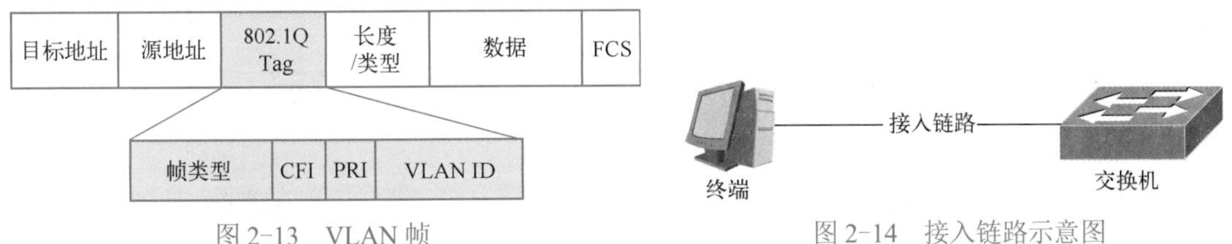

图 2-13　VLAN 帧

图 2-14　接入链路示意图

（2）干道链路

干道链路可以承载多个不同 VLAN 的数据帧，用于设备间互联。为了保证其他网络设备都能够正确识别数据帧中的 VLAN 信息，在干道链路上传输的数据帧必须都标上 Tag。图 2-15 所示为干道链路示意图。

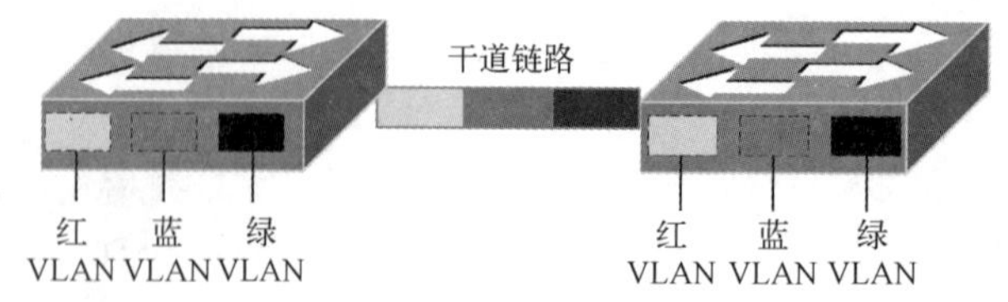

图 2-15　干道链路示意图

根据以太网链路的不同和收发数据帧处理的不同，以太网接口可以分为以下几种。

（1）Access 接口

Access 接口一般用于与不能识别 Tag 的用户终端（如用户主机、服务器等）相连，或者在不需要区分不同的 VLAN 成员时使用。它只能收发 Untagged 帧，且只能为 Untagged 帧添加唯一VLAN 的 Tag。

（2）Trunk 接口

Trunk 接口一般用于连接交换机、路由器以及可同时收发 Tagged 帧和 Untagged 帧的终端。它可以允许多个 VLAN 的帧携带 Tag 通过，但只允许一个 VLAN 的帧从该类接口上发出时不携带 Tag（即剥除 Tag）。

2.4.1　Access 接口

可以将数据帧进入接口的处理过程分为接收和发送两种。

Access 接口接收报文的处理流程如图 2-16 所示。接收到数据帧后首先判断是否携带 Tag，如果接收的报文不携带 Tag，那么就给报文标上进入时对应 VLAN ID 的 Tag。如果收到的报文携带 Tag 信息，就与进入时对应的本地 VLAN ID 比较，如果相同就接收，否则就丢弃。

Access 接口发送报文的处理过程如图 2-17 所示。发出数据帧时，先剥离接口所属的本地 VLAN ID，然后发出去。

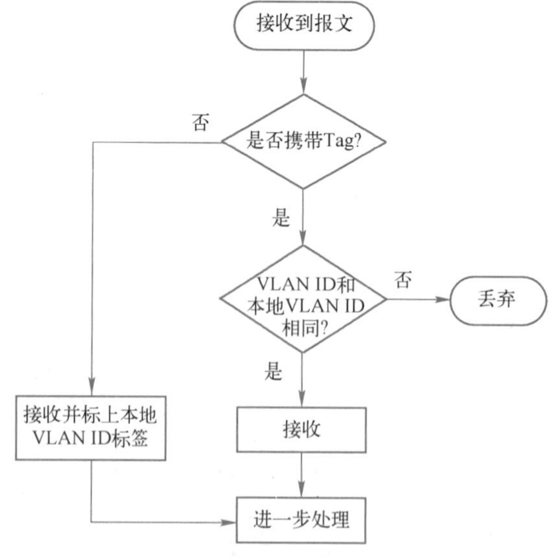

图 2-16　Access 接口接收报文的处理过程

图 2-17　Access 接口发送报文的处理过程

2.4.2　Trunk 接口

Trunk 接口接收报文的处理流程如图 2-18 所示。接收到数据帧后首先判断是否携带 Tag，如果接收的报文不携带 Tag，那么就给报文标上进入时对应 VLAN ID 的 Tag。然后判断是否允许该 VLAN ID 通过，如果允许就接收并处理，否则就丢弃。如果接收的报文携带 Tag，就判断是否允许该 VLAN ID 通过，如果允许就接收并处理，否则就丢弃。

Trunk 接口发送报文的处理过程如图 2-19 所示。发送数据帧时，首先判断发送接口所属的本地 VLAN 信息，如果和报文携带的 Tag 不一致，就保持原报文的 Tag 信息并发送出去，否则就剥离 Tag 后发送出去。

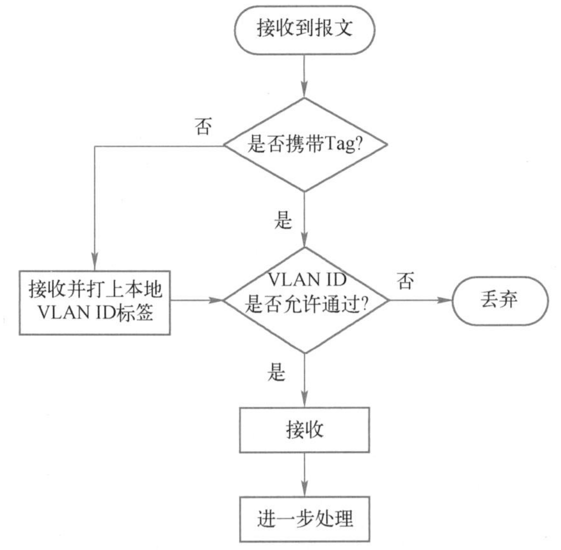

图 2-18　Trunk 接口接收报文的处理过程

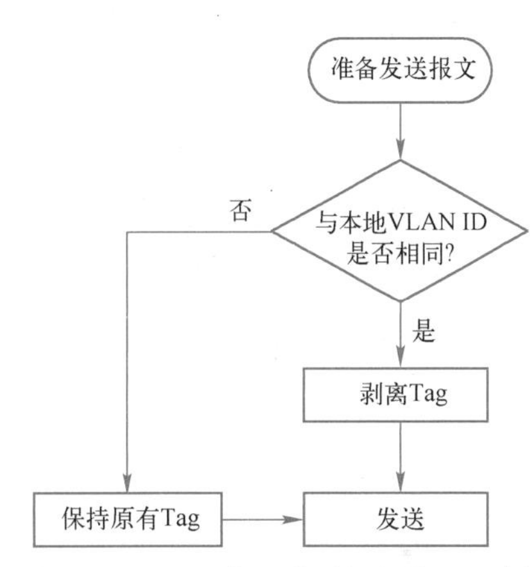

图 2-19　Trunk 接口发送报文的处理过程

2.4.3　网络环路

网络环路是指数据报文在闭环的网络中不断传输，始终无法到达目的地，导致网络瘫痪，如图 2-20 所示。

环路又分为二层环路和三层环路。二层环路一般发生在一个交换机内部或多个交换机之间，彼此的端口互联形成一个二层路径，当收到广播报文（目标 MAC 为 FF:FF:FF:FF:FF:FF）或未知单播时，会在交换机内部或多台交换机之间洪泛，形成广播风暴。因为以太网二层头部（EthernetII）不支持生存时间（Time To Live，TTL），所以数据报文会无休止地循环下去。

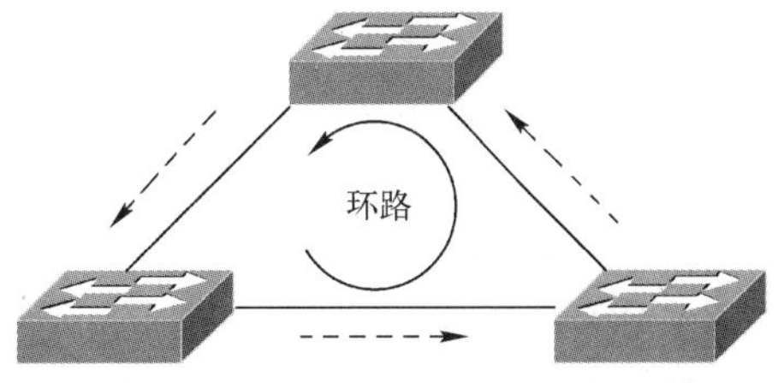

图 2-20　网络环路

三层环路一般是由于错误的路由配置导致的，如互相指向下一跳地址为对方而导致路由转发环路。因为 IP 头中有 TTL 字段，所以不会无休止地循环下去，但是会消耗 CPU 资源。

二层环路的解决办法：一般使用生成树协议（Spanning Tree Protocol，STP）来防止环路。

三层环路的解决办法：一般通过协议自身的防环机制来防止环路，例如 RIP 的触发更新、水平分割和 OSPF 协议的 SPF 算法等，转发层面 IP 头中还有 TTL 字段可以防环。

2.4.4 防火墙透明模式部署

透明模式防火墙一般透明部署在网络出口设备和内部网络之间，过滤出入的流量，保护内部的网络。图 2-21 所示为防火墙透明模式部署。

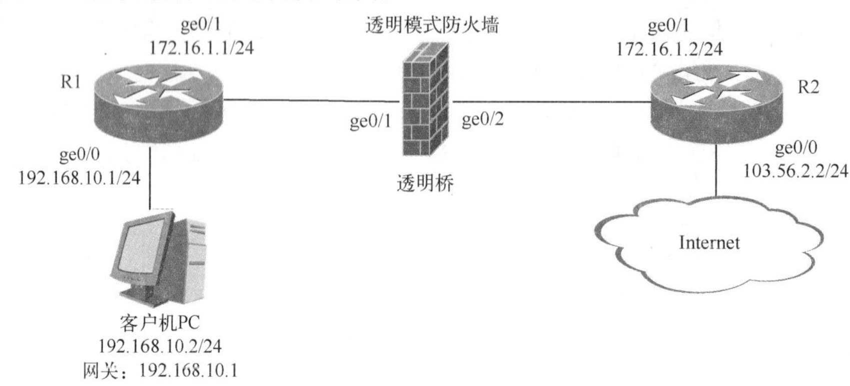

图 2-21　防火墙透明模式部署

防火墙工作在透明模式，主要是为了避免改变网络的拓扑结构。此时，防火墙对于内网和外网路由器来说是完全透明的，也就是说用户感知不到防火墙的存在，上下游的路由器处于同一个网段（172.16.1.0/24）。防火墙逻辑上将上下游分为了可信安全域和不可信安全域，检测经过防火墙的所有报文的五元组等信息，只有符合安全策略的数据报文才能通过。

透明模式下的防火墙不能提供 IP 路由功能，但是防火墙透明桥上可以配置 IP 地址，用于管理防火墙。这个地址还具有发送 Syslog 日志、管理认证等功能。

因为防火墙的透明模式主要是通过配置透明桥接口或 VLAN 来实现的，因此和 VLAN 一样，防火墙的转发主要通过目标 MAC 地址来实现。当报文进入防火墙转发时，要通过查询 FDB 表来寻找出接口。但是防火墙的透明模式又和交换机的透明桥有本质的区别，交换机的透明桥只将报文解封装到数据链路层，而防火墙的透明模式要将报文解封装到传输层或应用层，并通过检查会话表和安全策略来确定是否允许该报文通过，此外还要完成其他防攻击的检查。

本章小结

本章主要学习了防火墙各类接口的概念及其应用，什么是安全域，防火墙策略的匹配条件、匹配原则和配置规范，流与会话的基本概念，以及防火墙透明模式的应用和 VLAN 不同接口的工作原理。接口是防火墙最基础的组件之一，不同的物理设备通过接口连接成网络，防火墙通过逻辑接口对网络数据报文进行分发和处理。了解防火墙不同的接口类型和流与会话的概念，是后续学习的基础。

2.5 思考与练习

一、填空题

1. 防火墙上预定义了 3 类安全域，分别是_______、_______、_______。
2. 接口的工作模式支持_______和_______。

3. ________地址唯一标识一个物理接口。

4. 防火墙的物理接口根据电气特性的不同分为________、________。

5. ________接口一般用于连接交换机、路由器以及可同时收发 Tagged 帧和 Untagged 帧的终端。

二、判断题

1. 二层交换机无法配置任何三层 IP 地址，因此二层交换机无法被远程管理。（　　）

2. 防火墙接口工作在半双工模式时，只能同时进行一个方向的传输。（　　）

3. 如果目标 IP 和自己计算机的 IP 在同一网段，则可以直接通过 ARP 请求对方的 MAC 地址，直接和对方通信。（　　）

4. 聚合接口是指将多个以太网接口汇聚在一起形成一个逻辑接口，在这些汇聚接口之间实现流量的负载分担以及扩充网络带宽的目的。（　　）

5. 防火墙在透明模式下无法监控会话的交互，因此无法通过安全策略控制流量的通行。（　　）

三、选择题

1. 防火墙常用的两种工作模式是（　　）。

A. 路由模式　　B. 旁路模式　　C. 透明模式　　D. 以上都有

2. 能使一台 IP 地址为 10.0.0.1 的主机访问 Internet 的必要技术是（　　）。

A. 静态路由　　B. 动态路由　　C. 路由引入　　D. NAT

3. 下列（　　）不是防火墙的逻辑接口。

A. VLAN 接口　　B. 环回接口　　C. 隧道接口　　D. Combo

4. 防火墙在内外网隔离方面的作用是（　　）。

A. 既能物理隔离，又能逻辑隔离　　B. 能物理隔离，但不能逻辑隔离

C. 不能物理隔离，但是能逻辑隔离　　D. 不能物理隔离，也不能逻辑隔离

5. 某公司有多个部门的计算机通过一台交换机连接，为了将广播流限制在固定区域内，并将不同部门间的流量隔离，可以采用的技术是（　　）。

A. VLAN 划分　　B. 动态分配地址

C. 为路由交换设备修改默认口令　　D. 设立入侵防御系统

第3章 防火墙路由模式

路由模式是网络中使用最多的防火墙模式之一，本章主要介绍 IP 地址及路由的基本概念，防火墙路由模式所用到的基本技术和使用的场景等。让我们一起从最基础的网络知识点开始学习，通过一些案例慢慢渗透到知识点与防火墙之间的联系，相互结合、相辅相成来完成本章的学习，从而对防火墙路由模式有一个更深的理解。

3.1 IPv4

IPv4（Internet Protocol version 4，网络协议第四版）是 TCP/IP 协议栈中网络层的协议，是为计算机网络相互通信设计的协议。一台需要联网的设备只要遵守 IP 协议，就可以与 Internet 中遵守 IP 协议的其他设备互通。IPv4 主要包含 3 类内容：IPv4 数据报封装格式、IPv4 寻址和分组转发规则。

IPv4 地址的长度为 32 位，每个 IP 数据报都必须包含源设备的 IPv4 地址和目标设备的 IPv4 地址，这样网络处理设备才能正确判断数据的正确转发方向。一个 IP 数据报由头部和数据两部分组成。所有 IP 数据报都必须至少包含一个长度为 20 字节的头部，也称固定头部。固定头部后面可以附加一些可选字段，它的长度是可变的。

需要注意的一点是，IPv4 是一种不提供可靠性保证的、无连接的数据报传输服务协议，它仅包含网络层源地址和目标地址，需要依靠其他协议来保证报文抵达正确的目标主机以及报文的完整性。

3.1.1 IPv4 地址

TCP/IP 协议栈中使用长度为 32 位的 IPv4 地址，也就是一串 32 位的二进制数或 4 个字节，其表现为被分为 4 个 8 位二进制数，写法上采用点分十进制，由小数点将每一个字节的数字区分开，每一字节的取值范围为 0～255，如 10.0.0.1、192.168.1.1 和 224.0.0.1。

1．IPv4 地址分类

IPv4 地址由网络位和主机位两部分组成，即所谓的网络号和主机号，位于同一个网段中的所有主机都应使用同一个网络号。部署在同一个网络号内的每一个联网主机都应有一个唯一的主机号。因特网架构委员会（Internet Architecture Board，IAB）定义了 5 种 IPv4 地址类型，以适应不同的网络规模或用途，即 A～E 类。表 3-1 所示为 IPv4 地址分类和取值范围。

表 3-1　IPv4 地址分类和取值范围

IP 地址类	第 1 个字节的取值范围（十进制和二进制）
A 类	1～126（00000001～01111110）
B 类	128～191（10000000～10111111）
C 类	192～223（11000000～11011111）
D 类	224～239（11100000～11101111）
E 类	240～255（11110000～11111111）

2．公网 IPv4 地址

公网 IPv4 地址是全球唯一的。任何两台与 Internet 相连的设备都不能使用相同的 IP 地址。公网 IPv4 地址必须从 Internet 服务提供商（ISP）或从向 Inter NIC 提出申请的组织机构注册获得，并通常需要支付一定的费用。

3．私网 IPv4 地址

私网 IPv4 地址不可以用于 Internet 通信，属于非注册地址，只能在组织机构内部使用。如果需要搭建的是不用于 Internet 的内部网络，则可以使用这些私网地址，而不必使用全球唯一的地址。

在 A、B、C 这 3 类地址中，RFC 1918 指定了私网地址的范围：

A 类：10.0.0.0～10.255.255.255。

B 类：172.16.0.0～172.31.255.255。

C 类：192.168.0.0～192.168.255.255。

3.1.2　IP 子网

IP 子网划分实际上是设计子网掩码的过程，涉及的基本概念如下：

- 网络号（网络 ID）：IPv4 地址的网络号部分指出了当前设备连接的网络编号。一个 IPv4 地址中，当将主机位全置为 0 时，就是所代表的网络号。可将 IPv4 地址与子网掩码进行与运算得到网络号。如果两个设备 IPv4 地址的网络号相同，则认为是在同一 IP 网段；如果两个设备 IPv4 地址的网络号不同，则认为在不同的 IP 网段。
- 主机号（主机 ID）：IPv4 地址的主机号指出同一 IP 网段的特定设备编号。
- 子网掩码：用来标识一个 IPv4 地址中，哪部分是网络号，哪部分是主机号。
- 可用地址范围：在一个网段中，除去主机位全为 0 和主机位全为 1 的 IPv4 地址，其他的 IPv4 地址范围就是可用地址范围。
- 本地广播地址：255.255.255.255 为本地广播地址，可与本地网络中所有的设备进行通信，本地广播不能被路由转发到其他网段。
- 定向广播地址：指定网段中的广播地址。在一个网段中，网络位不变，主机位全为 1 的是定向广播地址。每个网段中都会有一个定向广播地址。

【例 3-1】　写出 192.168.1.1/24 的网络号、定向广播地址、可用地址范围。

解答：

IPv4 地址：192.168.1.1；子网掩码：255.255.255.0。

IPv4 地址与子网掩码进行与运算得到网络号，运算规则：0&0=0；0&1=0；1&0=0；1&1=1。

255 的二进制为 11111111，0 的二进制为 00000000，255 与任何数的与运算结果都为对方的数字，0 与任何数的与运算结果都为 0。

由此可得网络号：192.168.1.0。

定向广播地址：192.168.1.255。

可用地址范围：192.168.1.1～192.168.1.254。

【例 3-2】 写出 200.200.200.200/28 的网络号、定向广播地址、可用地址范围。

解答：

IPv4 地址：200.200.200.200；子网掩码：255.255.255.240。

网络号：200.200.200.192。

定向广播地址：200.200.200.207。

可用地址范围：200.200.200.193～200.200.200.206。

IPv4 地址中，前面 3 个字节为 24 位，最后一个字节的 8 位中有 4 位是网络位，有 4 位是主机位。

200 的二进制为 11001000；主机位全为 0，二进制为 11000000，换算成十进制为 192；主机位全为 1，二进制为 11001111，换算成十进制为 207。

主机位全 0 和主机位全 1 的 IPv4 地址不可用，如图 3-1 所示。

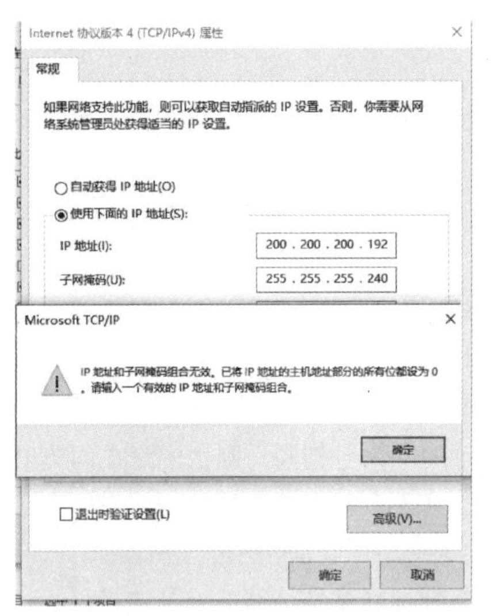

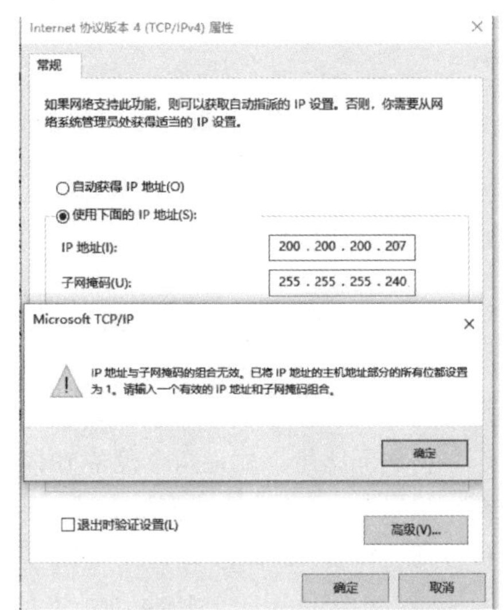

图 3-1　不可用的 IPv4 地址

表 3-2 所示为一些计算 IPv4 可用地址范围的示例。

表 3-2　计算 **IPv4** 可用地址范围

序号	IP 地址/掩码	网络号	定向广播地址	可用地址范围
1	172.16.0.1/16	172.16.0.0	172.16.255.255	172.16.0.1～172.16.255.254
2	202.106.32.193/30	202.106.32.192	202.106.32.195	202.106.32.193～202.106.32.194
3	192.168.11.1/23	192.168.10.0	192.168.11.255	192.168.10.1～192.168.11.254

一般情况下，为了节约 IPv4 地址，仅有两台设备互联的地址可以使用 30 位子网掩码的网段。如果用到 VRRP 或者浮动地址技术，则可使用 29 位子网掩码的网段。用户所使用的 IP 网段

需要多少地址可以按需划分。如果 IPv4 地址充裕，为了网络的可扩展性，每个网段中最好做一些 IPv4 地址预留。

3.2　IPv6

2019 年 11 月 25 日，负责欧洲、中东和部分中亚地区互联网资源分配的欧洲网络协调中心（RIPE NCC）宣布全球 IPv4 地址已全部分配完毕，这意味着 IPv4 地址正式宣告耗尽。

在此之前，世界各国都已经开始积极布局 IPv6，用于解决 IPv4 地址短缺的问题。本节主要介绍 IPv6 地址结构、地址分类等 IPv6 基础知识。

3.2.1　IPv6 简介

Internet 几十年来的发展，给广大人民群众的生活带来了巨大变化，也影响着社会生活的方方面面。目前互联网中应用的大多数是 IPv4 协议，其最大的问题是网络地址资源有限。从理论上讲，IPv4 可以编址 1600 万个网络、40 亿台主机。但采用 A、B、C 这 3 类编址方式后，可用的网络地址和主机地址的数目大打折扣。目前北美占有 3/4 数量的 IPv4 地址，约 30 亿个，而人口最多的亚洲只有不到 4 亿个。地址不足，严重地制约了我国互联网的应用和发展。而且 IPv4 已经暴露出很多缺点，因此产生了下一代互联网协议——IPv6。

IPv4 存在一系列的问题。IPv4 的地址空间大小，理论上可以达到 2^{32}，大约 43 亿个。这样的地址空间不能应对现阶段全球网络地址的需求。尽管为了缓解地址空间问题引入了 CIDR（无类域间路由）和 NAT（网络地址转换）等技术，但不能从根本上解决 IPv4 地址不足的危机。IPv4 地址缺乏统一的分配和管理，一部分的地址空间拓扑结构只有两层或者三层，导致 Internet 核心路由器中存在大量的路由表项，增加了路由查找和存储的额外开销。由于 IPv4 数据报的报头长度不固定，用硬件来提取和分析路由信息存在困难，使得路由器吞吐量难以提高。IPv4 设计之初没有考虑安全性，现行的安全手段是在应用层或传输层实现的，在网络层缺少安全保障。IPv4 对数据没有类型区分，不能为某些实时性要求较高的业务提供良好的服务质量保证。

IPv6（Internet Protocol version 6，网络协议第六版）是 TCP/IP 协议栈中网络层的协议，是 IETF（The Internet Engineering Task Force，国际互联网工程任务组）设计的用于替代 IPv4 的下一代 IP。IETF 成立于 1985 年底，是全球互联网最具权威的技术标准化组织，主要任务是负责互联网相关技术标准的研发和制定。IETF 从 1990 年开始规划 IPv4 的下一代协议，除了要解决 IPv4 地址短缺的问题外，还要进行更多的扩展。1994 年，IETF 正式提议 IPv6 发展计划。1995 年 12 月，IETF 公布了 RFC 1883，这是关于 IPv6 最早的建议标准。1998 年 12 月，RFC 2460 进一步更新了 RFC 1883。

IPv6 地址由 128 位构成，而 IPv4 地址由 32 位构成，单从数量级上来说，IPv6 所拥有的地址容量就解决了网络地址资源数量的问题。

3.2.2　IPv6 地址

IPv6 地址与 IPv4 地址相比有很大不同，除了地址长度从 32 位增加到 128 位外，IPv6 地址的表示方法、分类等都有很大变化。本小节从 IPv6 地址结构、分类、IPv6 单播地址、多播地址、任播地址等方面对 IPv6 地址进行介绍。

1．IPv6 地址结构

IPv6 地址采用“前缀+接口标识”的结构，前缀相当于 IPv4 地址中的网络 ID，接口标识相当于 IPv4 地址中的主机 ID。

（1）IPv6 地址表示

IPv6 地址由 128 位二进制组成，16 位为 1 段，段内每 4 位转换成一个十六进制的数，共 8 段，段间用：隔开，如 XXXX:XXXX:XXXX:XXXX:XXXX:XXXX:XXXX:XXXX。

IPv6 地址中，以十六进制 0 开头的段，前面的 0 可以省略。

连续全 0 段，可压缩并用::表示，但地址中只允许出现一个::。

【例 3-3】

二进制 IPv6 地址：0011000000000001 0000101000100000 0000000000000000 0000000000000011 0000000000000000 0000000000000000 0000000000000000 1110010100010010。

写成十六进制为 3001:0A20:0000:0003:0000:0000:0000:E512。

省略段中的 0 为 3001:A20:0:3:0:0:0:E512。

连续全 0 段，压缩并用::表示为 3001:A20:0:3::E512。

（2）IPv6 子网表示

IPv6 地址的子网前缀长度表示与 IPv4 地址的 255.255.255.0 等不一样，直接使用/*n* 即可。

【例 3-4】

接口 IPv6 地址：3001:A20:0:3::E512/64。

接口 IPv6 子网：3001:A20:0:3::/64。

（3）URL 中的 IPv6 地址表示

如果防火墙的接口是 IPv6 地址，则需要通过 IPv6 地址对防火墙进行管理，给 IPv6 地址加上[]，如 https://[3001::1]/。

2. IPv6 地址分类

IPv6 地址分为单播、多播、任播三大类，任播地址从单播地址空间中分配。

IPv6 地址分类如表 3-3 所示。

表 3-3　IPv6 地址分类

格式前缀	十六进制前缀	前缀表示	地址空间比例	地址类型
0000 0000	00	::/8	1/256	保留给特殊地址
0000 0001	01	100::/8	1/256	未分配
0000 001	02、03	200::/7	1/128	保留给 NSAP
0000 01 0000 1 0001	04～07 08～0F 1	400::/6 800::/5 1000::/4	1/64 1/32 1/16	未分配
001	2、3	2000::/3	1/8	全球单播地址
010 … 1111 10	4、5 … F8	4000::/3 … F800::/6	1/8 …… 1/64	未分配
1111 110	FC	FC00::/7	1/128	本地唯一地址
1111 1110 0	FE0	FE00::/9	1/512	未分配
1111 1110 10	FE8	FE80::/10	1/1024	本地链路地址
1111 1110 11	FEC	FEC0::/10	1/1024	本地站点地址
1111 1111	FF	FF00::/8	1/256	多播地址

特殊 IPv6 地址：

- 未指定地址（::/128），即全 0 地址，仅用于接口没有分配地址时作为源地址使用。
- 回环地址（::1/128），即前 127 位为 0，最后 1 位为 1，用于环回测试，同 IPv4 地址的 127.0.0.1。
- 映射到 IPv4 的 IPv6 地址（::FFFF:d.d.d.d/96），仅在 IPv4 和 IPv6 双栈节点内部使用，主要应用于双栈主机上的 IPv6 应用程序与 IPv4 主机上的 IPv4 应用程序之间的通信，如::FFFF:10.1.1.10。
- 6to4 地址（2002::/16），用于在 IPv4 网络中建立 6to4 自动隧道，主要应用于多个采用 6to4 地址的 IPv6 网络，跨越 IPv4 Internet 通信，如 2002:CA67:6070::/48。
- ISATAP 地址（站点内自动隧道地址），用于在 IPv4 网络中建立 ISATAP 自动隧道，主要应用于双栈主机跨越 IPv4 网络与 IPv6 网络通信，如 2000:1:2:3:0:5EFE:10.1.1.10/64。

3．IPv6 单播地址

IPv6 单播地址包括本地链路地址和全球单播地址。

（1）本地链路地址

格式前缀：1111111010。

前缀表示：FE80::/10。

本地链路地址只能在本地链路上使用，只能用于同一条链路的各个节点通信，常用于 IPv6 ND（邻居发现）、自动地址配置、IPv6 路由协议。启用了 IPv6 的接口，都会自动配置一个本地链路地址，同一链路上的节点不需要手工配置 IPv6 地址就能通信。工作在网络层的设备不允许转发含有本地链路地址的数据报，以本地链路地址作为源或目标的数据报都不允许被路由转发。

地址举例：FE80::20C:29FF:FE99:97A/64。

（2）全球单播地址

格式前缀：001。

前缀表示：2000::/3。

IANA（互联网数字分配机构）分配/12 的地址块给全球五大 RIR（地区性 Internet 注册机构），RIR 按需分配/32～/16 的地址块给 NIR（国家互联网注册机构，如中国 CNNIC），NIR 再将/32～/16 的地址块按需分配给运营商或大型企事业单位。

运营商一般分配/48～/32 给大企业，分配/56～/48 给中小企业，分配/64～/56 给家庭用户，分配/64 或/128 给移动终端和普通上网用户。

企业也可以向 NIR 或 RIR 申请自己特定的全球单播前缀，但需要运营商向外通告 BGP 路由。申请地址和通告路由都需要较高的费用。

IANA 已分配的全球单播地址：

- 2001::/16（以/23 分给 RIR）。
- 2002::/16（6to4）。
- 2003::/18（欧洲 RIPE NCC）。
- 2400::/12（亚太 APNIC）。
- 中国电信（240E::/20）。
- 中国移动（2409:8000::/20）。
- 中国联通（2408:8000::/20）。

- 2600::/12（北美 ARIN）。
- 2610::/23（北美 ARIN）。
- 2620::/23（北美 ARIN）。
- 2800::/12（拉美 LACNIC）。
- 2A00::/12（欧洲 RIPE NCC）。
- 2C00::/12（非洲 AFRINIC）。

防火墙的接口可以配置 IPv4 地址和 IPv6 地址。图 3-2 所示为防火墙接口的 IPv6 地址。

图 3-2　防火墙接口的 IPv6 地址

4. IPv6 多播地址

IPv6 多播（Multicast）地址标识多个接口，目标 IPv6 地址为多播地址的数据报会被送到这些接口。IPv6 没有定义广播地址，广播业务在 IPv6 中全部用多播代替。

表 3-4 所示为常见的 IPv6 多播地址。

表 3-4　常见的 IPv6 多播地址

常见的 IPv6 多播地址	范围	含义	描述
FF01::1	本节点	所有节点	在本接口范围内的所有节点
FF01::2	本节点	所有路由器	在本接口范围内的所有路由器
FF02::1	本地链路	所有节点	本地链路上的所有节点
FF02::2	本地链路	所有路由器	本地链路上的所有路由器
FF02::5	本地链路	OSPF 路由器	本地链路上的所有 OSPF 路由器
FF02::6	本地链路	OSPF DR	本地链路上的所有 OSPF DR
FF02::9	本地链路	RIP 路由器	本地链路上的所有 RIP 路由器
FF02::A	本地链路	EIGRP 路由器	本地链路上的所有 EIGRP 路由器
FF02::D	本地链路	PIM 路由器	本地链路上的所有 PIM 路由器
FF02::16	本地链路	MLDv2 路由器	本地链路上的所有 MLDv2 路由器
FF02::1:2	本地链路	DHCP 代理	本地链路上的所有 DHCP 中继和服务器
FF02::1:3	本地链路	本地链路名称解析	LLMNR，常用于 Windows 等操作系统
FF02::1:FF00:0/104	本地链路	请求节点多播地址	用于 ND，后 24 位为单播地址的后 24 位
FF05::2	本地站点	所有路由器	本地站点范围内的所有路由器
FF05::1:3	本地站点	所有 DHCP 服务器	本地站点范围内的所有 DHCP 服务器
FF0X::FB		mDNSv6	IPv6 多播 DNS
FF0X::101		NTP	英文全称为 Network Time Protocol，网络时间协议

5. IPv6 任播地址

IPv6 任播（Anycast）地址标识多个接口，目标 IPv6 地址为任播地址的数据报会被送到最近的那个被标识的接口。任播地址与单播地址使用同一个地址空间，也就是说，任播地址从单播地址空间中分配。因此配置任播地址时必须明确表明，以此来区别单播地址。目前，任播地址仅被用作目标地址，且仅分配给工作在网络层的设备。表 3-5 所示为 IPv6 任播地址。

表 3-5　IPv6 任播地址

主机节点必需地址	IPv6 地址	路由器必需地址	IPv6 地址
回环地址	::1/128	回环地址	::1/128
所有节点的多播地址	FF01::1，FF02::1	所有节点的多播地址	FF01::1，FF02::1
每个接口的本地链路地址	FE80::/10	每个接口的本地链路地址	FE80::/10
分配的单播地址	prefix:int-id/len	分配的单播地址	prefix:int-id/len
每个单播地址/任播地址，对应的请求节点多播地址	FF02::1:FFXX:XXXX	每个单播地址/任播地址，对应的请求节点多播地址	FF02::1:FFXX:XXXX
所属其他组的多播地址	FF00::/8	所属其他组的多播地址	FF00::/8
		所有路由器的多播地址	FF01::2，FF02::2，FF05::2
		所有接口网段的子网路由器任播地址	prefix::/len
		配置的其他任播地址	prefix:anycastid/len

6. 源地址选择

IPv6 主机具有本地链路地址，又可能同时具有多个全球单播 IPv6 地址，该用哪个地址作为源地址与目标主机通信呢？

源地址选择原则：优选与目标地址相同的地址；优选与目标地址限制范围合适的地址；避免已经过期的地址；优选归属地地址；优选到达目标地址的出接口地址；优选前缀策略表中与目标地址标签匹配的地址；优选与目标地址最长匹配的地址（Use Longest Matching Prefix）。

例如，源主机接口地址为 FE80::B、3002:1::B、3001:8001::AB。

如果目标地址为 FF02::6，则源地址选择 FE80::B，原则为优选与目标地址范围合适的地址。

如果目标地址为 3002::6，则源地址选择 3002:1::B，原则为优选与目标地址最长匹配的地址。

3.3 静态路由和动态路由

IPv4 或 IPv6 数据报在网络传输过程中经过路由器或防火墙等网络设备时，需要通过路由技术进行转发，直到到达目标地址。这里用到的路由技术分为静态路由和动态路由。静态路由需要手工配置，一般适用于比较简单的网络环境，在这样的环境中，网络管理员易于清楚地了解网络的拓扑结构，便于设置正确的路由信息。动态路由则是由路由器自动地建立自己的路由表，并且能够根据实际情况的变化适时地进行调整。

3.3.1 路由转发工作原理

在了解路由转发工作原理之前，先要了解什么是数据的直接转发和间接转发。

直接转发：源 IP 地址和目标 IP 地址在同一网段时，通过直接转发通信。通信源设备通过子网掩码判断源 IP 地址与目标 IP 地址是否在同一 IP 网段（网络号相同，在同一 IP 网段）。当源 IP 地址与目标 IP 地址在同一 IP 网段时，源设备发出 ARP 请求，请求的是目标 IP 地址的 MAC 地址。根据协议，设备会响应自身 IP 地址的 MAC 地址请求，源设备得到目标 MAC 地址后，将数据封装至数据链路层协议中发往目标设备。

间接转发：当源 IP 地址和目标 IP 地址不在同一网段时，则需要间接转发才能通信。通信源设备通过子网掩码判断源 IP 地址与目标 IP 地址是否在同一 IP 网段。不同的网段通信，需要通信设备配置相应网关的 IP 地址。如果设备没有配置网关，将无法进行不同网段之间的通信。设备的网关与设备应当在同一 IP 网段，根据习惯通常是这个网段的第一个 IP 地址或者最后一个 IP 地址。当源 IP 地址与目标 IP 地址在不同的 IP 网段时，源设备发出 ARP 请求，请求的是网关 IP 地址的 MAC 地址。得到网关 MAC 地址后，将数据封装至数据链路层协议中发往网关设备，由网关设备负责转发数据至不同网段。

网关设备可以是三层交换机、路由器、防火墙等。网关设备会响应自身接口 IP 地址、所配置的目标 NAT 的 IP 地址的 ARP 请求。

与透明模式防火墙转发数据不一样，路由模式防火墙转发数据时需要查找路由表。如果路由表中存在目标 IP 地址的路由信息，则进行数据转发；如果路由表中没有目标 IP 地址的路由信息，则将数据丢弃。

如图 3-3 所示，通过 PC 与服务器通信的过程了解路由模式设备转发数据的基础过程。

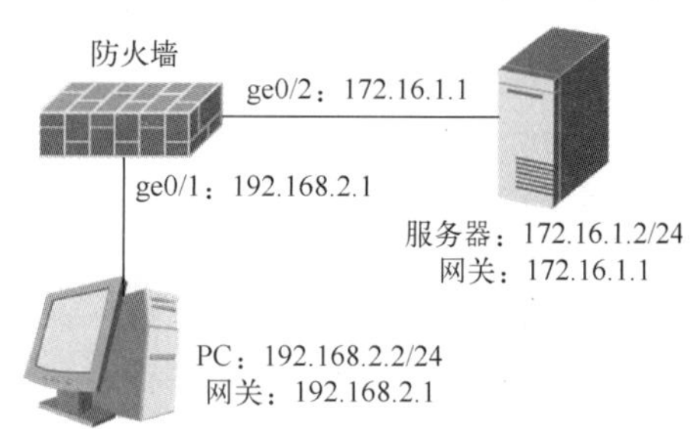

图 3-3　路由模式设备转发数据的基础过程

1）PC 要与服务器通信，源 IP 地址是 PC 的 IP 地址 192.168.2.2，目标 IP 地址是服务器的 IP 地址 172.16.1.2。在数据发出之前，由 PC 判断是直接转发还是间接转发，PC 的网络号是 192.168.2.0，服务器的网络号是 172.16.1.0，网络号不同，因此需要间接转发。

2）间接转发需要网关，PC 已经配置了网关信息，于是发出 ARP 请求，请求网关 192.168.2.1 的 MAC 地址，防火墙会响应自身接口 IP 地址的 ARP 请求，PC 收到防火墙 ge0/1 接口的 MAC 地址后，数据可以进行二层封装，二层数据帧的源 MAC 地址为 PC 的 MAC 地址，目标 MAC 地址为防火墙 ge0/1 接口的 MAC 地址，数据二层封装完成后，PC 交给物理层以太网卡，转换成光、电信号，通过物理层介质将数据发往防火墙。

3）防火墙收到目标 MAC 地址为 ge0/1 接口 MAC 地址的数据帧，检查数据帧的目标 MAC 地址为自身，于是拆除二层数据帧头部并解析出 IP 数据报，用目标 IP 地址匹配路由表。如果路由表中有目标 IP 地址 172.16.1.2 的路由，则进行数据转发；如果没有，则将数据丢弃。

4）防火墙配置了去往目标 IP 地址 172.16.1.2 的路由，对应的出接口是 ge0/2，数据应从 ge0/2 转发出去。

5）在数据转发之前，要重新进行二层封装，重新封装的二层数据帧的源 MAC 地址是防火墙 ge0/2 接口的 MAC 地址，防火墙会判断应当执行直接转发还是间接转发，查看出接口 IP 地址和目标 IP 地址是否在同一 IP 网段。如果在不同网段，则封装下一跳 IP 地址的 MAC 地址；如果在同一网段，则封装目标 IP 地址的 MAC 地址。本例中为同一 IP 网段，防火墙将发出 ARP 请求，请求 172.16.1.2 的 MAC 地址。

6）因为 172.16.1.2 是服务器本身的 IP 地址，服务器会响应防火墙的 ARP 请求，防火墙收到目标 IP 地址的 MAC 地址后，将数据封装并发给服务器，在二层重新封装之前，IP 数据报中的 TTL 数值将减 1，表示经过了一次路由转发。

7）服务器根据服务配置决定是否响应 PC 的数据报。数据从服务器回到 PC 的过程与上述过程相似。

3.3.2　路由和路由表

路由模式防火墙进行数据转发时需要查找路由表，根据路由信息转发数据。如果路由表中没有对应的路由信息，则会将数据丢弃。

1．路由

路由是指数据从源主机到目标主机时网络转发数据报的过程。路由工作在 OSI 模型的网络层。可以工作在网络层的设备有路由器、三层交换机、防火墙等。

2．路由表

在互联网中，路由表（Routing Table）是存储在网络层设备中的包含必要路由信息的表。

防火墙设备有 3 种方式来建立路由表：

1）链路层协议发现的路由：防火墙的接口配置了 IP 地址，且接口为 Up 状态，此接口网段会直接在路由表中形成路由，也称为直连路由。

2）静态路由：网络管理员手工配置的路由，如果所配置的本地出口可用、下一跳可达，则该条静态路由有效。

3）动态路由：网络中的三层设备运行动态路由协议，通过动态路由协议学习到路由。动态路由协议可分为距离矢量路由协议和链路状态路由协议、域间路由协议和域内路由协议，如 RIP、IGRP、EIGRP、OSPF、ISIS、BGP 等。

防火墙的路由表如图 3-4 所示。

```
host# show ip route
Codes: K - kernel route, C - connected, S - static,  I - ISP, R - RIP, O - OSPF,
       D - DHCP, P - PPPOE, > - selected route, * - FIB route

S>* 0.0.0.0/0 [1/0] via 106.39.10.129, ge0/1 weight: 1
S>* 10.10.0.0/16 [1/0] via 192.168.66.1, ge0/3 weight: 1
S>* 10.10.100.60/32 [1/0] via 192.168.66.1, ge0/3 weight: 1
S>* 10.10.108.0/24 [1/0] via 192.168.66.1, ge0/3 weight: 1
S>* 10.11.0.0/16 [1/0] via 192.168.66.1, ge0/3 weight: 1
S>* 10.11.10.0/24 [1/0] via 192.168.66.1, ge0/3 weight: 1
S>* 10.11.11.0/24 [1/0] via 192.168.66.1, ge0/3 weight: 1
S>* 10.11.16.0/24 [1/0] via 192.168.66.1, ge0/3 weight: 1
S>* 10.11.20.0/24 [1/0] via 192.168.66.1, ge0/3 weight: 1
S>* 10.11.100.0/24 [1/0] via 192.168.66.1, ge0/3 weight: 1
S>* 10.11.101.0/24 [1/0] via 192.168.66.1, ge0/3 weight: 1
S>* 10.11.102.0/24 [1/0] via 192.168.66.1, ge0/3 weight: 1
S>* 10.20.8.0/24 [1/0] via 192.168.66.1, ge0/3 weight: 1
```

图 3-4　防火墙的路由表

防火墙路由表顶部的 Codes 字段解释了表项最左端字母的含义，表示了本条路由信息的学习方式。表项左边注有字母 C 的，表示网络与防火墙直接相连，S 代表静态路由，*表示 FIB（转发表）路由。路由有效，数据可以通过这条路由转发。

下面通过举例介绍具体的路由条目，如图 3-4 所示的第二条路由：

S>* 10.10.0.0/16 [1/0] via 192.168.66.1, ge0/3 weight: 1

S 代表此路由是管理员手工静态配置的；>表示可选择路由；*表示 FIB 表有效路由，去往 10.10.0.0/16 这个网段都会匹配此路由；[1/0]表示管理距离为 1，metric 值为 0；192.168.66.1 表示下一跳地址；gc0/3 表示本地出口；weight:1 表示权重为 1。防火墙在转发数据报时，会将目标 IP 地址与路由表中路由条目的掩码进行与运算，如果所得出的网络号与路由条目相同，则代表匹配成功。

路由表匹配原则：

1）最长匹配：优先匹配掩码最长的路由条目，即在网络号相同的多条路由条目中，优先匹配网络号最精确的路由条目，也就是精细化路由优先匹配。

2）如果路由表中有多条网络号和掩码相同的路由条目，则比较管理距离，优先匹配管理距离小的路由条目。

3）如果路由表中有多条网络号和掩码相同的路由条目，且管理距离相同，则比较 metric，优先匹配 metric 小的路由。

4）如果路由表中有多条网络号和掩码相同的路由条目，且管理距离和 metric 都相同，则这两条路由将会处于负载均衡的状态，此时两条路由条目都会匹配。这两条路由转发的数据多少要看管理员配置的权重，权重越大，转发的数据越多。

5）如果无法成功匹配细化路由条目，那么防火墙最后会匹配默认路由。图 3-4 中 0.0.0.0/0 的路由就是默认路由。

3.3.3 静态路由

前面介绍过，防火墙有 3 种方式获得路由信息：直连路由、静态路由和动态路由。由管理员手工配置的表项叫作静态路由。

配置网络静态路由时，管理员要掌握网络拓扑结构并标记出每条网络通路的网络或子网地址；掌握并标记所有不与设备直接相连的数据链路的网络地址；工作在网络层的设备，至少需要为每条不与该设备直接相连的且有路由需求的数据链路配置一条静态路由。但无须为与设备直接相连的数据链路配置静态路由，因为设备接口配置的 IP 地址和掩码会自动出现在路由表中，成为直连路由。

图 3-5 所示为静态路由示例拓扑图。

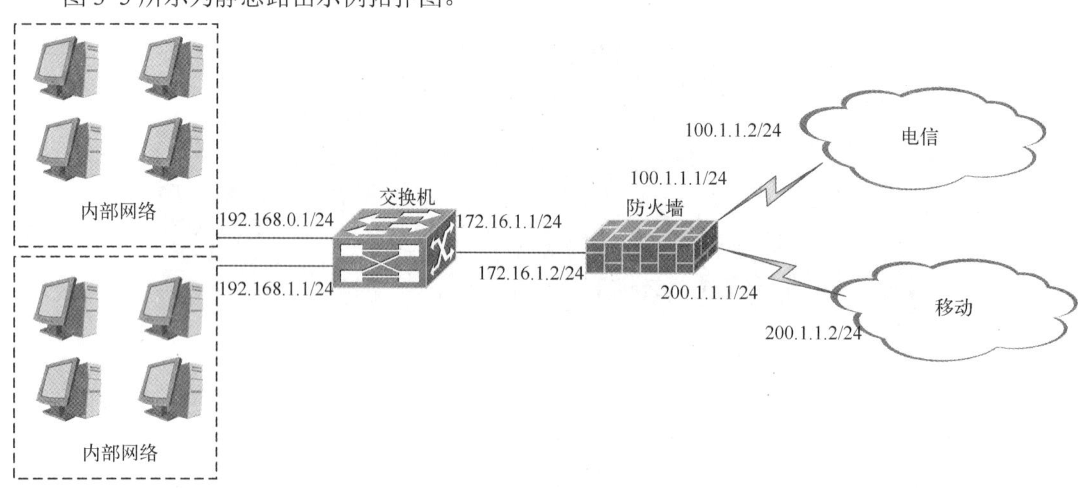

图 3-5 静态路由示例拓扑图

1. 配置静态路由

在图 3-5 中，先标识出直连网段：

三层交换机拥有 192.168.0.0/24、192.168.1.0/24 和 172.16.1.0/24 的直连网段，其他的都是非直连的网段。

防火墙拥有 172.16.1.0/24、200.1.1.0/24 和 100.1.1.0/24 的直连网段，其他的都是非直连的网段。

直连网段的路由会直接进入路由表，非直连网段需要配置。在图 3-5 中，防火墙没有到 192.168.0.0/24、192.168.1.0/24 和 Internet 的路由，因此需要在防火墙上配置路由。

防火墙静态路由配置界面如图 3-6 所示。防火墙配置静态路由时应包含以下信息：

1）IP 地址/掩码：静态路由条目要包含的目标地址或地址范围，应该是非直连的网段，即数据报要前往的地方。

2）下一跳地址：正确配置下一跳地址信息是非常重要的工作。在管理员配置前，应当了解清楚通过防火墙的哪个接口可以去往该条目的目标地址，下一跳地址就是与此接口直连的能正确转发数据到目标地址的对端设备的接口 IP 地址。

3）出接口：一般情况下，如果管理员掌握了下一跳的 IP 地址，那么尽量不要在配置静态路由时使用出接口的配置方式。这种方式一般用于无法获得对端 IP 地址的特殊情况，且要求对端设备支持代理 ARP 才能正常转发数据。在管理员配置静态路由时，如果简单地使用出接口而不使用下一跳地址，则有可能导致网络不通，从而影响网络可用性。

图 3-6　防火墙静态路由配置界面

2. 汇总路由

当配置了交换机所连接的 192.168.0.0/24 和 192.168.1.0/24 两个网段的路由信息时，防火墙就可以访问或转发数据到内网的这两个网段。有些时候，内网网段较多，如果管理员手动为每一个网段配置一条静态路由，那么将极大地增加管理员的日常管理工作量，也增加了防火墙查找路由表的性能损耗。为了应对这种情况，可以配置汇总路由，通过减小路由条目中的子网掩码长度来使一个路由条目包含尽可能多的目标 IP 地址。如图 3-7 所示，采用 192.168.0.0/23 这个汇总地址，可以包含 192.168.0.0/24 和 192.168.1.0/24 两个地址段。若考虑未来 IP 地址的扩展需求，且能确保 192.168 的网段不会出现在这个网络的其他方向，也可以配置 192.168.0.0/16 这样的汇总路由。

图 3-7　防火墙汇总路由配置界面

3．默认路由

从图 3-5 所示的静态路由示例拓扑图来看，内网是需要访问 Internet 的，但 Internet 中有无数网段，若管理员一条条地手动配置静态路由，显然不可行，这时就需要在设备上配置默认路由。可以认为默认路由是一种特殊形式的汇总路由，它汇总了全部的 IP 地址，根据路由表匹配原则，没有精确匹配的路由最后都会自动匹配默认路由。默认路由写作 0.0.0.0/0，能匹配所有的目标 IP 地址。只有配置了默认路由，数据才不会因为没有匹配对应的路由而丢弃。

图 3-5 中，交换机连接防火墙，防火墙连接 Internet，交换机将所有的数据交给防火墙即可，交换机需配置默认路由：

```
Switch(config)#ip route 0.0.0.0/0 172.16.1.2
```

这里，防火墙也需要配置默认路由。

4．浮动静态路由

从图 3-5 所示的静态路由示例拓扑图可知，防火墙连接了两个服务提供商：电信和移动。

用户要求默认所有上网的流量全部走电信，当电信网络发生故障时才使用移动网络。这种情况就可以使用浮动静态路由实现。

图 3-8 所示为电信默认路由界面，防火墙配置一条默认路由，下一跳地址指向电信网络的对端设备 IP 地址，距离为 1。

图 3-8　电信默认路由界面

图 3-9 所示为移动默认路由界面，防火墙再配置一条默认路由，下一跳地址指向移动网络的对端设备 IP 地址，距离为 2。

配置

IP地址/掩码　0.0.0.0/0

◉ 下一跳地址　200.1.1.2

○ 出接口　ge0/0

权重　1　(1-100)

距离　2　(1-255)

健康检查　无　不能引用配置覆盖IP的健康检查

提交　取消

图 3-9　移动默认路由界面

根据之前的介绍，当防火墙路由表中有多条网络号和掩码相同的路由时会比较管理距离，优先匹配管理距离小的路由，默认路由遵循同样的匹配原则。防火墙有两条默认路由，下一跳分别指向 100.1.1.2 和 200.1.1.2 这两个不同的地址，由于下一跳指向 200.1.1.2 的默认路由管理距离大，因此默认情况下不会匹配，只有在下一跳指向 100.1.1.2 的距离为 1 的默认路由失效时，才会生效。

什么情况下路由条目会失效？当防火墙检测到本地接口不可用时，该出接口所匹配的路由将失效，防火墙亦可配置使用健康检查来检测路由的下一跳是否不可达，如果下一跳不可达，路由也会失效。配置健康检查适用的情况为，下一跳的设备物理上没有直连，防火墙到中间设备链路的状态是 Up，但实际上下一跳地址不可用。图 3-10 所示为默认路由，即使连接 Internet 的接口发生故障，对防火墙来说，ge0/1 接口依旧处于可用状态，此时就需要进行下一跳是否联通的检测功能。

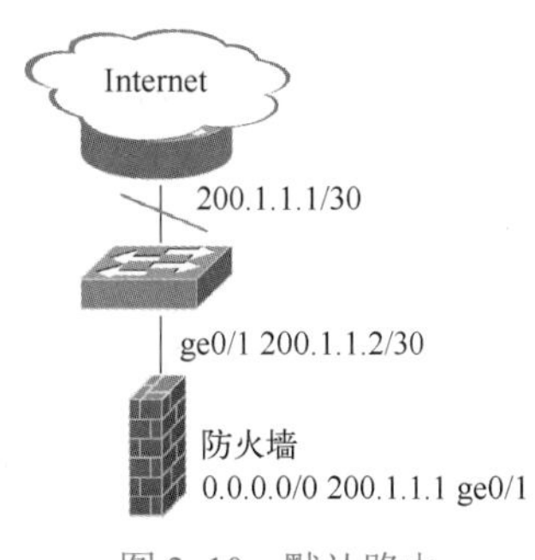

图 3-10　默认路由

5. 负载均衡

这里的防火墙互联了两个服务提供商，即电信和移动。

用户提出的要求为，网络均正常时，所有上网的流量使用电信和移动两条链路，其中一条链路不可用时应进行切换。这种要求可通过配置两条距离相同但下一跳地址不同的默认路由实现。

这里参考图 3-8 所示的电信默认路由界面，防火墙配置一条默认路由，下一跳指向电信的 IP 地址，距离为 1。

图 3-11 所示为移动默认路由界面，防火墙再配置一条默认路由，下一跳指向移动的 IP 地址，距离为 1。

配置

IP地址/掩码　0.0.0.0/0

◉ 下一跳地址　200.1.1.2

○ 出接口　ge0/0

权重　1　(1-100)

距离　1　(1-255)

健康检查　无　不能引用配置覆盖IP的健康检查

提交　取消

图 3-11　移动默认路由界面

当防火墙路由表中有多条网络号和掩码相同的路由，且管理距离与 metric 值相同时，都会被匹配，数据报转发时会执行负载均衡模式，防火墙默认一个数据流匹配其中一条路由的信息，另一个数据流匹配另一条路由的信息。当某一条路由失效时，其余生效的路由将自动匹配，实现多链路互为备份的需求。

6．路由环路

由管理员手工配置的静态路由需要确保信息正确，如图 3-5 所示的静态路由示例拓扑图，如果防火墙的默认路由配置错误，则可能会出现路由环路。

交换机配置正确的默认路由：

Switch(config)#ip route 0.0.0.0/0 172.16.1.2

防火墙配置错误的默认路由：

防火墙(config)#ip route 0.0.0.0/0 172.16.1.1

此时，如果有从 PC 访问 Internet 的流量，那么交换机会匹配默认路由，将数据转发给防火墙，防火墙也会匹配默认路由，将数据转发给交换机，如此便陷入循环之中。循环中的数据报每经过一个三层设备转发，TTL 减 1，当 TTL 为 0 时，三层设备会将数据丢弃。一旦路由配置错误导致环路，消耗会成倍增加。

3.3.4 OSPF

网络中有很多动态路由协议：距离矢量路由协议（如 RIP、IGRP、EIGRP）、链路状态路由协议（如 OSPF、ISIS），这些路由协议都是域内路由协议，还有域间路由协议（BGP）。

由于 RIP 的缺陷较多，因此网络中几乎不再使用。IGRP 和 EIGRP 是思科私有的动态路由协议，其他厂商不能支持。ISIS 是基于 OSI 参考模型的动态路由协议。BGP 主要由运营商使用。防火墙能用的动态路由协议主要是 OSPF，本小节只简单介绍。

1．OSPF 简介

OSPF（Open Shortest Path First，开放最短路径优先）协议是 IETF 于 1988 年提出的一个基于链路状态的动态路由协议，OSPF 是一种 IGP（Interior Gateway Protocol，内部网关协议），它处理在一个 AS 自治系统中的路由信息。当前 IPv4 常用的 OSPF 协议是第二版（OSPFv2）。

OSPF 协议是为 TCP/IP 网络设计的，是一种链路状态路由协议，它可以快速适应网络变化。在网络发生变化时，发送触发更新，让其他 OSPF 设备快速感知网络的变化；OSPF 会以较低的频率发送定期更新，通过 LSA 的洪泛形成完整的 LSDB（链路状态数据库），建立完整的网络拓扑图。运行 OSPF 的设备都会维护一个相同的 OSPF 数据库，此数据库中存放的是链路状态信息。OSPF 设备根据 LSDB 里面的信息，以自身为中心运行 SPF（Shortest Path First，最短路径优先）算法，计算到每个网络的最短路径，得出 OSPF 路由表。

OSPF 单区域时，所有的三层设备有整个 OSPF 区域的 LSDB，在同一区域运行 OSPF 的三层设备不会有环路；OSPF 多区域时，OSPF 有且只有一个骨干区域（area 0），所有骨干区域的三层设备必须有连接，所有非骨干区域必须与骨干区域相连，所以 OSPF 多区域也没有路由环路。

2. 路由器 ID

OSPF 协议使用路由器 ID（Router ID）来唯一标识一台 OSPF 设备，它是一个 32 位 IP 地址。基于此目的，每一台运行 OSPF 的设备都需要一个路由器 ID。路由器 ID 一般手工配置，指定 OSPF 设备的某个接口的 IP 地址。在没有手工配置路由器 ID 的情况下，一些厂家的设备支持自动从当前所有接口的 IP 地址中自动选一个作为路由器 ID。如果要在运行 OSPF 协议的设备上改变路由器 ID，则必须重启 OSPF 协议或设备才能使新的路由器 ID 生效。

3. 网络接口类型

根据路由器使用的链路层协议的不同，OSPF 将网络分为 4 种类型：点到点（Point-to-Point，PTP）类型、广播（Broadcast）类型、NBMA（Non-Broadcast Multiple-Access）类型、点到多点（Point-to-Multipoint，PTMP）类型。

没有一种链路层协议会被默认为点到多点类型，点到多点类型必须是由其他的网络类型强制更改的，现有网络很少有 NBMA 类型和点到多点类型出现。

4. OSPF 的 5 种报文类型

OSPF 包括 Hello、DBD、LSR、LSU、LSAck 共 5 种类型的报文。

1）Hello 报文（Hello Packet）：Hello 报文的作用是建立并维护邻居关系。Hello 报文使用的目标 IP 地址是组播地址 224.0.0.5。当参与路由计算的设备身份为 DR 和 BDR 时，发送和接收 Hello 报文使用的目标组播地址是 224.0.0.6。

2）DBD 报文（Database Description Packet）：检查 OSPF 设备的链路状态数据库之间是否同步。

3）LSR 报文（Link State Request）：向另一台 OSPF 设备请求特定的链路状态记录。

4）LSU 报文（Link State Update Packet）：发送对端所请求的 LSA。

5）LSAck 报文（Link State Acknowledgement Packet）：OSPF 被 IP 封装，没有使用可靠的 TCP。OSPF 自身使用 LSAck 报文，用来对接收到的 LSU 报文进行确认。

5. 邻居和邻接

在 OSPF 中，邻居（Neighbors）和邻接（Adjacencies）是两个不同的概念。

为了交换路由信息，邻居路由器之间首先要建立邻接关系，并不是每两个邻居路由器之间都能建立邻接关系。

6. OSPF 的邻居状态

在 OSPF 邻居建立的过程中可能出现 8 种状态，状态之间的转换关系如图 3-12 所示。

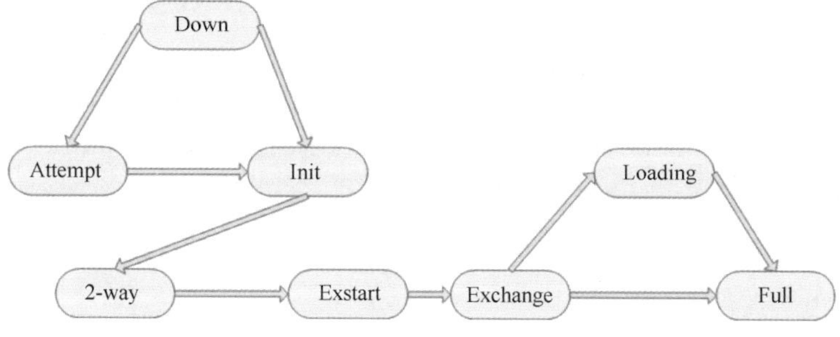

图 3-12　OSPF 的邻居状态之间的转换关系

- Down：初始状态，Dead Interval 时间内没有收到对方的 OSPF Hello 报文。
- Attempt：只适用于 NBMA 类型的接口。
- Init：已经收到了邻居的 Hello 报文，但是该报文列出的邻居中没有包含自身的路由器 ID（对端设备并没有收到本端设备发送的 Hello 报文）。
- 2-Way：双方互相收到了对端发送的 Hello 报文，建立了邻居关系。
- Exstart、Exchange、Loading：OSPF 设备与邻居同步 LSDB。
- Full：邻接状态，与邻居 OSPF 设备的 LSDB 相同。

7．OSPF 区域

随着网络规模日益扩大，网络中的路由器数量不断增加。当一个巨型网络中的路由器都运行 OSPF 协议时，就会遇到很多问题。例如，每台路由器都保留着整个网络中其他所有路由器生成的 LSA，这些 LSA 的集合组成 LSDB，路由器数量的增多会导致 LSDB 非常庞大，这会占用大量的存储空间；庞大的 LSDB 会增加运行 SPF 算法的复杂度，导致 CPU 负担很重；由于 LSDB 很大，两台路由器之间达到 LSDB 同步会需要很长时间；网络规模增大之后，拓扑结构发生变化的概率也增大，网络会经常处于“动荡”之中，为了同步这种变化，网络中会有大量的 OSPF 协议报文在传递，降低了网络的带宽利用率。更糟糕的是，每一次变化都会导致网络中所有的路由器重新进行路由计算。

OSPF 协议通过将自治系统划分成不同的区域（Area）来解决上述问题。区域是在逻辑上将路由器划分为不同的组。区域的边界是路由器，这样会有一些路由器属于多个区域（这样的路由器称作区域边界路由器，即 ABR），而一个网段只能属于一个区域。

划分区域给 OSPF 协议的处理带来了很大的不同。每个运行 OSPF 协议的接口都必须指明属于某一个特定的区域，区域用区域号（Area ID）来标识，不同的区域之间通过 ABR 来传递路由信息。

由于划分区域后 ABR 根据本区域内的路由生成 LSA，因此可以根据 IP 地址的规律先将这些路由进行聚合再生成 LSA，这样做可以大大减少自治系统中 LSA 的数量。划分区域之后，网络拓扑的变化首先在区域内进行同步，如果该变化影响到聚合之后的路由，那么 ABR 会将该变化通知到其他区域。大部分拓扑结构变化都会被屏蔽在区域之内。

8．OSPF 重发布

OSPF 设备可以向 OSPF 中发布默认路由，但默认不发布。设备路由表中有默认路由时才能向 OSPF 中发布；强制发布默认路由指不管设备路由表中有没有默认路由，都向 OSPF 中发布默认路由。

防火墙除了可以发布默认路由外，还可以发布直连路由、静态路由和 RIP（Routing Information Protocol，路由信息协议）路由等，可以按需求制定重发布的 metric。

9．OSPF 应用场景

图 3-13 所示为 OSPF 应用场景，在防火墙与交换机之间运行 OSPF 协议，不需要一条条地手动配置静态路由。

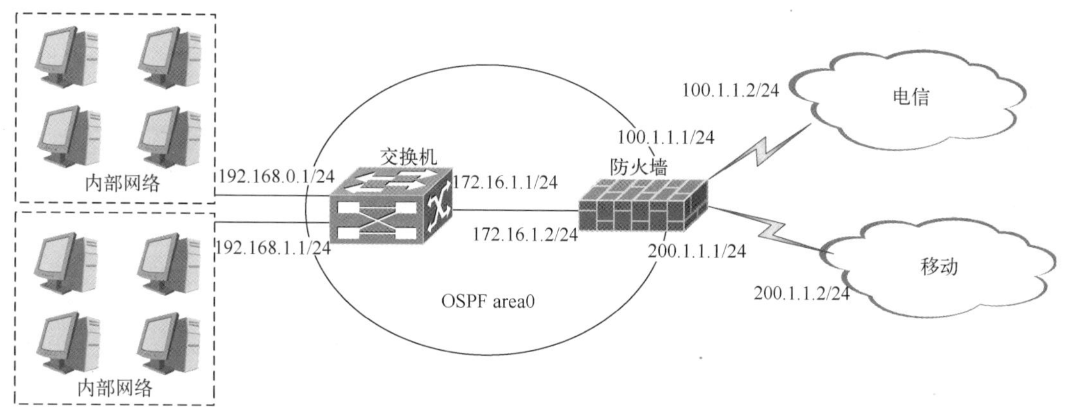

图 3-13　OSPF 应用场景

3.4　网络地址转换

网络地址转换（Network Address Translation，NAT）最初是由 RFC 1631（目前已由 RFC 3022 替代）定义的，用于将私网 IP 地址转换为公网 IP 地址，解决公网 IP 地址短缺的问题。随着 NAT 技术发展，发现 NAT 是一项非常有用的技术，具有多种用途。例如，提供了单向隔离功能，隐藏 IP 地址，具有很好的安全特性；目标地址的映射使公网 IP 地址可访问配置私网 IP 地址的服务器；可进行服务器的负载均衡和地址复用等。

防火墙 NAT 技术分为源 NAT 和目标 NAT。源 NAT 是指将数据的源 IP 地址转换，可细分为动态 NAT、PAT 和静态 NAT。动态 NAT 和 PAT 主要用于内网访问外网，减少公网 IP 地址数目的需求，隐藏内部地址。静态 NAT 是一种一对一的双向地址映射，用于内部服务器对外提供服务的情况。在这样的情况下，内部服务器能主动访问外部，外部也能主动访问这台服务器，相当于在内外网之间建立了一条双向通道。目标 NAT 是指将数据的目标 IP 地址转换，用于内部服务器对外提供服务的情况，外部能主动访问这台服务器。

3.4.1　源地址转换

数据经过防火墙，防火墙对数据的源 IP 地址进行转换，通常用于内部私网地址上公网的环境中。企业中，内网有很多台计算机需要上网，但它们使用的都是私网地址，企业从 ISP 租用专线上网，在拥有固定或临时公网 IP 地址的情况下，可通过源地址转换实现多个私网地址通过一个地址访问 Internet。

图 3-14 所示为源地址转换拓扑。

内网服务器区和办公区计算机使用的都是私网 IP 地址，私网 IP 地址不能上公网。要想上公有网络，需要通过源地址转换将私网 IP 地址转换成公网 IP 地址。

在图 3-15 所示的源地址转换界面中指定内网地址网段访问 Internet 中的任意地址，从连接公网的接口 ge0/3 出去，源地址可以转换成 ge0/3 的接口 IP 地址。

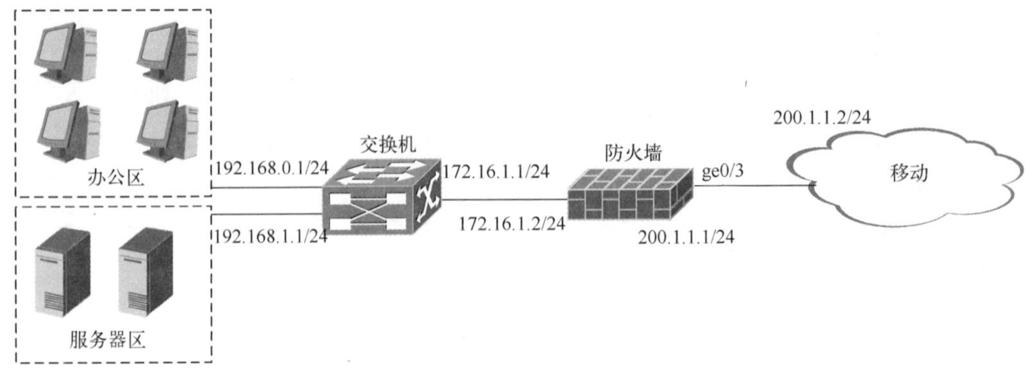

图 3-14　源地址转换拓扑

图 3-15　源地址转换界面

3.4.2　目标地址转换

数据经过防火墙，防火墙对数据的目标 IP 地址进行转换，通常用于内网服务器对外网提供服务，外网数据进入内网将目标公网地址转换成内部服务器的私网地址。企业中，内网多台服务器需要对外提供服务，外网提供服务要求服务器使用公网地址，但服务器使用的都是私网地址，私网地址无法使服务器对外提供服务，企业从 ISP 租用专线上网，拥有固定公网 IP 地址，可通过目标地址转换实现内网服务器对外提供服务。

在图 3-16 所示的目标地址转换拓扑中，Web 服务器 192.168.1.2/24 的 80 端口要对外提供 HTTP 服务。

内网服务器使用的是私网 IP 地址，外网不能访问，需要通过目标地址转换将公网 IP 地址转换成私网 IP 地址。

在图 3-17 所示的目标地址转换界面中指定源地址为 any，即 Internet 中的任意地址，指定目标地址为防火墙的 ge0/3 口的地址，指定 HTTP 服务。数据从连接公网的 ge0/3 接口进来，将目标地址 200.1.1.1 转换成服务器的私网地址 192.168.1.2。

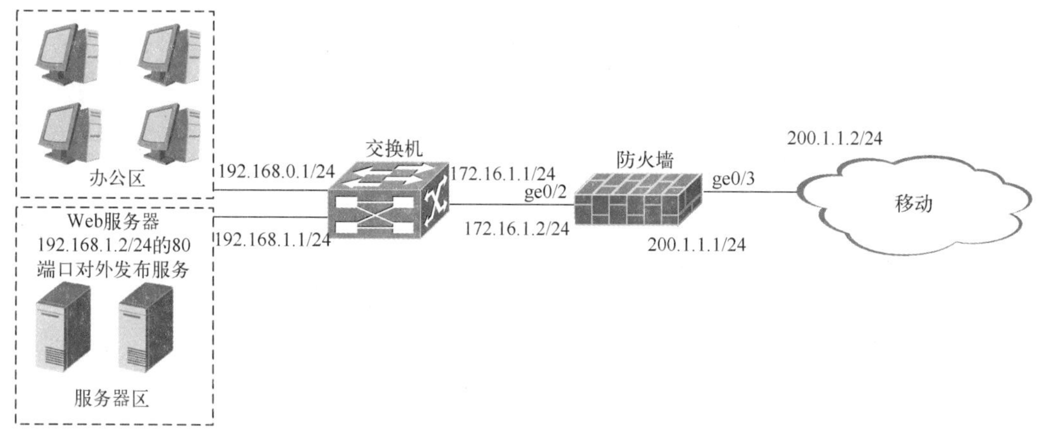

图 3-16　目标地址转换拓扑（1）

源地址转换　目的地址转换　静态地址转换　跨协议转换

配置

不转换	☐
转换类型	IPv4 to IPv4
源地址	any
目标地址	200.1.1.1
服务	http
入接口	ge0/3
转换后目的地址	IP地址　192.168.1.2
转换后端口	☐
源地址转换	☐
单元 ID	1
描述	
日志	☐

提交　取消

图 3-17　目标地址转换界面（1）

服务器通过公网地址或者域名向外提供服务，公网用户可以通过目标地址转换实现公网地址访问内网服务器，但内网用户无法通过上述配置访问内部服务器。

在图 3-17 中，入接口是外网口 ge0/3，内网用户通过公网地址访问内部服务器时，数据并不是从 ge0/3 接口进入防火墙，而是通过 ge0/2 进入防火墙，所以，对于图 3-17 中的配置，内网用户通过公网地址访问内部服务器时不会匹配到防火墙的目标地址转换。

这里需要在防火墙的目标地址转换时将入接口选择内网口和外网口，也可以选择入接口为 any，如图 3-18 所示。

仅仅改变防火墙目标地址转换的入接口还不够，在图 3-19 所示的拓扑中，源 IP 地址（192.168.0.2）访问目标 IP 地址（200.1.1.1）的 80 端口，去往公网地址的访问，交换机匹配默认路由将此数据发送给防火墙。

源地址转换 | 目的地址转换 | 静态地址转换 | 跨协议转换

配置

不转换	☐
转换类型	IPv4 to IPv4
源地址	内网地址
目标地址	200.1.1.1
服务	http
入接口	any
转换后目的地址	IP地址 192.168.1.2
转换后端口	☐
源地址转换	☑
转换后源地址	IP地址 172.16.1.2
单元 ID	1
描述	
日志	☐

提交　取消

图 3-18　目标地址转换（2）

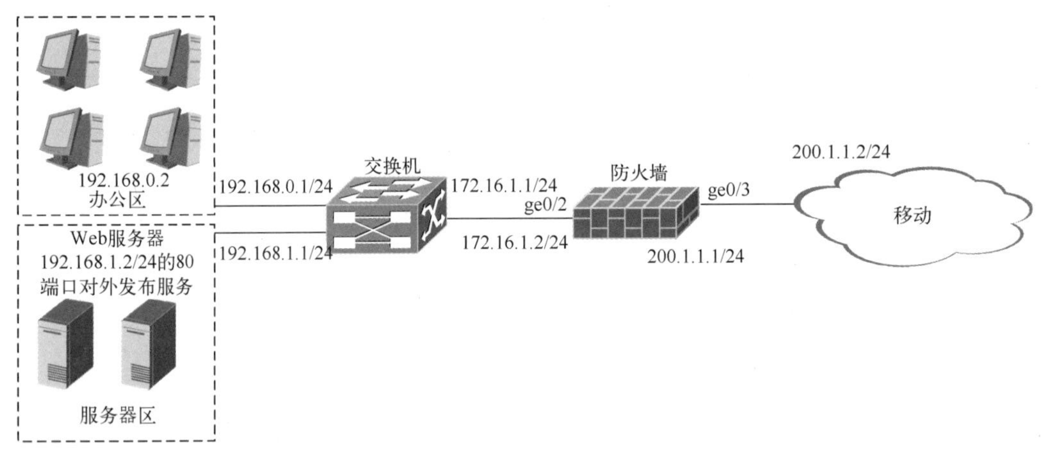

图 3-19　目标 NAT 拓扑（2）

数据从防火墙的 ge0/2 进入，进行目标地址转换，源 IP 地址为 192.168.0.2，目标 IP 地址为 192.168.1.2，防火墙会将数据发送给交换机，交换机转发给服务器，数据正确到达服务器。

服务器响应此数据，源 IP 地址为服务器地址 192.168.1.2，目标 IP 地址为 192.168.0.2，交换机收到此数据时，192.168.0.0 是交换机的直连网段，此数据会直接转往 192.168.0.2，不会发给防火墙，那么问题产生了，数据去时经过了防火墙，数据回时没有经过防火墙，来回路径不一样。PC 收到的也非来自 200.1.1.1 给它的回复，业务不通。

要保证数据的来回一致性才能解决这个问题。需要让服务器响应此数据时，交换机要将此数据转发给防火墙，而不是直接发往 192.168.0.2。

在防火墙进行源地址转换，将源 IP 地址转换成防火墙内网接口地址即可。如图 3-18 所示，将内网地址转换成 172.16.1.2 即可。

在图 3-19 中，源 IP 地址（192.168.0.2）访问目标 IP 地址（200.1.1.1）的 80 端口，数据从防火墙的 ge0/2 进入，进行目标地址转换，此时源 IP 地址为 192.168.0.2，目标 IP 地址为 192.168.1.2，防火墙将数据发送给交换机前，会将源 IP 地址转换为 172.16.1.2，交换机转发给服务器，数据正确到达服务器。

服务器收到此数据会响应，回数据报时，源 IP 地址和目标 IP 地址对调，源 IP 地址为 192.168.1.2，目标 IP 地址为 172.16.1.2，交换机收到此数据报时，会将此数据报转发给防火墙，防火墙匹配状态表，将源 IP 地址和目标 IP 地址转换回来，数据发给 PC，PC 收到了来自 200.1.1.1 的回复，业务可通。

3.4.3　静态地址转换

静态地址转换等于源地址转换加目标地址转换。与源地址转换和目标地址转换不同的是，静态地址转换是一对一的地址映射，不是一对多的地址转换。当企业公网 IP 地址充足时可以使用静态地址转换。

数据经过防火墙时，如果指定 IP 地址是源地址，则会进行源地址转换；如果指定 IP 地址是目标地址，则会进行目标地址转换。

静态地址转换拓扑如图 3-20 所示。

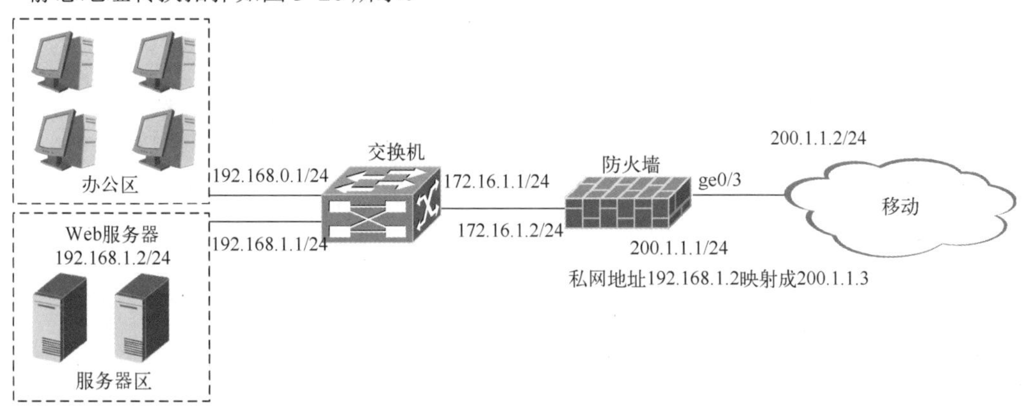

图 3-20　静态地址转换拓扑

在图 3-21 所示的静态地址转换界面中指定外部地址、内部地址及外部接口，就可以实现一对一的静态地址转换。

源地址转换 | 目的地址转换 | 静态地址转换 | 跨协议转换

配置

转换类型	IPv4 to IPv4
外部地址	200.1.1.3
内部地址	192.168.1.2
外部接口	ge0/3
单元 ID	1
描述	
日志	☐

提交　取消

图 3-21　静态地址转换界面

3.4.4　双向地址转换

如果源地址和目标地址需要同时进行转换，就要用到双向地址转换。

当一个数据经过防火墙时，防火墙会按照需要替换其源地址和目标地址。

在图 3-22 所示的双向地址转换拓扑中，视频终端的真实 IP 地址是 172.16.1.100，它需要将视频发送给视频平台，视频平台向它公开的地址是 172.16.0.100，视频终端不知道视频平台的 IP 地址为 10.1.1.100。

视频平台的 IP 地址为 10.1.1.100，它需要收集视频终端 10.1.0.100 的数据。视频平台不知道视频终端的 IP 地址为 172.16.1.100。

防火墙需要将视频终端 172.16.1.100 与 10.1.0.100 两个 IP 地址对应起来，也需要将视频平台 10.1.1.100 与 172.16.0.100 两个 IP 地址对应起来，实现双向地址转换。

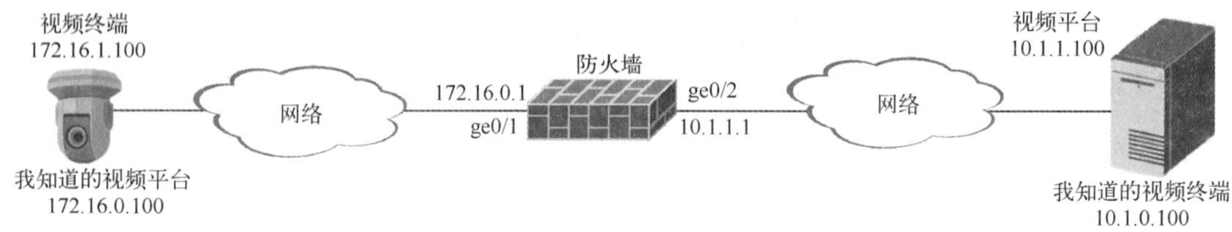

图 3-22　双向地址转换拓扑

当数据主动从视频终端发起，去往视频平台时，源 IP 地址（172.16.1.100）、目标 IP 地址（172.16.0.100）经过网络转发会到达防火墙。

数据从 ge0/1 口进入防火墙，防火墙将目标 IP 地址（172.16.0.100）转换为 10.1.1.100；数据从 ge0/2 离开防火墙时，防火墙将源 IP 地址（172.16.1.100）转换为 10.1.0.100。如图 3-23 所示，视频终端的数据成功发往视频平台，视频平台向视频终端返回数据时防火墙只需要匹配状态表即可。

天清汉马USG
首页 vCenter 监控 网络 SDWAN 策略
接口 WiFi配置 安全域 ARP DHCP 路由 NAT NAT规则 NAT地址池 端口管理 NAT地址池检查 VPN DNS代理 DNS服务 系统参数 网络调试
源地址转换 目的地址转换 静态地址转换 跨协议转换
配置
不转换
转换类型 IPv4 to IPv4
源地址 172.16.1.100
目标地址 172.16.0.100
服务 any
入接口 ge0/1
转换后目的地址 IP地址 10.1.1.100
转换后端口
源地址转换
转换后源地址 IP地址 10.1.0.100
单元 ID 1
描述
日志
更新 取消

图 3-23　双向地址转换界面（1）

当数据从视频平台主动发起，去往视频终端时，源 IP 地址（10.1.1.100）、目标 IP 地址

（10.1.0.100）经过网络转发会到达防火墙。

数据从 ge0/2 口进入防火墙，防火墙将目标 IP 地址（10.1.0.100）转换为 172.16.1.100；数据从 ge0/1 离开防火墙时，防火墙将源 IP 地址（10.1.1.100）转换为 172.16.0.100。如图 3-24 所示，视频平台的数据成功发往视频终端，视频终端向视频平台返回数据时防火墙只需要匹配状态表即可。

图 3-24　双向地址转换界面（2）

3.4.5　跨协议转换

随着网络中的 IPv6 地址越来越普遍，很多网络中都会用到 IPv6 地址。而有的网络中使用的还是 IPv4 地址，跨协议转换可以实现 IPv4 地址与 IPv6 地址之间的互访。

用户内部只有 IPv4 地址，要通过 IPv4 地址访问 IPv6 地址的网络，就需要用到跨协议转换 NAT46 将 IPv4 地址转换成 IPv6 地址。

图 3-25 所示为跨协议转换拓扑。

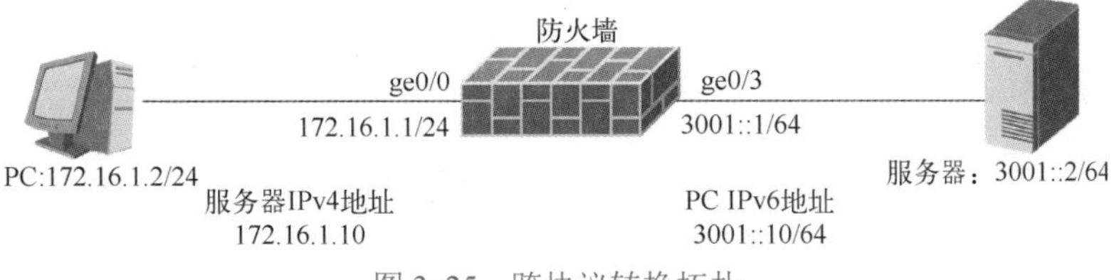

图 3-25　跨协议转换拓扑

在图 3-26 所示的跨协议转换界面中，由于往往有很多 PC，因此可以选择源地址为 any，也可以指定 PC IPv4 地址，目标地址为服务器虚拟 IPv4 地址，入接口为 ge0/0，转换后的源地址为 ge0/3 的 IPv6 地址，转换后的目标地址为服务器的 IPv6 地址 3001::2。

使用 IPv6 地址的设备要访问 IPv4 地址的网络，就需要用到跨协议转换 NAT64 将 IPv6 地址转换成 IPv4 地址。

在图 3-27 所示的跨协议转换界面中，由于往往有很多服务器，因此可以选择源地址为 any，也可以指定服务器 IPv6 地址，目标地址为 PC 虚拟 IPv6 地址，入接口为 ge0/3，转换后的源地址为 ge0/0 的 IPv4 地址，转换后的目标地址为 PC 的 IPv4 地址 172.16.1.2。

图 3-26　跨协议转换界面（1）

图 3-27　跨协议转换界面（2）

跨协议转换还可以用 IVI 和嵌入式地址转换技术来实现 IPv6 地址与 IPv4 地址的互访。

3.5 策略路由

静态路由和动态路由都是通过目标 IP 地址转发数据的，但在实际环境中，只通过目标 IP 地址转发数据往往不能满足用户需求，用户需要通过不同的部门、不同的大楼、不同的业务流量等选择不同的路径，这种情况下就需要策略路由。

3.5.1 策略路由原理

防火墙策略路由技术可以通过指定数据的入接口、源地址、目标地址、服务等条件来指定不同的下一跳。图 3-28 所示为策略路由配置。

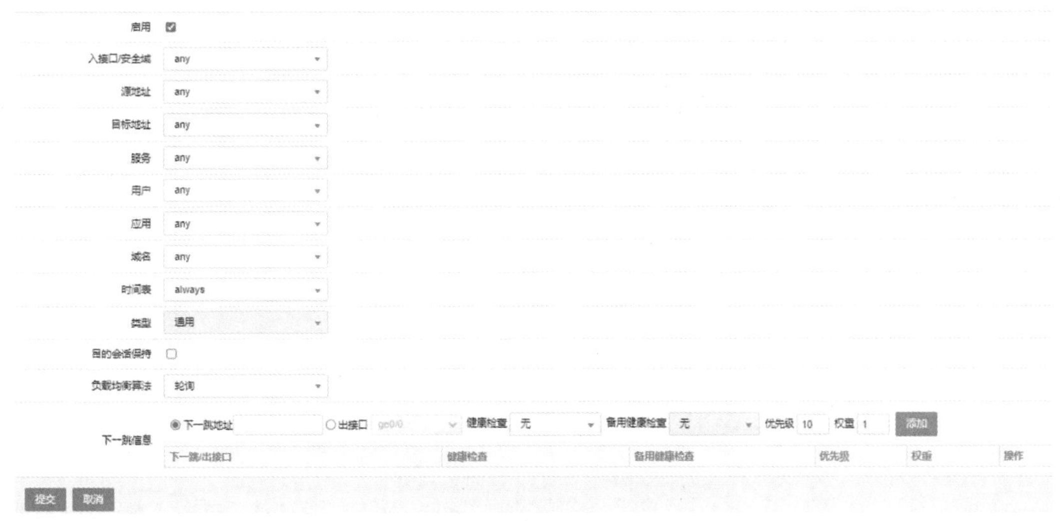

图 3-28　策略路由配置

3.5.2　策略路由应用

用户要求办公区员工的上网数据走移动，服务器区员工的上网数据走电信，且互为备份。策略路由拓扑如图 3-29 所示。

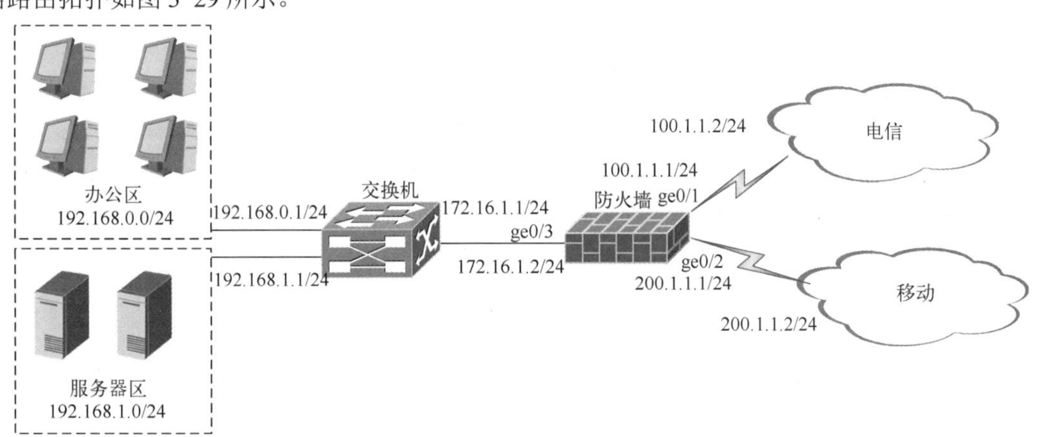

图 3-29　策略路由拓扑

默认情况下，防火墙的路由表只根据目标地址来转发数据，想要根据其他的条件转发数据，可以使用策略路由。

在图 3-30 所示的策略路由配置界面中，指定了数据从防火墙的 ge0/3 接口进入，以及源 IP 地址为 192.168.0.0/24 这个网段的下一跳地址为 200.1.1.2，实现办公区员工的上网数据走移动。

在图 3-31 所示的策略路由配置界面中，指定了数据从防火墙的 ge0/3 接口进入，以及源 IP 地址为 192.168.1.0/24 这个网段的下一跳地址为 100.1.1.2，实现服务器区员工的上网数据走电信。

当策略路由的本地出口不可用，下一跳不可达时，策略路由失效。策略路由不可用，防火墙会查询路由表来转发数据。防火墙配置两条默认路由，实现电信和移动互为备份的目的。

注意：策略路由是管理员手工添加的，有极高的优先权，一定要谨慎配置。若不谨慎，则极容易导致路由环路，特别是在有 NAT 的环境中。

图 3-30　策略路由配置（1）

图 3-31　策略路由配置（2）

3.6　路由模式工作原理和部署

这里通过一个 PC 访问服务器的过程来说明路由模式防火墙转发数据的工作原理。防火墙工作原理如图 3-32 所示。

1）外网用户 100.1.1.2 访问服务器 200.1.1.10，此数据报经过 Internet 转发到达防火墙，防火墙会响应自身接口、目标地址转换中配置的 IP 地址的 ARP 请求，它可以收到此数据。

2）访问服务器的数据首次经过防火墙，防火墙处理此数据报。

拆除二层封装，查看三层信息，数据进入防火墙，防火墙先查状态表。若状态表中有相应的状态条目，则会根据状态表中的状态进行处理。如果防火墙状态表中没有相应的状态条目，则需要为此数据流建立状态表。

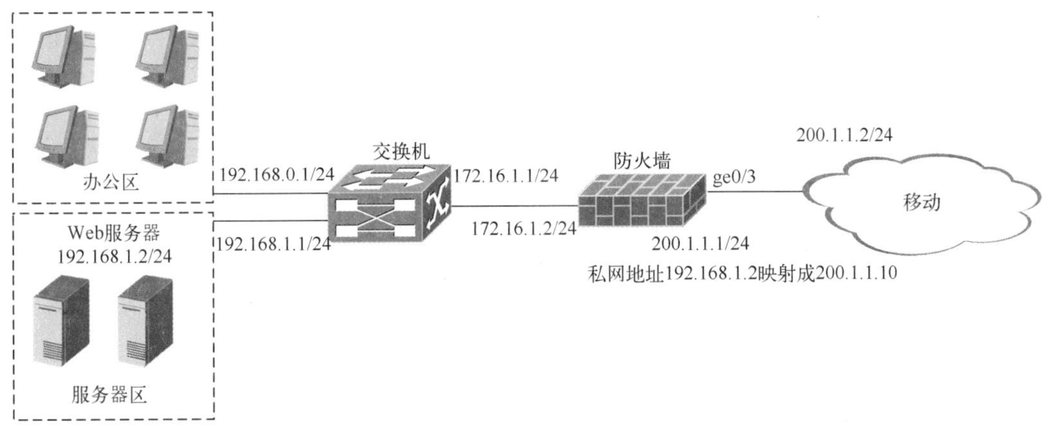

图 3-32　防火墙工作原理

数据从接口进入时匹配目标 NAT，根据配置转换目标 IP 地址。将服务器公网 IP 地址转换成服务器私网 IP 地址，记录在 NAT 转换表中，关联此数据流的状态。

查路由表，防火墙路由表中如果有服务器私网 IP 网段的路由，则转发数据；若没有服务器私网 IP 网段的路由，则丢弃数据。查路由表成功可以得知数据要从哪个接口发出去。

与网络设备不一样，默认情况下，防火墙拒绝所有数据，需要配置防火墙策略对数据进行放行。防火墙配置相应的防火墙策略后，数据匹配防火墙策略，记录状态表。匹配哪条防火墙策略则进行对应动作。

防火墙策略放行后，会匹配安全防护策略，此时会进行入侵防御控制、防病毒检测、防攻击控制、Web 防护、DoS 防护、应用控制、流量控制、会话控制等一系列的安全检测，并与状态表关联。

数据经过一些安全处理后，防火墙将其转移到出接口，在数据离开防火墙之前，如果配置了源地址转换，则防火墙会进行源地址转换，将 PC 公网 IP 地址转换成防火墙的内网接口地址，记录在 NAT 转换表中，并关联此数据流的状态。防火墙的状态表中有关于这个数据流的所有状态：是否做过源地址转换和目标地址转换、安全策略是否放行、是否要进行病毒检测、哪个接口进入及哪个接口出去、上层协议状态（如 TCP 的第几次握手）等。

发出之前 TTL 减 1，二层重新封装。

3）服务器收到此数据报后会进行处理和响应，回数据报时，源地址和目标地址对换。

4）服务器回数据报时会经过防火墙。根据状态表，将源 IP 地址和目标 IP 地址转换，不再查防火墙策略和防火墙安全防护策略，而是根据状态表中的记录进行是否放行及是否进行入侵防御控制、防病毒检测、防攻击控制、Web 防护、DoS 防护、应用控制、流量控制、会话控制等一系列的安全检测。也需要有目标 IP 地址的路由，有路由时转发数据，无路由时丢弃数据。防火墙也可以设置成根据状态表转发数据而不查路由，转发前如三层设备一样，TTL 减 1，二层重新封装。

5）经过网络转发，PC 最终会收到来自服务器的响应。

以上就是路由模式防火墙转发数据时的工作原理。

3.6.1　防火墙路由模式部署

路由模式常见的部署方式是防火墙部署在企业网络边界，用户需要通过防火墙设备访问

Internet。在这种方式中，企业内部网络中的 PC 都可以访问互联网，防火墙为企业上网提供地址转换和安全防护功能。边界防火墙如图 3-33～图 3-35 所示，第 4 章会介绍双机热备，企业为了上网的高可用性，会在边界部署两套防火墙。

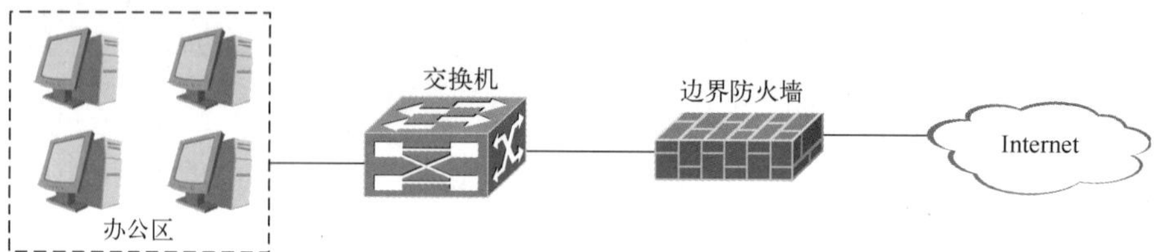

图 3-33　边界防火墙（1）

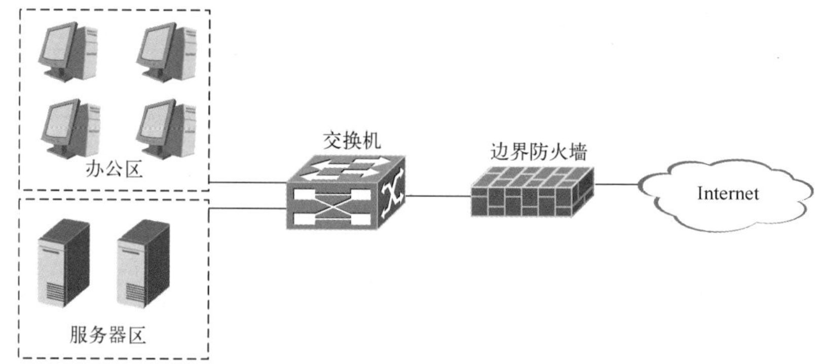

图 3-34　边界防火墙（2）

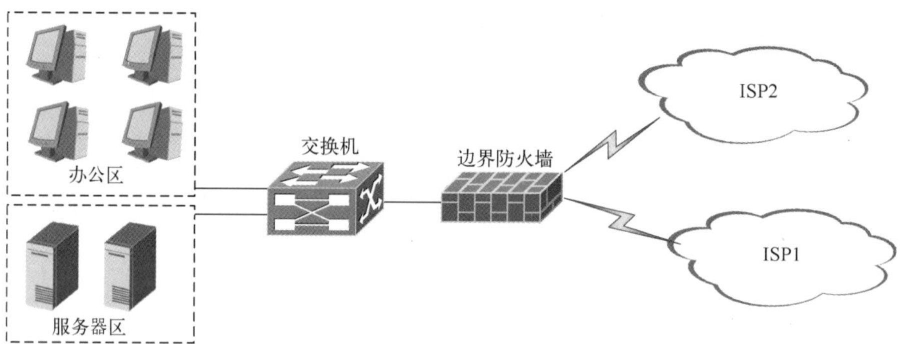

图 3-35　边界防火墙（3）

企业内部为了使数据通信安全，可以在不同的区域之间部署防火墙，这种情况下使用的防火墙可以是透明模式的，也可以是路由模式的。安全域间防火墙如图 3-36 所示。

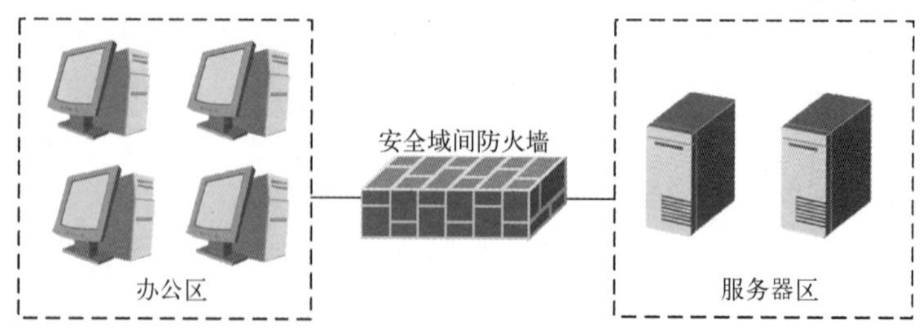

图 3-36　安全域间防火墙

3.6.2　路由模式的优缺点

路由模式具有下列优点：

可以作为 PC 的网关，实现间接通信；当有多条路由时可以选路，实现网络的负载与主备；可以转换私网地址和公网地址，可以进行 IPv6 地址和 IPv4 地址之间的转换；能作为 VPN 网关；可以检测数据的安全等。

路由模式存在如下缺点：

防火墙发生故障后网络中断，无法像透明模式一样可以直接跳过防火墙。

要解决这个问题，可以使用防火墙双机热备，防火墙双机热备将在第 4 章介绍。

本章小结

本章主要介绍了防火墙路由模式，从 IPv4 地址、IPv6 地址和网络基础知识，静态路由、动态路由以及网络地址转换和策略路由，对防火墙路由模式进行了由浅入深的介绍。路由模式在防火墙部署中非常常见，路由模式防火墙需要根据路由表中目标 IP 地址的路由信息进行数据转发，如果找不到路由信息则丢弃数据报。防火墙通过 3 种方式获得路由信息：直连路由、静态路由和动态路由。当通过目标 IP 地址转发数据无法满足需求时，可以通过策略路由，根据指定条件进行数据转发。

3.7　思考与练习

一、填空题

1．源地址转换转换的是数据的________IP 地址，目标地址转换转换的是数据的________IP 地址。

2．在路由模式下，数据经过防火墙需要查路由表。路由表中有目标地址的________，数据转发；路由表中没有目标地址的________，数据丢弃。

3．防火墙中的 NAT 技术可以_______内部网络地址。

4．IPv4 地址是一串________位的二进制数，写法上采用________。

5．防火墙策略路由技术可以通过指定数据的_______、_______、_______、_______等条件指定不同的下一跳。

二、判断题

1．路由模式防火墙默认所有安全策略放行。（　　）

2．网络地址转换技术可以将私网地址转换为公网 IP 地址。（　　）

3．IPv6 地址 1000:0:0:0:1:0:0:1 可以简写为 1000::1::1。（　　）

4．组网环境复杂、路由器众多的大型商业网络适合使用静态路由保证链路间联通。（　　）

5．源 IP 地址和目标 IP 地址不在同一网段时，直接转发即可通信。（　　）

三、选择题

1．下面关于 OSPF 路由协议描述正确的是（　　）。

A．是一种静态路由协议　　　　　　　B．只能工作在 OSI 参考模型

C．是一种链路状态路由协议　　　　　D．很容易形成路由环路

2．防火墙支持网络地址转换的类型有（　　）。

A．静态地址转换　　　　　　　　　　B．源地址转换

C．目标地址转换　　　　　　　　　　D．跨协议转换

3．通过 IPv4 地址访问 IPv6 地址的网络，需要用到（　　）将 IPv4 地址转换成 IPv6 地址。

A．网络地址转换 NAT　　　　　　　　B．访问控制 ACL

C．跨协议转换 NAT46　　　　　　　　D．应用代理

4．私网 IP 地址是一段保留的 IP 地址，只使用在局域网中，无法在 Internet 上使用。关于私网地址，下面描述正确的是（　　）。

A．A 类和 B 类地址中没有私网地址，C 类地址中可以设置私网地址

B．A 类地址中没有私网地址，B 类和 C 类地址中可以设置私网地址

C．A 类、B 类和 C 类地址中都可以设置私网地址

D．A 类、B 类和 C 类地址中都没有私网地址

5．IPv6 地址::/128 为（　　）。

A．回环地址　　　　B．内部地址　　　　C．本地链路地址　　　　D．未指定地址

第4章 防火墙双机热备模式

第 3 章介绍了防火墙路由模式的各类基础知识点，通过学习我们了解到，防火墙使用路由模式的缺点是一旦防火墙发生故障，将造成网络中断。为了避免这一问题，可以通过部署两台防火墙，形成双机热备的模式，以保证网络的可用性。

本章主要介绍防火墙双机热备的基本概念、主备模式（Master-Backup）和主主模式（Master-Master）的工作原理、双机热备的实现机制以及双机热备的典型组网应用。

4.1 双机热备概述

“高可用性”（High Availability，HA）指系统无中断地执行其功能的能力，代表系统的可用性程度高。双机热备是常见的用于实现高可用性的方法。本节主要介绍双机热备的背景、基本原理和实现框架。

4.1.1 双机热备的背景

随着互联网的飞速发展，各行各业都在向信息化转型，网络承载的业务也越发重要，网络的可靠性要求也越来越高，如大型企业的网络出口、银行的转账支付服务器等必须保证 7×24h 不中断，因此如何保证业务的不间断传输和可靠性，成为网络设计和建设中亟须解决的问题。防火墙作为网络的出口显得尤为关键。图 4-1 所示为双机热备部署提升网络可靠性示意图。在图 4-1 的左侧部分，防火墙部署在出口路由器和内部交换机之间，内部用户的所有业务都会经过防火墙转发，如果防火墙出现故障，便会导致整个网络业务中断。由此可见，在如此关键的位置部署一台设备，无论部署的设备可靠性多高，都会存在因为设备单点故障导致业务中断的风险。

于是为了避免防火墙的单点故障，通常会部署两台设备，并启用双机热备功能，以提高防火墙的可靠性。在图 4-1 的右侧部分，当防火墙 A 出现故障时，流量会通过防火墙 B 转发，以保证内部用户访问公网业务的不间断运行。

4.1.2 双机热备的基本原理和实现框架

防火墙双机热备技术也称 HA（High Availability）技术。图 4-2 所示为双机热备工作原理，它主要通过心跳协议将两台防火墙的心跳口互联，彼此建立热备关系，通过实时监控自身系统以及远端链路状态来及时发现故障，并通过实时同步会话和状态信息备份降低对切换后业务的影响，任何一端发生异常，对端都会立即接管业务，避免网络的中断。

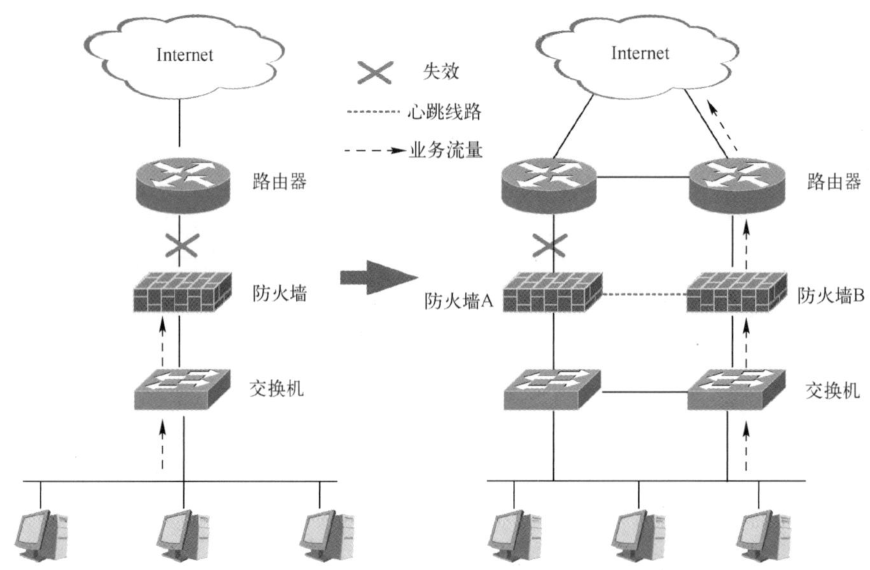

图 4-1　双机热备部署提升网络可靠性示意图

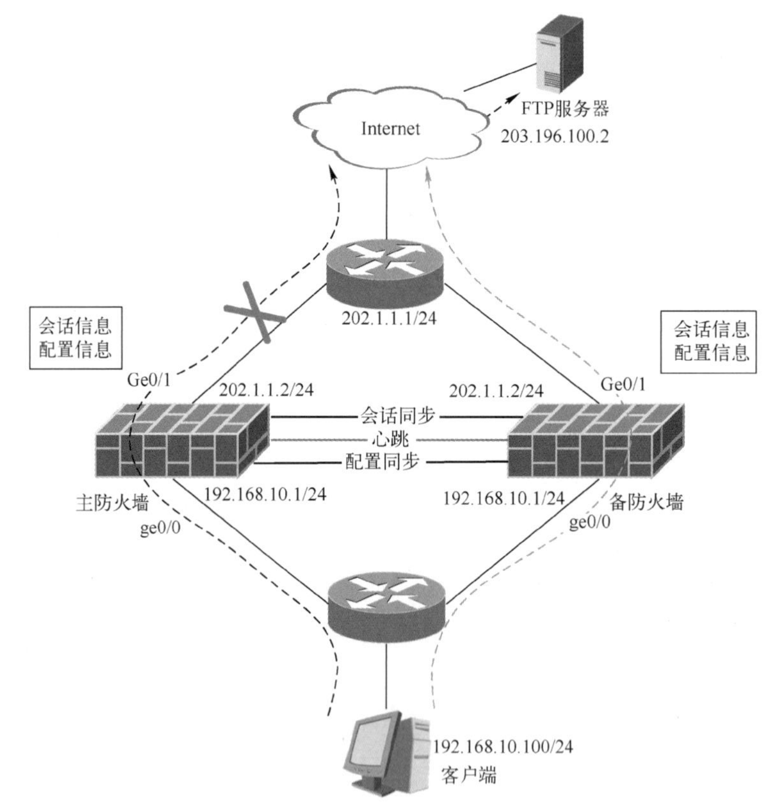

图 4-2　双机热备工作原理

防火墙 A 和防火墙 B 之间会建立 3 条连接，分别是心跳连接、会话同步连接、配置同步连接。两台防火墙之间定期通过心跳口互相发送心跳报文，时间间隔为 1～3s。心跳报文主要表明本端防火墙的优先级和身份信息，例如：

HA send a keep_alive packet seq=1 (send bytes 192 buflen 192) status=Master type=1 ifstatus=1 secs=327014 usecs=148427 sysmon_donw=0 Unit-id=1 sysconfig=3

其中，seq 代表报文的序号，status 代表自身的状态是主（Master）状态还是备（Backup）状态，ifstatus 表明自身的接口状态是 Up 还是 Down，sysconfig 表示配置是否同步。

通过心跳报文的定期交互就可以互相了解彼此的工作状态，如果发生异常，就会触发状态的切换。如图 4-2 所示，主防火墙通过健康检查定期监控远端服务器地址 203.196.100.2 的健康状况，当发生异常时，就会通过切换机制将流量牵引到备防火墙。由于防火墙会通过会话同步连接和配置同步连接实时同步会话信息，并定期或实时同步配置，因此流量切换后，用户几乎感觉不到业务中断，切换的时间在 50～100ms。

设备之间的同步信息和通信信息采用专用的以太网口，称为 HA 接口，HA 接口的连接方式为直连。为了维护 HA 状态的正确性和报文同步，必须妥善维护接口的连接。HA 接口的任何中断都可能导致不可预测的后果，比如两台设备因为互相之间收不到对端的心跳报文而导致自己处于主工作状态，此时会相互抢占通信地址，造成上游路由器的 ARP 学习到错误的 MAC 地址，或者更新错误的 FDB 表项。

双机热备系统主要由 3 个功能模块构成，分别是数据同步模块、健康监测模块、故障切换模块，双机热备系统框架如图 4-3 所示。

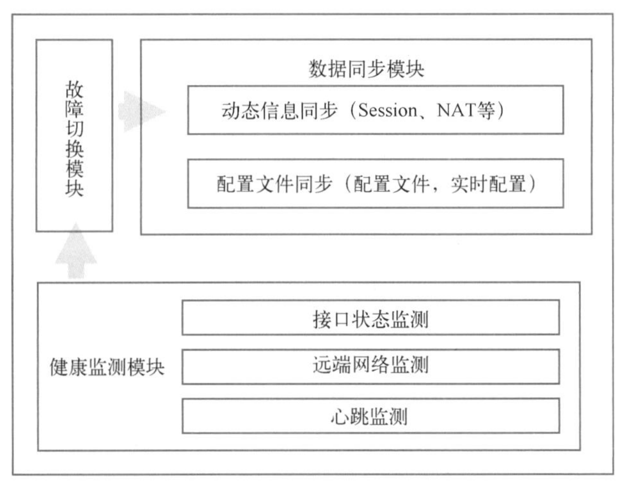

图 4-3　双机热备系统框架

1）数据同步模块：数据同步模块主要包含动态信息的同步和配置信息的同步。动态信息包括但不限于会话信息、NAT 表项、FDB 表项等。配置信息同步可以是整机配置的同步，也可以是实时配置的同步。

2）健康监测模块：用于监测当前系统是否正常运行，包括接口状态的监测、远端网络的监测、心跳监测，同时也被动监控对端的状态，从而决定是否进行状态切换。

3）故障切换模块：当设备的健康监测模块检测到自身或对端异常时，故障切换模块开始工作，根据工作模式和配置不同，切换方法不尽相同，例如，工作在路由模式会立刻发送免费 ARP 来更新上下游的 ARP 表项，达到切换网络流量的目的。另外，当从备份状态切换为主状态时，动态路由模块也会启动，和上下游建立邻接关系，更新上下游路由信息，也可以达到切换的目的。

4.2　双机热备的工作模式

防火墙支持主主（Master—Master）和主备（Master—Backup）两种工作模式。这两种模式的区别在于同时参与业务转发的防火墙数量不同，只有一台防火墙参与业务转发的模式为主备模式，两台防火墙同时参与业务转发的模式为主主模式。

4.2.1 主备模式

主备模式是指两台防火墙组成双机热备环境，同一时间只有一台防火墙处于工作状态，另一台防火墙处于备份状态。工作中的防火墙称为主防火墙（Master Firewall），备份的防火墙称为备防火墙（Backup Firewall）。正常情况下，处于工作中的主防火墙会同步自身的接口状态、链路状态、配置信息和会话信息给备防火墙。主备模式故障前流量示意图如图 4-4 所示。

当主防火墙发生接口或链路中断和整机异常时，备防火墙会立刻接管全部通信流量，如图 4-5 所示。当发生故障的防火墙恢复正常后，会成为备防火墙，这样就避免了再次触发流量切换而影响用户业务。但是有些时候会因为组网设计的原因，要求发生故障的防火墙从故障恢复后再次接管业务，也就是抢占模式，可以分别设置一台防火墙为“抢占主”，另一台为“抢占备”，这样主防火墙恢复后就会再次成为主防火墙，并接管业务。

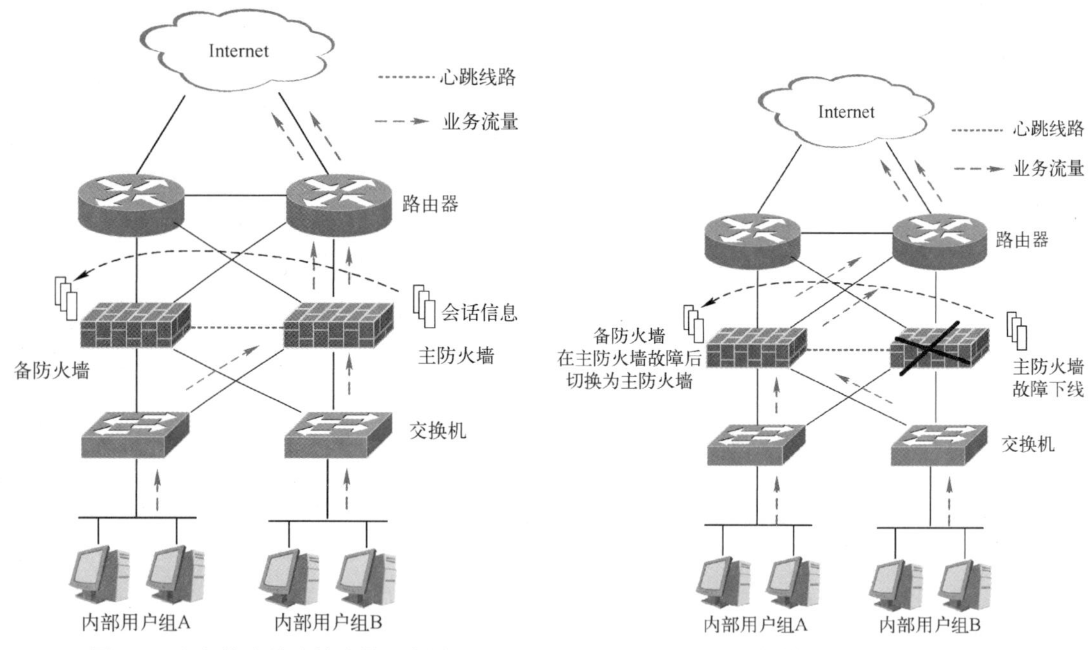

图 4-4　主备模式故障前流量示意图　　图 4-5　主备模式故障后流量示意图

在主备模式下，因为一台设备处于不工作状态，所以会导致备机的上下游路由器或交换机也处于不工作的状态，造成了一定的资源浪费，备机和上下游网络设备大部分时间都处于闲置状态，硬件成本较高。但是主备模式的优点也很明显，相对于主主模式，主备模式的组网设计更加简单，网络流量走向更加清晰，出现问题时也更加容易排查；主备防火墙的配置可以完全一样，安全策略只需维护一份即可，极大地降低了运维人员的运维压力，人力成本相对较低。

4.2.2 主主模式

主主模式是指两台设备都处于主状态（Master），都能够处理业务流量，但是在处理本端业务的同时还作为对端的备用设备，互相之间实时同步各种表项信息。主主模式故障前流量示意图如图 4-6 所示。

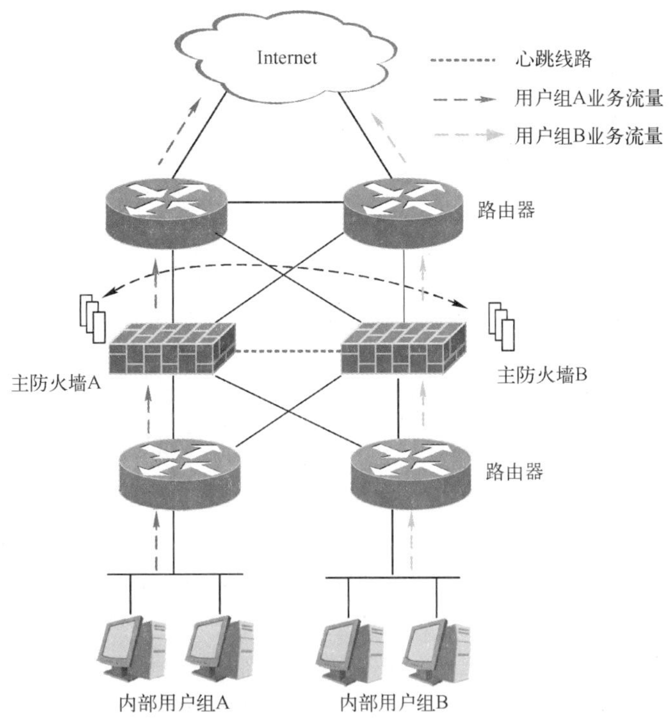

图 4-6　主主模式故障前流量示意图

当一台设备发生故障，如接口故障、链路失效时，本端状态会变为 Master（N）状态，也就是主不工作状态。处于 Master（N）状态的防火墙会通知上下游的路由器它处于不工作状态，这样流量就能够成功地切换到另一台防火墙。同时因为有会话同步，所以流量切换到新的防火墙后不会中断。主主模式故障后流量示意图如图 4-7 所示。

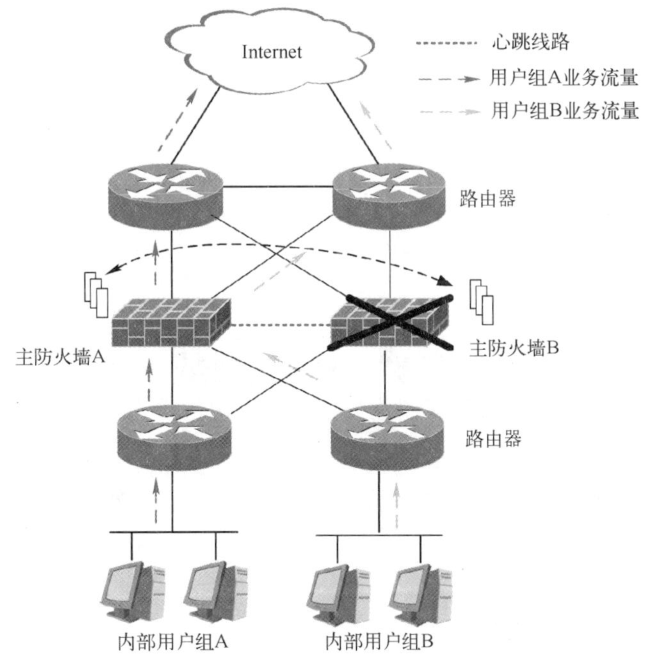

图 4-7　主主模式故障后流量示意图

如前所述，主主模式相比主备模式较为复杂，但可以提高网络的利用率。此外在主主模式下，因为两台防火墙共同分担网络中的流量，单台防火墙的压力就会减轻很多，同时可以增强防火墙的可靠性和抵御 DoS（Denial of Service，拒绝服务）攻击的能力。

4.3 双机热备的实现机制

双机热备时，一台防火墙故障，另一台防火墙接管后保障业务不中断，需要进行数据的同步，不同的模式有不同的数据同步。

4.3.1 数据同步

不同的工作模式和组网环境下，数据同步的内容不尽相同，例如，存在 NAT 的配置，就需要同步 NAT 表项；工作在透明模式下时，就需要同步 FDB 表项等。归纳起来主要涉及以下几个同步内容。

1. 会话同步

传统的网络设备一般使用虚拟路由冗余协议（Virtual Router Redundancy Protocol，VRRP）或路由协议等机制进行链路故障的切换，一台设备发生故障后，实现网关 IP 地址或上下游路由迁移到另一台工作正常的备份设备。但是这种实现方案只适用于设备是路由器或交换机的情况，因为交换机是逐报文查表转发的，当链路切换后，新来报文可以立刻查找更新后的路由表或 ARP 表进行转发，而不用关心会话的状态。由于防火墙是基于状态的，当用户发起连接时（TCP 的 SYN 包），防火墙会根据流的五元组和接口信息建立一条半连接（Halfopen）表项。经过三次握手过程，半连接会转换为全连接（Complete），后续的报文必须匹配该会话才可以经过防火墙转发。

因此面临的一个问题是，当设备发生故障，流量切换到新的防火墙时，因为新的防火墙没有对应的会话表项，从而导致后续报文找不到会话，业务就会中断。会话不同步导致流量中断示意图如图 4-8 所示。

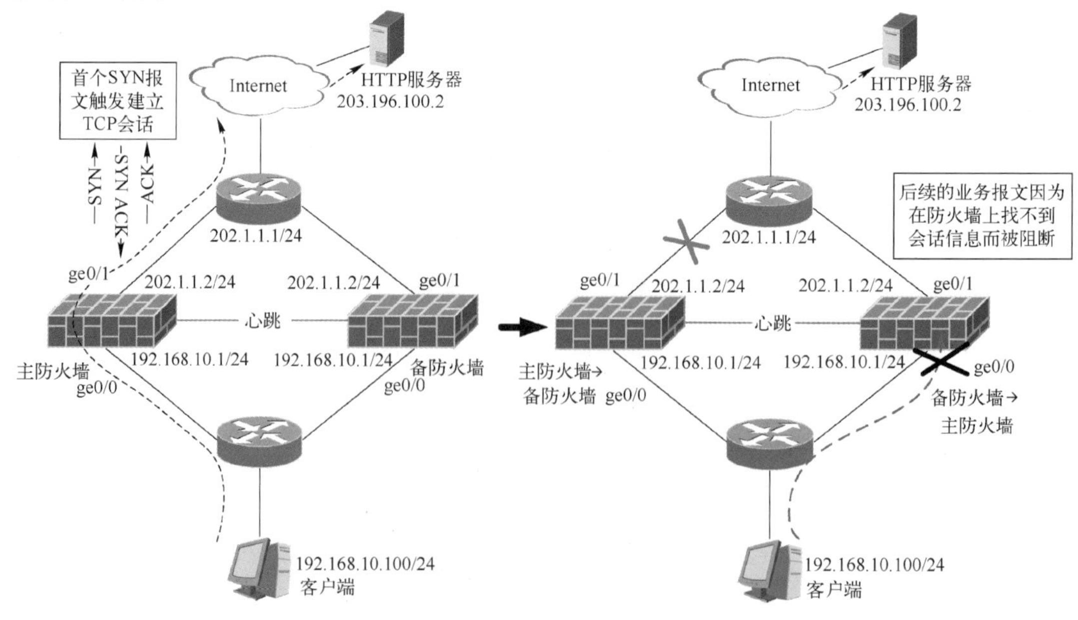

图 4-8　会话不同步导致流量中断示意图

为了保证切换后的业务不中断，防火墙要实时更新会话信息给对端。以图 4-8 中的左侧图为例，客户端（192.168.10.100）通过 HTTP 访问服务器（203.196.100.2），并在防火墙上配置了安全策略放行和源地址转换（SNAT），将从 ge0/1 发出的请求源地址转换为出接口地址（202.1.1.2）。流量经过防火墙，会建立如下表项：会话表项一条，NAT 表项一条。表 4-1 所示为主防火墙会话表项，表 4-2 所示为主防火墙 NAT 表项。主防火墙会同步给对端，并定期刷新对端的老化时间，当连接关闭，会话拆除时，还会发一条更新消息，通知对端删除会话。

表 4-1　主防火墙会话表项

协议	策略 ID	连接状态	源 IP 地址	目标 IP 地址	源端口	目标端口	老化时间	存在时间
TCP	1	Complete	192.168.10.100	203.196.100.2	43851	80	00:00:27	00:02:26

表 4-2　主防火墙 NAT 表项

协议	转换前源 IP 地址	转换前目标 IP 地址	转换前源端口	转换前目标端口
TCP	192.168.10.100	203.196.100.2	43851	80
协议	转换后源 IP 地址	转换后目标 IP 地址	转换后源端口	转换后目标端口
TCP	202.1.1.2	203.196.100.2	38722	80

2．FDB 同步

会话同步可以保证后续流量不被丢弃，而 FDB 同步的目的是避免切换后网络数据报的洪泛，主要用于透明模式的双机组网。当防火墙透明部署于一个二层网络中，上下游的客户端和服务器都处于一个二层网络中。防火墙的 FDB 表会学习到大量的 MAC 和端口的对应关系，如果发生切换，客户主机会将流量发给新的防火墙，而如果没有 FDB 的同步，就会因为找不到对应的出口和洪泛（广播）而导致网络的短暂中断，因此要进行 FDB 表的同步。

3．配置同步

配置文件同步模块，用于完成主备防火墙之间配置文件的同步，保证两台设备之间配置文件的一致性。同步模块支持实时监测配置文件的修改（包括通过命令行方式和 Web 管理界面的修改），当其中一台防火墙配置增加、删除、修改时，系统会通知双机热备的同步模块同步配置给另一台防火墙。

配置同步包括实时同步和配置文件整体同步两种方式。在网络建设初期，可以先在主防火墙上配置安全策略等，再通过整机配置同步功能同步给备防火墙，这样可以减少配置的工作量，保证配置的一致性。在设备正式部署上线后，就可以通过监控配置的更新来实时同步配置。

4.3.2　流量切换

双机热备利用浮动地址和动态路由协议实现流量的切换，下面分别进行介绍。

1．基于浮动地址实现流量切换

浮动地址分为浮动 IP（Float IP）地址和浮动 MAC（Float MAC）地址。浮动是指该 IP 地址或 MAC 地址处于浮动状态，根据两端接口所在的防火墙状态（主状态/备状态）来决定是否生效。当设备处于主状态时，浮动地址生效，可以响应上下游的 ARP 请求，并可以主动发送免费 ARP 消息。而当设备处于备状态时，浮动地址失效，不会响应上下游的 ARP 请求，也不会主动发送任何消息，在路由表中不可见，因此不会参与路由协议的计算和路由邻接关系的建立。浮动 IP 地址和浮动 MAC 地址可以分开使用，也可以一起使用。可根据实际网络场景的不同选择浮动 IP 地址和浮动 MAC 地址，下面分别介绍。

使用浮动 IP 地址的转发过程如图 4-9 所示，两台防火墙工作在主备模式，和上下游路由器相连的接口配置浮动 IP 地址。

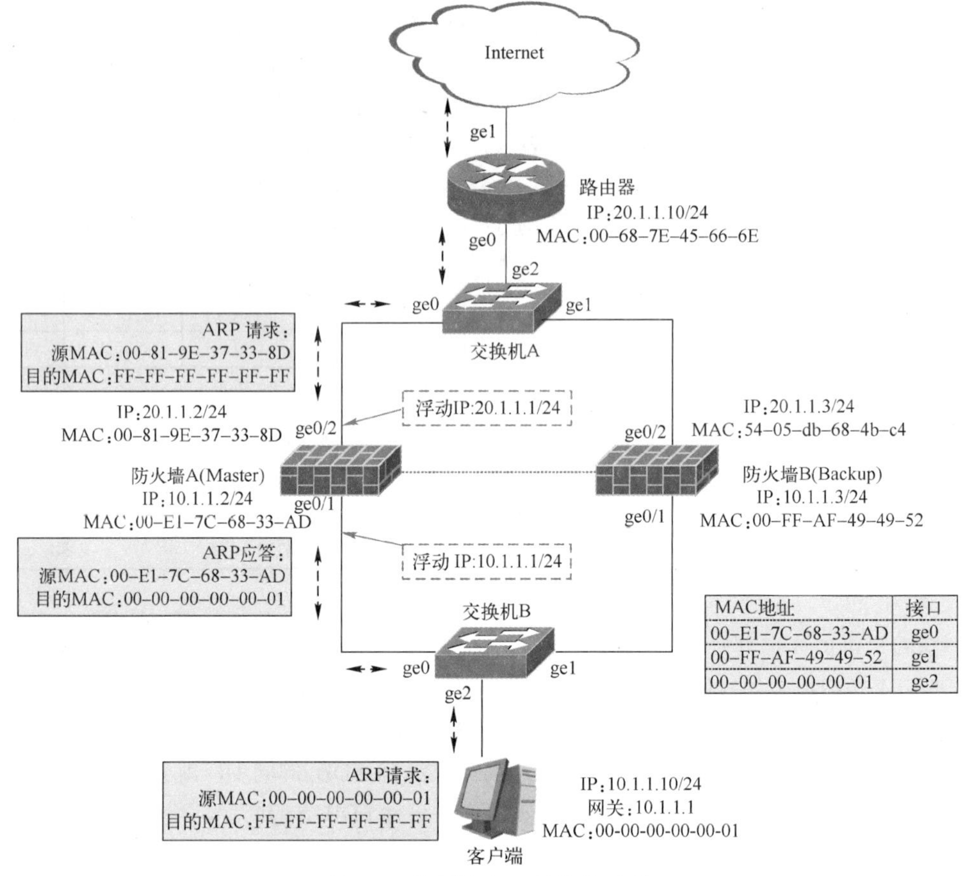

图 4-9　使用浮动 IP 的转发过程

报文在网络中的传输过程如下：

1）客户端首先判断访问的目标 IP 地址和本地 IP 地址是否处于同一个网段。和本地网段不同，客户端将查找默认网关 IP 地址的 ARP 表项，根据查到的表项封装目标 MAC 地址，假设客户端还没有网关 IP 地址的 ARP 表项。

2）客户端会发送 ARP 请求报文，用于请求网关地址对应的 MAC 地址，发送给下游交换机。因为目标 MAC 地址是 FF:FF:FF:FF:FF:FF，交换机会在网络中广播此 ARP 请求报文，并且下游交换机会记录客户端的 MAC 地址与接口的对应关系。

3）当双机热备中两台防火墙的接口 ge0/1 接收到 ARP 请求报文后，因为浮动地址只在防火墙 A（Master 状态）上生效，所以虽然两台防火墙都收到了 ARP 请求报文，但是只有防火墙 A 才会响应，ARP 应答报文头部字段封装的 MAC 地址为自身接口 ge0/1 的 MAC 地址。

4）下游交换机收到防火墙的 ARP 应答后会学习应答报文中的源 MAC 地址与入接口的对应关系，然后根据之前学习到的 MAC 地址表查找对应的出接口，然后将报文转发给客户端。

5）客户端接收到 ARP 响应报文后，将准备发送的业务报文的目标 MAC 地址封装为学习到的浮动 IP 地址的 MAC 地址，并发送给下游交换机。

6）下游交换机根据已学习到的 MAC 地址表项，将报文转给防火墙 A。至此，内网客户端发出的流量就都会通过防火墙 A（Master）进行转发，并根据安全策略的配置做进一步的处理。

7）如果主防火墙（Master）没有下一跳 IP 地址的 ARP 表项，会发送 ARP 请求报文给上游交换机，ARP 请求报文的源地址为浮动 IP 地址，源 MAC 地址为浮动 IP 地址所在接口 ge0/2 的

MAC 地址。上游交换机会学习 MAC 地址和接口的关系，然后发给出口路由器。ARP 学习过程和业务报文的转发流程和下游的类似，就不再赘述了。

8）外网主动访问内网客户端的过程中浮动 IP 地址的工作原理与此处类似，不再赘述。

当主防火墙检测到故障（接口状态为 Down、远端链路故障等）时就会触发流量切换，通过浮动 IP 地址实现流量切换如图 4-10 所示，切换的过程实际就是浮动地址的“漂移”过程。

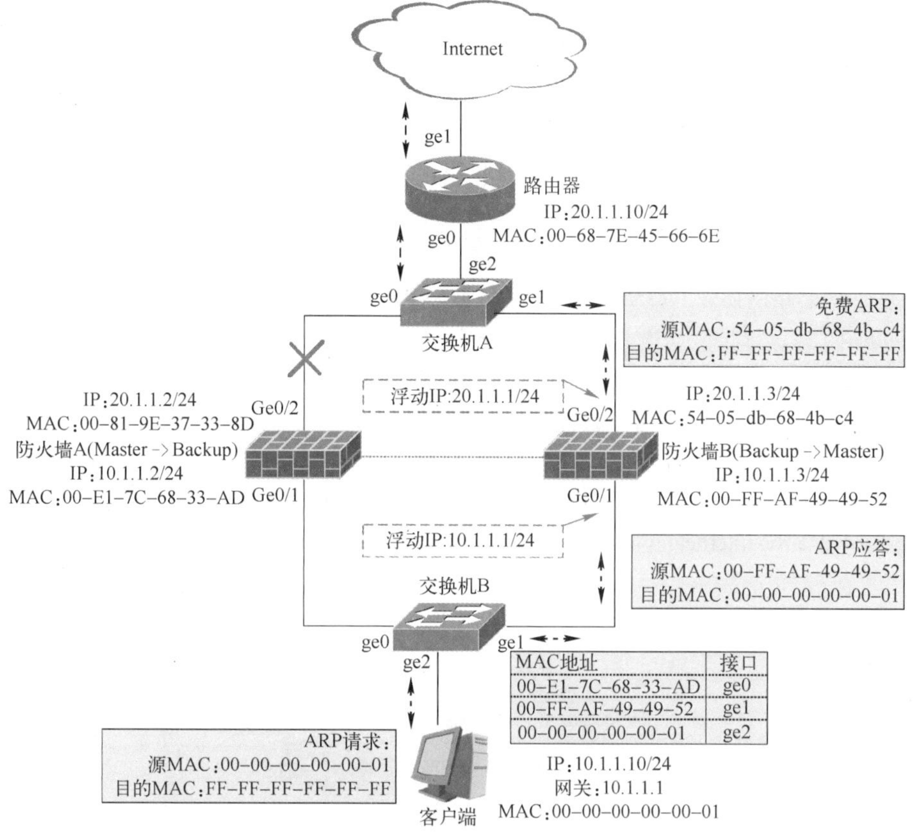

图 4-10　通过浮动 IP 实现流量切换

1）主防火墙通过健康检查机制发现自身监控的接口或链路发生异常，将自己的异常状态通过心跳报文立刻通知给备防火墙，并根据从对端收到的心跳信息来判断自己是否进入 Backup 状态。

2）防火墙成为备防火墙后，将浮动地址置为失效（Invalid）状态，并从路由表中删除。

3）备防火墙收到含有故障信息的心跳报文后，比较故障数量和自身故障数量，如果大于自身的故障数量（如本端有一个监控异常，对端有两个监控异常），就将自己设置为主状态。

4）防火墙成为主防火墙后，将浮动地址置为生效（Valid）状态，并从接口发送浮动 IP 地址的免费 ARP 消息，通知上下游路由器和交换机更新 ARP 信息和 FDB 表，将浮动 IP 的 MAC 地址变更为新主防火墙接口的 MAC 地址。

5）从客户端发送的或者服务器回应的业务流量，就会封装成修改后的 MAC 地址。

上面描述了浮动 IP 地址以及浮动 IP 地址在流量切换时的工作机制，可以发现，浮动 IP 地址可以通过刷新上下游 ARP 的方式进行流量切换，但是在实际的环境中往往会遇到各种问题而导致切换失败，比如运营商的路由器开启了 ARP 防攻击模块，或 ARP 抑制功能，这时就可能会发生 ARP 刷新失败的情况，此时需要修改运营商路由器的配置。但是实际情况往往不允许这样，因为运营商在一般情况下并不配合客户的网络设备进行配置的修改。因此为了应对这一类问题，就有了浮动 MAC 地址功能。浮动 MAC 地址，顾名思义和浮动 IP 地址一样，即双机共用一个 MAC 地址，MAC 地址是根据浮动 IP 地址动态生成的，上下游路由器学习到的 ARP 表项的 MAC 地址是浮动的 MAC 地址，交换机的 FDB 表中学习的也是浮动的 MAC 地址。以图 4-10 为例，当发生流量切换时，上下游路由器的 ARP 表项无须更新，还是用原有的浮动 IP 地址和浮动 MAC 地址进行封装和转发即可。网络中唯一需要变更的就是交换机的 FDB 表中 MAC 地址和接口的对应关系，需要从 ge0 变为 ge1。

双机热备主主模式也支持浮动地址的配置，但是使用的场景相对受限，因为在主主的环境下网络往往较为复杂，地址就算“漂移”过去，也会因为地址不在一个网段而没有实际的作用。比如在“日”字形组网中，4 台路由器分别位于上、下、左、右 4 个位置，和防火墙相连的网段分属于 4 个不同的网段，如 10.1.1.0/24、20.1.1.0/24、30.1.1.0/24 和 40.1.1.0/24，因此两台防火墙的网关也全不相同。此时如果发生切换后地址漂移，接口浮动地址 10.1.1.2 漂移到对端的接口，而对端的接口网关是 20.1.1.1，就会因不同网段而无法通信。

2．基于动态路由协议（OSPF 协议）实现流量切换

上面介绍了浮动地址的切换方法，最后提到了主主模式用浮动地址的方式在某些场景下无法支持的情况，因此在更多的复杂主主环境中较实用的还是使用路由协议自身的切换机制来引导流量。以典型的“日字形”组网为例，基于动态路由协议实现流量切换如图 4-11 所示。上下游 4 台路由器和两台主主模式的防火墙之间运行动态路由协议（OSPF 协议），并在同一个安全域 Area0 内两两之间建立 OSPF 邻接关系，通过调整 Cost 值使 PC1 的流量路径为 PC1-R1-FW1-R2-Internet，PC2 的流量路径为 PC2-R4-FW2-R3-Internet。

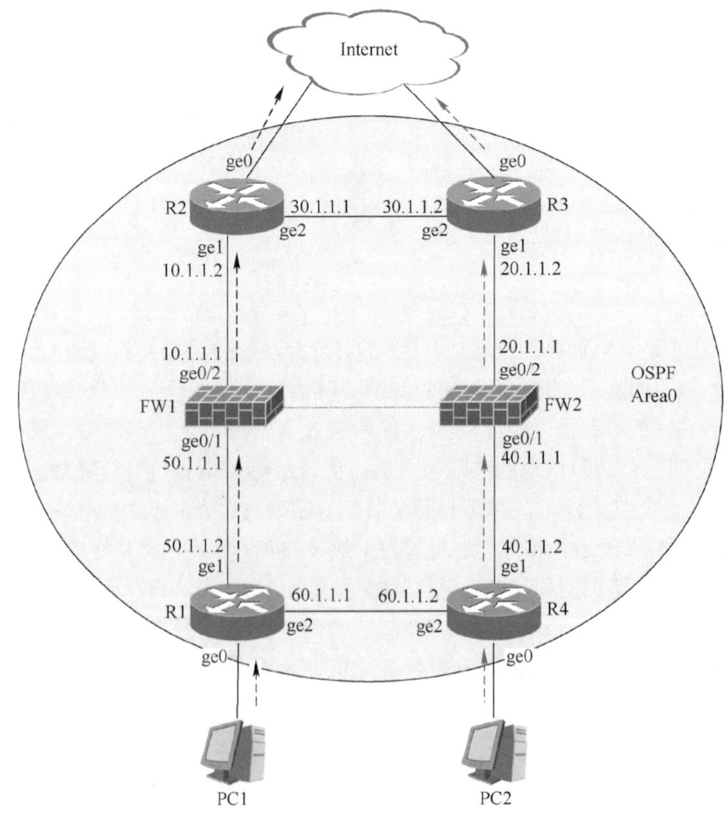

图 4-11　基于动态路由协议（OSPF 协议）实现流量切换

当 FW1 发生故障时，R2 和 R1 之间的链路中断，OSPF 协议会重新计算路由路径，选择最短路径 PC1-R1-R4-FW2-R3-Internet，PC2 还是按照原来的路径转发。因为 FW1 和 FW2 之间实时同步会话信息，所以用户的业务不会中断。基于路由协议的流量切换完全依靠路由协议的收敛时间，为了达到较快的切换效果，需要调整一些接口参数，例如，调整 Dead Time 时间等来加快路由收敛速度。

4.4　双机热备的典型组网应用

本节介绍双机热备在实际组网中的常用部署方式。

4.4.1　主备路由模式

主备路由模式是常见的一种工作模式，多见于防火墙工作于网络的出口，两台防火墙工作在路由模式，实现在防火墙 A 可以正常工作的情况下，PC1 通过防火墙 A 访问服务器，当防火墙 A 发生故障时，PC1 通过防火墙 B 访问服务器，并且在切换过后访问的业务不中断。

实现的方法是使用健康检查监控上下游链路和接口，并通过浮动 IP 地址和浮动 MAC 地址实现刷新上下游 ARP 和 FDB 表来切换流量，通过会话同步和配置同步实现切换后业务不中断。主备路由模式的典型组网如图 4-12 所示。

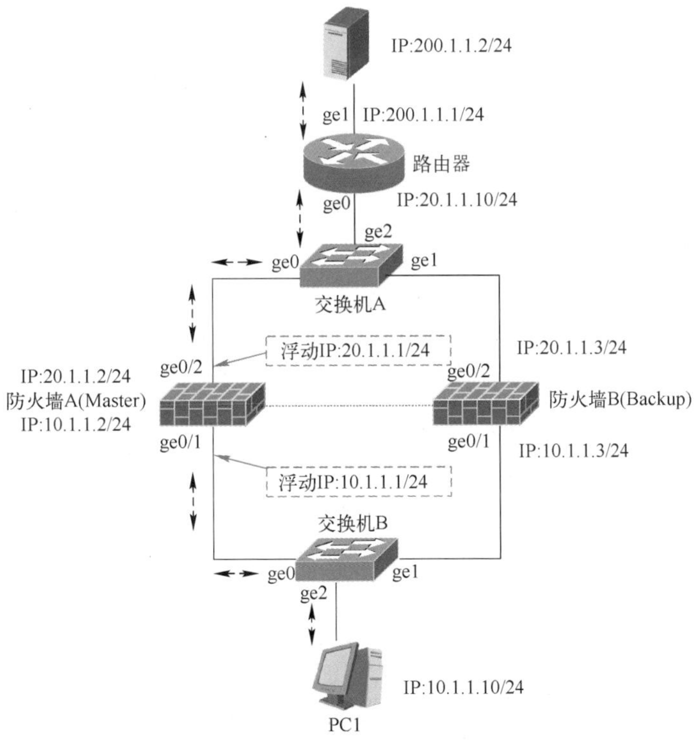

图 4-12　主备路由模式的典型组网

4.4.2　主备透明模式

主备透明模式是指两台防火墙工作在主备模式，防火墙上不配置 IP 地址，只配置透明桥接口，主防火墙的透明桥转发业务，备防火墙的透明桥会丢弃所有报文。这种部署在网络中的应用比主备路由模式少。因为在这种模式下，两台防火墙配置透明桥，不配置 IP 地址，无法实现自主切换，需要配合上下游交换机的切换机制，如接口联动和健康检查等方法。但是这种模式也有它的优点，因为防火墙不需要作为网关，当防火墙出现故障时，可以直接跳过防火墙，而无须修改网络拓扑，方便快速地排查问题和恢复业务。主备透明模式的典型组网如图 4-13 所示。

在图 4-13 中，两台防火墙工作在主备模式，主防火墙配置两个透明桥，并分别将 ge0/1 和 ge0/2 加入透明桥 1，将 ge0/3 和 ge0/4 加入透明桥 2，备防火墙和主防火墙配置相同。4 台交换机分别将 ge1 和 ge2 加入同一个 VLAN，为 SW1 和 SW2 配置 10.1.1.0/24 网段地址，为 SW3 和 SW4 配置 20.1.1.0/24 网段地址，当 PC1 访问 Internet 时，首先将报文发给交换机 SW2，因为备防火墙不转发任何报文，所以 SW2 根据学习的 ARP 信息将报文发给主防火墙，主防火墙转发给上游交换机。PC2 的过程与此相同，不再赘述。当主防火墙发生故障时备防火墙工作，刷新上下游交换机的 MAC 地址和接口的对应关系，后续 PC1 和 PC2 再次发来业务报文时，就会从备防火墙转发（切换为主防火墙）。

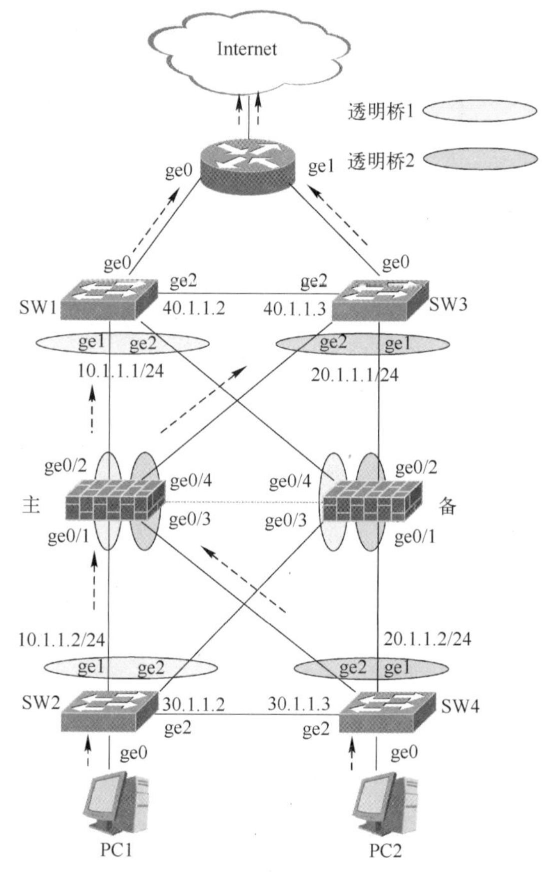

图 4-13　主备透明模式的典型组网

在主备透明模式下，一般都会配置接口联动，以图 4-13 为例，防火墙的 4 个接口会加入同一个联动组，任何一个接口故障，都可以实现 4 个口同时进入 Up 或 Down 状态，触发上下游交换机立刻切换流量到备防火墙。有些品牌的交换机也支持健康检查功能，当探测到对端地址故障时，也可以主动切换。

4.4.3　主主路由模式

主主路由模式是指两台防火墙工作在主主模式，同时又处于路由模式的组网环境。这种模式下，防火墙一般处于出口位置，两台防火墙都有独立的公网 IP 地址（主备模式下，两台防火墙可共用一个浮动公网 IP 地址），全网运行 OSPF 路由协议，通过 Cost 值的调整让 PC1 业务经过 FW1（防火墙 1），PC2 经过 FW2（防火墙 2），如图 4-14 所示。

在图 4-14 中，FW1 和 FW2 工作在路由模式，和 R1、R2、R3、R4 分别建立 OSPF 邻居，通过调整 Cost 值尽量让请求流量和返回流量走同一侧。因为防火墙是基于状态的，请求流量从 FW1 转发出去，回应流量从 FW2 返回，如果同步消息发送得不及时，就可能导致流量的中断，因此为了避免此类风险，在实际实施部署时，会尽量通过路由协议的 Cost 值调整，让同一个会话的出和入尽量走一侧。在该组网中，因为两侧路由器分别处于不同的网段，因此无法通过浮动地址的方式进行切换。

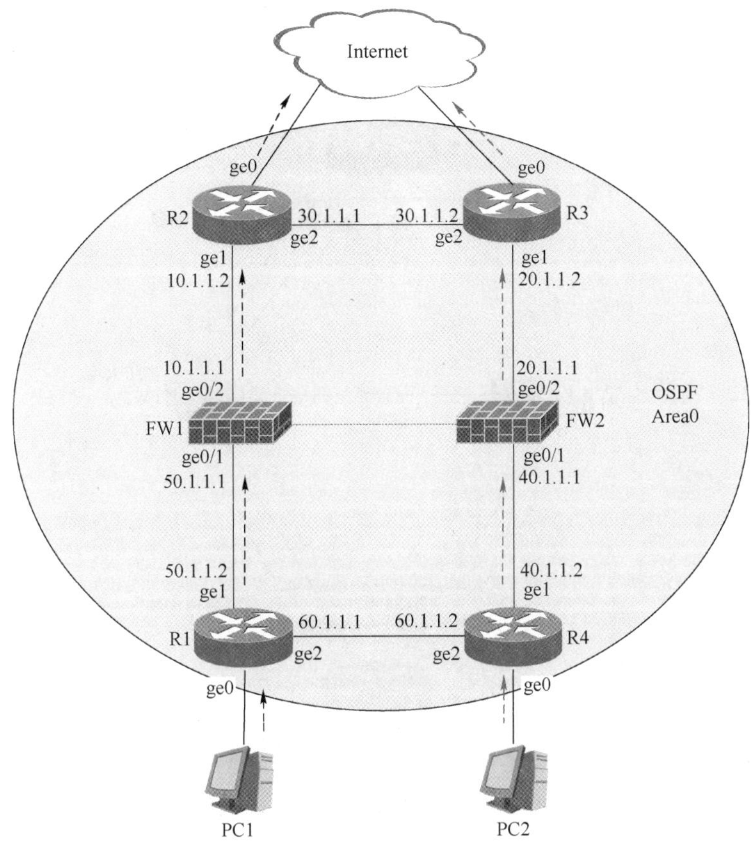

图 4-14　主主路由模式的典型组网

4.4.4　主主透明模式

主主透明模式的使用场景和主主路由模式类似，区别就是：在主主路由模式下，防火墙参与 OSPF 的计算；而在主主透明模式下，因为防火墙工作在透明模式，不配置 IP 地址，所以不参与计算，相当于一根带安全功能的“网线”，上下游的路由器完全忽略防火墙的存在，防火墙自身通过会话的同步机制保证数据的转发不中断。因此这里重点介绍一种常用的主主透明模式部署，也称主主透明模式非对称部署。

主主透明模式的典型组网如图 4-15 所示。两台防火墙工作在透明模式，上游的交换机和下游的交换机之间有两条物理链路，分别连接 FW1 和 FW2，这两条链路捆绑为一条逻辑链路（链路聚合），交换机会逐报文轮询发送数据报，下面以 TCP 会话建立的三次握手过程为例：

1）客户端构造 TCP SYN 报文，根据 R1 捆绑口的分担算法，报文经由 R1-FW1-R2 发给服务器。

2）FW1 建立半连接（Halfopen），同步会话信息给 FW2。

3）服务器构造 TCP ACK 报文，根据 R2 捆绑口的分担算法，报文经由 R2-FW2-R1 返回客户端。

4）客户端构造 ACK 报文，根据 R1 捆绑口的分担算法，报文经由 R1-FW1-R2 发给服务器。

5）FW1 建立全连接（Complete），同步会话信息给 FW2。

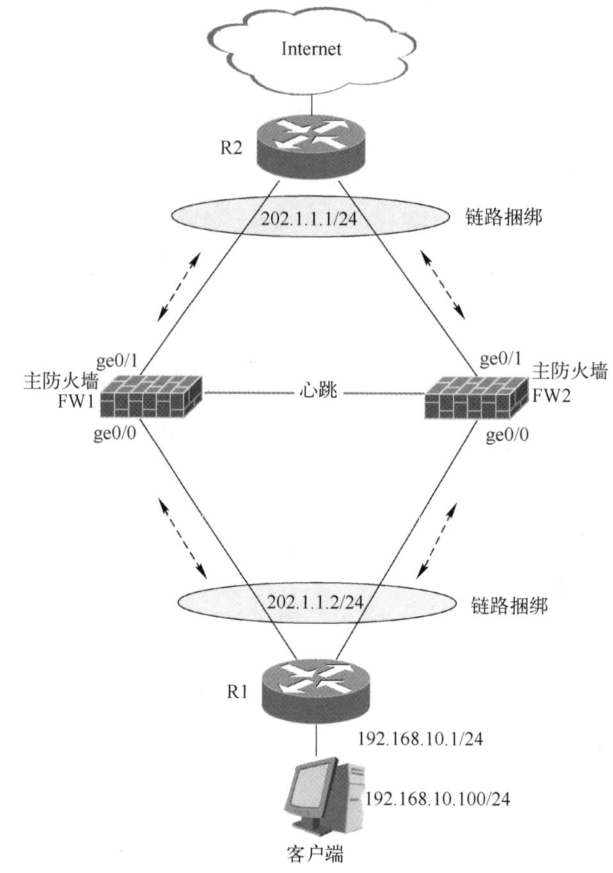

图 4-15 主主透明模式的典型组网

通过上面的过程可以发现，正因为第 2）步的信息同步，才能保证报文不被 FW2 丢弃。但是在有些情况下（如同步速度慢于转发报文的收发速度），第 3）步会早于第 2）步发生，就会导致报文丢弃，业务中断。所以在该组网环境下，要开启宽松检查。宽松检查是指当不存在对应五元组的会话表项的情况下，收到 TCP 的非首包时不丢弃报文，直接根据路由转发，并建立半连接会话。正是这个功能保证了主主透明模式在路径不一致情况下的转发功能。

本章小结

本章主要学习了双机热备的基本概念和产生背景，双机热备的两种工作原理和实现机制，以及主备模式和主主模式分别在路由模式及透明模式下的应用。双机热备是实现高可用性的常见方法，当其中一台防火墙发生故障时，通过数据同步和流量切换机制，流量切换到另一台防火墙，保障业务不中断。当防火墙处于不同的部署模式和组网环境时，需要结合上下游交换机或路由器的配置，通过浮动 IP 地址或浮动 MAC 地址，以及动态路由协议来进行流量切换。

4.5 思考与练习

一、填空题

1. 防火墙双机热备技术也称 HA（High Availability）技术，主要通过________将两台防火墙的心跳口互联，彼此建立热备关系。

2．防火墙双机热备环境中，为了不影响安全策略的配置，可以将_______划分到单独的区域进行管理。

3．防火墙支持_______和_______两种工作模式。这两种模式的区别在于同时参与业务转发的防火墙数量不同，只有一台防火墙参与业务转发的模式为_______模式，两台防火墙同时参与业务转发的模式为_______模式。

4．双机热备用于保证关键设备和服务的_______属性。

5．主备透明模式是指两台防火墙工作在主备模式，防火墙上不配置________，只配置_______，主防火墙的透明桥转发业务，备防火墙的透明桥会丢弃所有报文。

二、判断题

1．TCP 是有状态的连接，可以为通信双方提供可靠的双向连接。（　　）

2．防火墙工作在主主模式时，两台防火墙中，只有一台处于工作状态，另一台处于非工作状态。（　　）

3．将两台防火墙配置为主备模式，并使用浮动地址，当主防火墙发生异常重启时，备防火墙切换为工作状态，浮动地址也相应切换到备防火墙。（　　）

4．下一代防火墙既可以工作在网络层、传输层，也可以工作在应用层。（　　）

5．防火墙在主备路由模式下，使用健康检查监控上下游链路和接口，并通过会话同步和配置同步实现切换后业务不中断。（　　）

三、选择题

1．为了避免防火墙的单点故障，通常会部署两台设备，并启用（　　）功能，从而提供高可用性。

A．访问控制　　B．双机热备　　C．动态路由　　D．带宽管理

2．（　　）保证主主透明模式在路径不一致情况下的转发功能。

A．ARP　　B．宽松检查　　C．浮动 IP 地址　　D．浮动 MAC 地址

3．双机热备利用浮动地址和（　　）实现流量的切换。

A．静态路由　　B．策略路由　　C．动态路由　　D．默认路由

4．双机热备组网下，两台防火墙之间数据同步的内容包括（　　）。

A．会话同步　　B．FDB 同步　　C．配置同步　　D．心跳同步

5．主主模式与主备模式相比，优点是（　　）。

A．网络利用率高，单台防火墙流量压力小

B．组网设计简单，网络流量走向清晰

C．只需一份安全策略，运维压力小

D．人力成本相对较低

第5章 其他模式

前面的章节中介绍了透明模式和路由模式，这两种模式可以满足现如今大多数的环境，但在防火墙实际部署中，也会根据企业需要采用混合模式、旁路检测模式等其他模式。本章主要介绍部署防火墙时，常用场景以外的特殊场景中其他模式的部署，包括混合模式、单臂模式、旁路检测模式和物理旁路逻辑串行模式等重要内容。

5.1 混合模式

在部分企业中，用户希望防火墙作为客户端的网关来转发跨网段的数据，还希望防火墙作为一台网桥透明接入网络之中，原有部分拓扑不改变，这时就需要防火墙部署为混合模式。

5.1.1 混合模式概述

混合模式等于透明模式加路由模式，即同一台防火墙同时部署为透明模式和路由模式。

防火墙在路由模式下连接 Internet，为用户上网提供网络地址转换和安全控制等功能；同时，防火墙作为类似交换机的角色，还可为内部网络提供透明方式部署。混合模式拓扑图如图5-1所示。

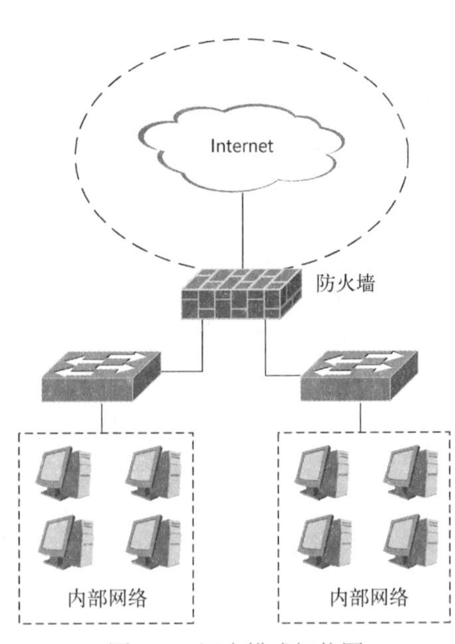

图5-1 混合模式拓扑图

5.1.2 混合模式原理

当两个内部网络之间的数据需要经过防火墙转发时，防火墙会按照配置好的安全策略进行安全检测并承担类似交换机的角色将数据进行转发。

当内部网络的用户要访问 Internet 时，需要内部网络的用户将其网关 IP 地址设置为防火墙的透明桥地址，防火墙作为它们的网关，将上网数据转发出去。

混合模式有以下优点：

在小型网络中，防火墙不仅是安全设备，为网络安全保驾护航，又同时作为网络交换设备，负责连接多个内部网络区域，可以节约网络设备投入。

混合模式有以下缺点：

1）网络结构混乱，不易维护。

2）扩展性差，随着业务流量的增长，防火墙既承担网络安全逻辑访问控制工作，又承担网络核心数据转发工作，很容易出现性能瓶颈。

3）发生单点故障时，一旦防火墙失效，局域网内部通信以及面向 Internet 的通信都会断开，导致业务全面中断。

5.2　单臂模式

防火墙既可以工作在网络层、传输层，也可以通过配置其他功能模块工作于应用层。如果用户网络内部有多个网段和 VLAN，但没有可以为它们提供跨网段转发数据的三层设备，就可以使用防火墙作为多个内部 VLAN 或者网段的网关来转发跨网段的数据。交换机与防火墙之间通过一条链路连接，像一个人用一只手臂举起一台设备一样，这种部署模式称为单臂模式。

5.2.1　Trunk

VLAN 可以用于隔离网络广播域，由于一些网络原因，为避免网络内复用的 IP 地址段发生冲突，通常情况下都会采用一个 VLAN 隔离开一个广播域的方式。同一个 VLAN 下的用户可以直接通信，不同 VLAN 的用户一般不在同一 IP 网段，因此不能直接通信，跨 IP 网段通信需要通过网关进行转发。

当防火墙工作在路由模式下，是可以作为内部用户的网关的。单个 VLAN 部署如图 5-2 所示。

当网络内部存在多个 VLAN 时，可以使用一根链路承载一个 VLAN 的方式，让防火墙作为多个 VLAN 的网关。多个 VLAN 部署如图 5-3 所示。

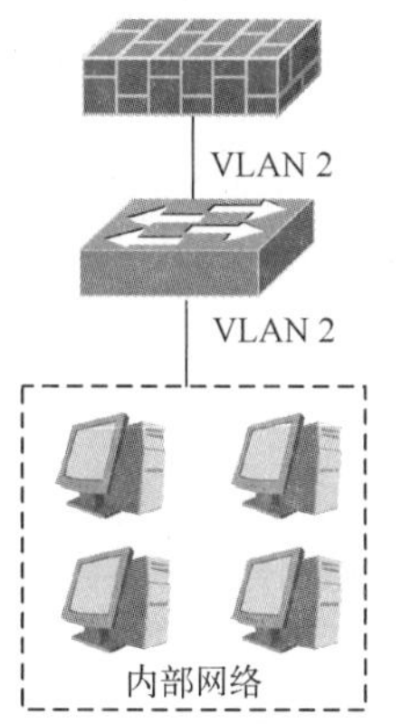

图 5-2　单个 VLAN 部署

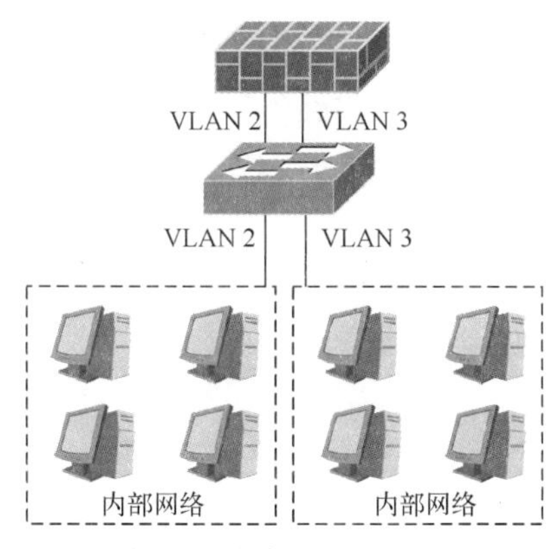

图 5-3　多个 VLAN 部署

但如果用户的网络内 VLAN 的数量过多，由于防火墙自身硬件网络接口数量的限制（例如，一个具备 8 个网络接口的防火墙就无法在此模式下接入超过 8 个 VLAN 的连接），不能按照一个 VLAN 一根链路的方式进行部署和使用，这时就可以使用 Trunk 技术。交换机和防火墙可以配置 Trunk 接口，使一个物理接口承载多个 VLAN 的数据，交换机的 Trunk 通过给传输在本物理链路内不同的 VLAN 内的数据打上各自 VLAN 的标记（Tag），区分此数据属于哪个 VLAN，防火墙可以识别这些 VLAN Tag，并配置使用子接口的方式来成为这些 VLAN 内网络设备的网关。一个 VLAN 对应防火墙物理接口下的一个子接口。

5.2.2 子接口

子接口是防火墙物理接口的虚拟接口，在单臂模式下防火墙有多少个 VLAN，就可以虚拟出多少个子接口，它可以配置为 VLAN 的网关。Trunk 部署如图 5-4 所示。

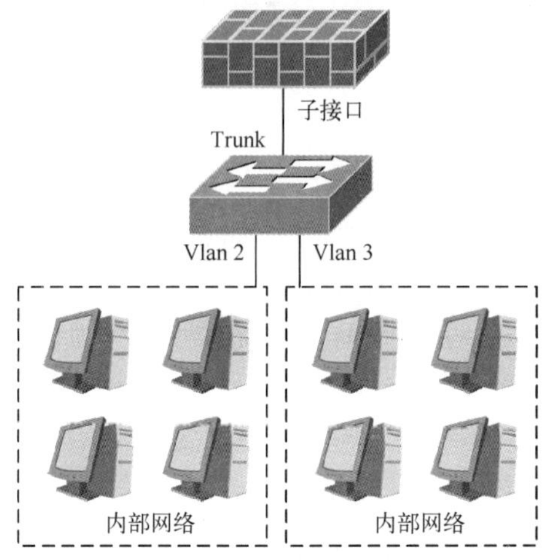

图 5-4 Trunk 部署

在防火墙上定义子接口，需要为子接口指定名称和 Tag，这里的 Tag 与交换机配置的 VLAN ID 对应，子接口的 IP 地址就是内部网络的网关。防火墙子接口配置如图 5-5 所示。

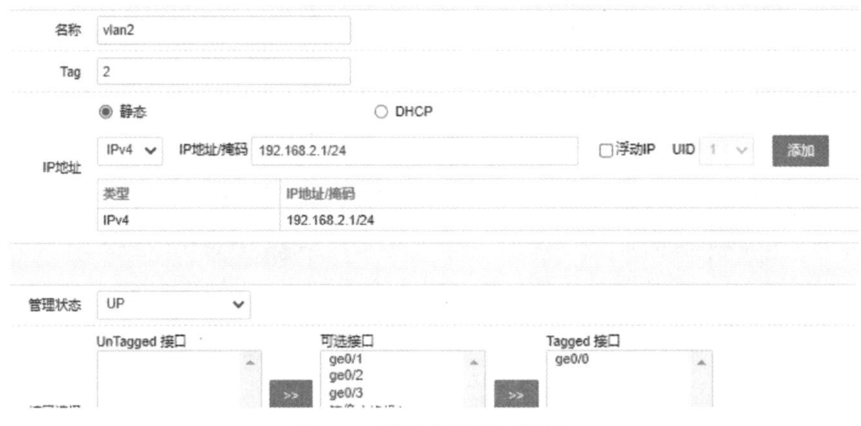

图 5-5 防火墙子接口配置

同一个物理接口可以指定不同的 Tag，作为不同 VLAN 的网关。

单臂模式的优点如下：

1）在小型网络中，防火墙可以作为网络内的网关设备，节约额外采购三层设备的资金；

2）防火墙作为网络安全设备，可以按照配置的网络安全策略提供逻辑访问控制，提升网络安全性。

单臂模式的缺点如下：

1）防火墙作为内部网络的网关设备，随着网络流量的增加，容易出现性能瓶颈。

2）出现单点故障时，一旦防火墙失效，局域网内部通信以及面向 Internet 的通信都会断开，导致业务全面中断。

5.3 旁路检测模式

在某些情况下，在一些特殊的网络中，用户可能会拒绝防火墙作为串行网络逻辑访问控制设备接入网络，从而减少或避免网络设备自身性能或网络割接过程对整体网络产生的影响，而要求防火墙旁路部署在网络的某些位置，一般会通过交换机做端口镜像，并将流量镜像发送给防火墙，由防火墙针对这些流量做检测，由于无法对数据进行过滤，防火墙仅能对检测数据提供报警。

5.3.1 旁路检测模式作用

旁路检测模式部署的防火墙，与其他模式部署的防火墙不一样，由于它没有串行在网络之中，只是一个监听设备，因此可通过配置相应的网络防护策略及通过网络镜像流量实时监视网络数据，一旦发现匹配了安全策略的网络数据异常就发出警告。网络生产数据不会流经旁路检测模式部署的防火墙，所以如果防火墙本身出现软硬件故障或出现性能瓶颈问题，不会影响网络整体的连通性、可用性。想要部署旁路模式防火墙，可以要求交换机生成网络流量镜像，将要进行安全检测的网络流量全部镜像给防火墙。防火墙旁路检测部署如图 5-6 所示。

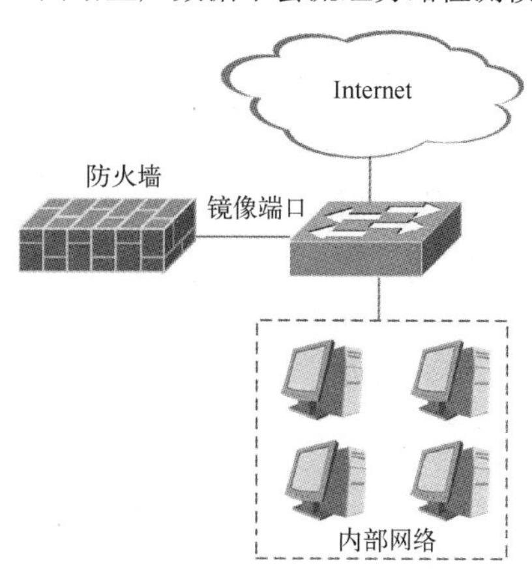

图 5-6 防火墙旁路检测部署

在本示例中，防火墙没有部署在网络流量路径内，而是旁路部署在交换机旁。网络管理人员需要在交换机上配置镜像端口，并将需要防火墙检测的全部网络流量通过镜像端口发送给防火墙。防火墙会将检测出来的异常流量、网络攻击、病毒信息等以日志、syslog、邮件等方式给用户发送报警。

5.3.2 旁路检测模式原理

旁路检测模式同其他模式的根本区别在于数据在旁路检测模式下没有流经（穿过）防火墙，而数据本身也不是生产网络中的生产数据，而是生产网络中的数据副本（镜像流量），防火墙仅对入接口的网络流量，按照自身所配置的安全策略、入侵防御事件集、病毒库等进行检测，对匹配了网络安全策略的数据、行为等提供报警。

5.4 物理旁路逻辑串行模式

在一些特殊的网络部署模式下，可能会出现用户只要求部分网络数据需要使用防火墙进行逻辑访问控制，但防火墙不能访问全部网络流量的情况。此时可以考虑使用防火墙的物理旁路逻辑串行的部署模式来解决。使用透明模式或者路由模式旁路技术，与网络设备配合，将网络中的一部分流量引入防火墙，从而实现防火墙只接触并控制引入防火墙的这部分流量。

5.4.1 透明模式物理旁路逻辑串行模式原理

透明模式旁路部署防火墙方式在只有少数 VLAN 的数据要求经过防火墙时考虑，一般

VLAN 数量在一个或者几个时，可以设计使用物理旁路逻辑串行的透明模式旁路部署。

防火墙使用透明模式旁路接入网络中，可以对引入防火墙的数据按照访问控制策略进行控制。

如图 5-7 所示，PC 的 IP 地址是 192.168.2.2/24，PC 的网关是 192.168.2.1。PC 连接的是交换机的 VLAN2 接口，而 PC 的网关地址 192.168.2.1 在核心交换机的 VLAN3 上。防火墙的 ge0/2 口连接交换机的 1 口，交换机的 1 口属于 VLAN2，防火墙的 ge0/1 口连接交换机的 3 口，交换机的 3 口属于 VLAN3，防火墙的 ge0/1 和 ge0/2 口加入透明桥中。

PC 访问网关时，数据会从交换机的 2 口进入，交换机会将数据从 1 口发出，因为 2 口和 1 口同属于 VLAN2；交换机连接防火墙的两个接口都是 Access 口，数据经过 Access 口时是不添加 VLAN ID 的，数据从交换机的 1 口发给防火墙，此时的数据没有 VLAN Tag；防火墙对从 ge0/2 口收到的数据进行安全处理之后，将数据从 ge0/1 口发出，由于防火墙收到数据时，数据并没有 VLAN Tag，所以数据从防火墙发出时也没有 VLAN Tag。接入交换机从 3 口收到这个数据，认为此数据来自 VLAN3，它会将此数据从 VLAN3 的接口转发出去，也就是连接核心交换机的 4 口。核心交换机响应此数据。

数据从核心交换机发给 PC 时，处理方式与从 PC 发给核心交换机类似。接入交换机 4 口收到此数据，会往 3 口转发，因为 4 口和 3 口同属于 VLAN3；防火墙收到数据，经过一系列的安全处理后，从 ge0/2 口将数据转发出去；接入交换机从 1 口收到此数据，转发到 VLAN2 的 2 口，PC 收到网关的响应。

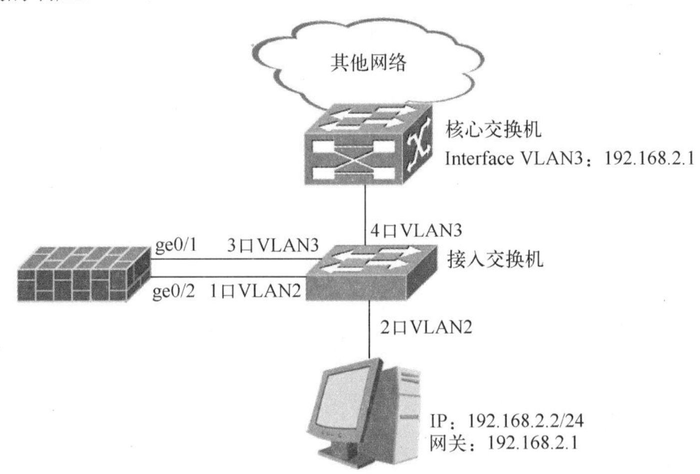

图 5-7　防火墙透明模式物理旁路逻辑串行模式部署

透明模式物理旁路逻辑串行模式优点如下：

1）防火墙二层透明部署，不涉及三层路由转发问题，无须管理员进行路由设计并配置静态或动态路由。

2）可以为经过防火墙的数据实现安全防护而不仅仅提供检测和告警，又不需要将防火墙串行接入网络之中。

透明模式物理旁路逻辑串行模式缺点如下：

1）一个 VLAN 的数据要使用防火墙的两个接口，扩展性差，只适用于小型网络。

2）不同于一般的透明模式防火墙，这种方式接入的防火墙一旦发生故障，其连接的 VLAN 也会发生故障。

5.4.2 路由模式物理旁路逻辑串行模式原理

在路由模式物理旁路逻辑串行模式部署方式的应用环境中，管理员可以通过在交换机上配置策略路由，将需要执行逻辑访问控制和检测的数据引入防火墙，防火墙使用路由模式旁路接入网络中，对引入防火墙的数据进行策略匹配和检测控制。

如图 5-8 所示，假设用户要求 PC 网段 192.168.2.0/24 访问服务器网段 172.16.1.0/24 数据时经过防火墙，去往其他网络的数据不经过防火墙。

在交换机配置访问控制列表，将源地址为 192.168.2.0/24 且目标地址为 172.16.1.0/24 的数据匹配出来，再配置交换机的策略路由，让源地址为 192.168.2.0/24 且目标地址为 172.16.1.0/24 的数据从 VLAN2 进来时，路由的下一跳指向防火墙。

在交换机上配置访问控制列表将源地址为 172.16.1.0/24 且目标地址为 192.168.2.0/24 的数据匹配出来，再配置交换机的策略路由，让源地址为 172.16.1.0/24 且目标地址为 192.168.2.0/24 的数据，从 VLAN3 进来时，路由的下一跳指向防火墙。

防火墙配置所需的网络安全策略，为进入防火墙的数据做安全检测和访问控制；防火墙配置默认路由，将下一跳地址指向交换机 1 口地址 10.1.1.1。

PC 要访问服务器，源地址是 PC 的 IP 地址、目标地址是服务器 IP 地址，数据从 VLAN2 的接口进入交换机，会匹配交换机上所配置的策略路由，因此交换机会将数据转发给防火墙；防火墙收到数据后，执行管理员配置的网络安全策略，将数据转发给交换机；交换机从 1 口收到数据，此数据不来自 VLAN2，并不会匹配策略路由，在匹配策略路由失败后，数据会匹配交换机上的路由表，交换机将此数据转发给服务器。

服务器回复 PC 的数据，源地址是服务器 IP 地址，目标地址是 PC 的 IP 地址，从 VLAN3 进入交换机，会匹配交换机上所配置的策略路由，因此交换机会将数据转发给防火墙；防火墙收到数据后，执行管理员所配置的网络安全策略，将数据转发给交换机；交换机从 1 口收到数据，此数据不来自 VLAN3，并不会匹配策略路由，在匹配策略路由失败后，数据会匹配交换机上的路由表，交换机将此数据转发给 PC。

由于防火墙是状态检测防火墙，必须要求 PC 往来服务器的数据都经过防火墙，因此需要记住，所有针对用户的需求，都要为去和回的数据分别配置策略路由，否则防火墙会阻断数据传输过程，从而导致网络不可用。

路由模式物理旁路逻辑串行模式优点：

1）可以为经过防火墙的数据实现安全防护而不仅仅提供检测和告警，又不需要将防火墙串行接入网络之中。

2）可以通过配置引入多个网络和 VLAN 的数据至防火墙，扩展性比透明模式物理旁路逻辑串行模式好。

3）可以在交换机上配置下一跳检测，如果检测到防火墙出现问题，则交换机的策略路由失效，不影响用户业务。

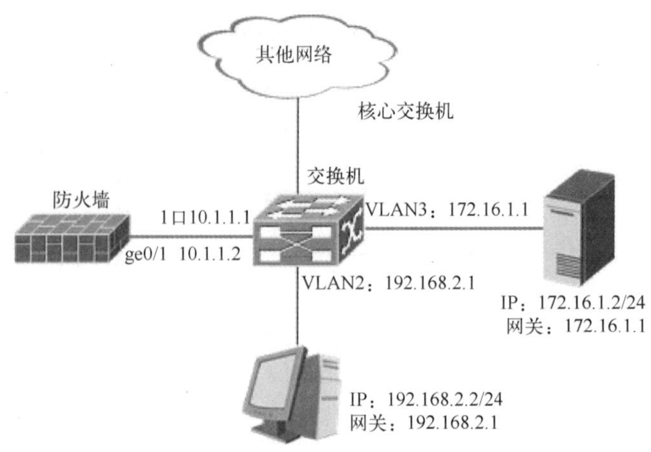

图 5-8　防火墙路由模式物理旁路逻辑串行模式部署

路由模式物理旁路逻辑串行模式缺点：

1）交换机需要的配置多，需要为来去数据配置策略路由，网络管理员维护任务繁重，易出现错误。

2）在交换机上执行策略路由转发占用交换机性能，导致高峰期网络性能下降。

本章小结

本章主要介绍了防火墙的混合模式、单臂模式、旁路检测模式及物理旁路逻辑串行模式的基础知识、拓扑和原理以及每个模式的优缺点。混合模式是指防火墙同时部署为透明模式和路由模式，防火墙既作为安全设备又作为网络交换设备。单臂模式防火墙作为多个内部 VLAN 或者网段的网关，转发跨网段的数据。旁路检测模式防火墙没有串行在网络中，而是旁路部署在网络的某些位置，通过交换机将流量镜像发送给防火墙。物理旁路逻辑串行模式是与网络设备配合，将网络中的一部分流量引入防火墙，防火墙只接触并控制部分流量的情况。

5.5　思考与练习

一、填空题

1. 混合模式即同一台防火墙同时部署为________和________。

2. 旁路检测模式防火墙对发给防火墙的数据进行检测，交换机配置端口________来实现。

3. 路由模式________旁路________串行模式的应用环境中，管理员通过在交换机上配置策略路由，将需要防火墙进行逻辑访问控制和检测的数据引入防火墙，其他数据不经过防火墙。

4. ________用于隔离网络广播域。

5. ________模式部署的防火墙没有串行在网络中，只是一个监听设备。

二、判断题

1. 混合模式下的防火墙，不能做地址转换。(　　)

2. 防火墙作为出口网关设备，要想将内网划分为多个 VLAN 并且减少广播类攻击报文的影

响，可以配置成单臂路由模式。（　　）

3．会话和安全策略的关系可以描述为，只有会话初次建立时会命中安全策略，会话生存周期内的报文交互无须再次匹配策略。（　　）

4．防火墙不能防止策略配置不当或错误配置引起的安全威胁。（　　）

5．子接口是防火墙的一种物理接口，每个子接口对应一个 VLAN。（　　）

三、选择题

1．下面不是混合模式特点的是（　　）。

A．混合模式不能对数据进行安全检测

B．混合模式没有二层透明接口

C．混合模式有三层路由接口

D．混合模式可以做地址转换

2．下列不是防火墙部署模式的是（　　）。

A．混合模式　　B．旁路检测模式　　C．静默模式　　D．单臂模式

3．单臂模式的缺点是（　　）。

A．防火墙作为内部网络的网关设备，随着网络流量的增加，容易出现性能瓶颈

B．不同 VLAN 之间无法隔离

C．只能检测流量，不能阻断流量

D．单点发生故障时，一旦防火墙失效，通信就会中断

4．以下不是常用的管理防火墙协议的是（　　）。

A．HTTPS　　B．SSH　　C．Telnet　　D．FTP

5．某用户为避免单点故障，拒绝防火墙作为串行网络设备接入网络，则该用户应采用（　　）部署防火墙，通过交换机做端口镜像，将流量镜像发送给防火墙做检测。

A．路由模式　　B．透明模式　　C．单臂模式　　D．旁路模式

第 6 章 VPN

同一家企业总部和分部的办公地点不在同一个办公室，有可能在同一个城市不同的行政区，或者在不同的城市、不同的省份，甚至在不同的国家。不同地点的企业实现内网数据传输的方式有企业自行布线组网、ISP 租用专线接入、企业网络基于 Internet 传输。

在同一个办公室、同一个大楼或者属于企业的同一个园区内，企业可自行组网。如果企业的总部和分部不在同一城市、同一省或同一个国家，那么企业无法自行组网，此时要实现总部和分部之间的通信，企业需要向 ISP（Internet 服务提供商）租用广域网线路。

目前常用的租用广域网线路主要有专线和基于 Internet 两种方式。

专线接入由 ISP 提供两远程节点之间专有的、持续的传输路径，专线接入网络与 Internet 是两种不同的网络，企业租用专线的数据不会经过 Internet。在这种情况下，一条专线专属于一个企业使用，对 ISP 来说，链路利用率不高，另外就是价格昂贵。

企业总部和分部可以先接入 Internet，再通过 Internet 传输数据，如通过 QQ、微信、邮件、FTP 等方式来传输企业内部数据，但这种方式非常不安全。

为了既能减少企业费用，又能在 Internet 上安全地传输企业内部数据，可以使用 VPN。

本章主要介绍防火墙安全功能中 VPN 的相关知识，包括 IPSec VPN、SSL VPN、L2TP VPN、GRE VPN 的原理、应用场景等重要内容。

6.1 IPSec VPN

IPSec VPN 指采用 IPSec 来实现远程接入的一种 VPN 技术，IPSec（Internet Protocol Security，互联网安全协议）是由 IETF（Internet Engineering Task Force）定义的安全标准框架，在公网上为两个私有网络提供安全通信通道，通过加密通道保证连接的安全——在两个公共网关间提供私密数据封包服务。

IPSec VPN 是一套比较完整的成体系的 VPN 技术，它规定了一系列的协议标准。

6.1.1 IPSec 简介

IPSec 是一组基于 OSI 模型第三层的通过 IP 分组进行加密和认证来保护 IP 数据报的网络传输协议族。IPSec 是 IP 安全协议的一个标准，将安全机制引入 IP，为 IP 公开指定的安全扩展规范了标准。

IPSec 是一个标准框架，为两个对等体设备之间的网络层提供了多种安全特性：数据的机密性，通过加密来防止数据遭受窃听攻击，支持的加密算法有 DES、3DES 和 AES；数据的完整性和验证，通过 HMAC 功能来验证数据报有没有被损坏，支持的 HMAC 功能包括 MD5 和 SHA-1；抗回放检测，通过在数据报中包括加密的序列号，确保来自中间人攻击设备的回放攻击不能发生；对等体验证，为了确保数据在两个对等体之间传递前的身份，设备验证支持对称预共享密钥、非对称预共享密钥以及数字证书，远程访问支持 XAUTH 的用户认证。

AH 和 ESP 这些标准用于提供对用户数据的保护，可以提供机密性（只有 ESP）、数据报完整性、数据源点的验证和抗回放服务。

1. IPSec 的封装模式

IPSec 有两种封装模式，即传输模式和隧道模式。封装模式定义了两台 VPN 对等体之间传输被保护数据时的基本的封装格式。

1）传输模式（Transport Mode）。传输模式通常用于两台主机之间或者主机与安全网关之间的通信，不使用新的 IP 头部，IP 头部中的源和目标 IP 地址为通信的两个实点（当通信点等于加密点时，使用传输模式）。传输模式只为高层协议提供信息安全服务，同时增加了对 IP 数据报载荷的保护。

2）隧道模式（Tunnel Mode）。隧道模式通常用于两个安全网关或路由器之间的通信，以建立安全的 VPN 通道，封装新的 IP 头部，新的 IP 头部中的源和目标 IP 地址为中间的 VPN 网关设备地址（当通信点不等于加密点时使用隧道模式）。当 IP 数据报增加了 AH 或 ESP 域后，整个数据报都会被当作一个新的 IP 数据报载荷，并且拥有新的外部 IP 报头，后面跟着新的 IPSec 报头，之后将原始 IP 报头和数据进行封装。

2. IPSec 安全协议

IPSec 不是指具体的某一个协议，而是一个开放的标准框架性架构，主要的安全协议有两种，即验证报头（AH）和封装安全有效负载（ESP），用于为 IP 数据报提供安全。

AH（Authentication Header）是类似于 ICMP、TCP、UDP 的协议，分配给它的 IP 协议号为 51。AH 提供数据完整性服务和抗数据回放攻击，不提供数据机密性（不对数据进行加密）。AH 可以为 IP 数据报提供通过 Hash 函数产生的校验和来保证数据的完整性，通过共享密钥来实现数据来源认证，通过 AH 报头中的序列号实现防重放攻击等安全服务。AH 常用的两种模式分别为传输模式和隧道模式。AH 和 NAT 不能联合工作，NAT 需要一个 TCP 或者 UDP 的外部头，而 AH 是一个网络层协议，NAT 改变了源和目标 IP 地址，AH 在建立 ICV（完整性校验和的值）时使用了这些字段。

ESP（Encapsulating Security Payload）是类似于 ICMP、TCP、UDP 的协议，分配给它的 IP 协议号为 50。ESP 提供数据机密性（支持对数据进行加密）、数据完整性、抗回放攻击能力，ESP 的数据验证和完整性服务只包括 ESP 的头和有效载荷（不包括外部的 IP 头部）。对数据报的加密主要针对客户端计算机，通过 DES、3DES、AES 加密整体数据报或者加密 IP 的载荷部分。对数据流的加密主要针对 IPSec 的路由器，使用 MD5、SHA1 来保证数据的完整性。

这两种协议不仅可以单独使用，也可以嵌套使用。AH 协议在整个 IPSec 安全体系中只完成验证算法，而 ESP 不仅完成验证算法，而且完成加密算法。表 6-1 所示为 AH 和 ESP 对比。

表 6-1　AH 和 ESP 对比

安全特性	AH	ESP
IP 协议号	51	50
提供数据完整性	是	是
提供数据验证	是	是
提供数据机密性	否	是
提供抗回放攻击能力	是	是
可以与 NAT 工作	否	是
可以与 PAT 工作	否	否
保护 IP 报头	是	否
仅保护数据	否	是

安全联盟（SA）是 IPSec 提供安全服务数据流的单向逻辑关系，是 IPSec 中为双向通信建立的连接。SA 包含安全参数索引（SPI）、目标地址 IP、安全协议标识符（AH 或 ESP）这 3 个标识参数，以及 SPD、SAD 两个相关的数据库。每一个 SA 都有一定的生存期，需要在有效期内进行替换或者终止。有两种协商方式可以建立 SA，一种是手工配置，另一种是 IKE 自动协商模式。在早期 VPN 节点较少时，可以通过手工配置来完成 SA 的建立，但是现在的 VPN 节点越来越多，为了不影响效率且更加安全地完成 SA 建立，通常使用 IKE 自动协商模式。IKE 是一个混合协议，含有 3 种协议：ISAKMP、Oakley、SKEME。IKE 可以自动协商 AH 和 ESP 所使用的密码算法，提供机密性、完整性及对称密钥的生存和交换。

IPSec 的安全特性主要有不可否认性、反重播性、数据完整性、数据保密性、认证。

IPSec VPN 是基于以上 IPSec 协议族构建的，在 IP 层实现的三层隧道协议，用来保障 IP 层数据的安全。

6.1.2　IPSec VPN 的原理

IPSec VPN 场景如图 6-1 所示，在总部防火墙与分部防火墙之间建立 IPSec VPN，保护企业在北京总部 192.168.1.0/24 与上海分公司 172.16.1.0/24 之间的通信。

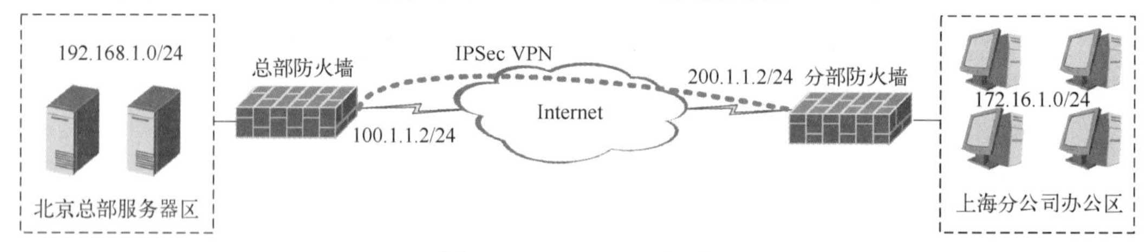

图 6-1　IPSec VPN 场景

使用 IPSec VPN，需要先定义感兴趣的流量。在图 6-1 中，192.168.1.0/24 与 172.16.1.0/24 之间要实现互访，防火墙可作为 VPN 设备将这些互访数据流作为保护流量。

此数据流经过防火墙时，会触发 IPSec VPN 的建立。

IKE 阶段，可建立管理连接，两台 VPN 设备协商 IKE 安全策略并建立一个安全的通道。这个阶段也称为阶段 1，让 IKE 对等体彼此验证并确定会话密钥。这个阶段使用 DH 交换、Cookie

和 ID 交换创建一个 IKE 的安全关联（IKE SA）。IKE SA 包含各种由对等体协商的参数，比如加密算法、散列算法验证方法等。确定 IKE SA 后，所有 IKE 通信都将通过加密和完整性检查进行保护。IKE 阶段在对等体间建立一条安全信道，以便 IPSEC 阶段协商能够安全地进行。

IKE 阶段传输集组成：加密算法、认证 HMAC 功能、认证方式，预共享密钥或证书、Diffie-Hellman 密钥组、密钥周期、NAT 穿越、本地 ID、对端 ID、对等体状态监控等。

IKE 阶段提供了两种模式：主模式和野蛮模式。主模式的优点：设备验证的步骤发生在安全的管理连接中，两个对等体需要发送给对方的任何实体信息都可以免受攻击。野蛮模式建立管理连接时的速度快，但发送的实体信息都是明文的，以牺牲安全性的代价换取速度。

IPSEC 阶段可建立数据连接，两台 VPN 设备协商用来保护业务数据的 IPSec 安全策略。这个阶段也称为阶段 2，使用 ESP 或 AH 来保护 IP 数据流，以协商并确定 IPSec SA。IPSEC 阶段只有一个快速模式，定义了受保护数据连接是如何在两个 IPSec 对等体之间构成的，协商安全参数来保护数据连接，周期性地对数据连接更新密钥信息。快速模式完成后，两个对等体便可以使用 ESP 或 AH 模式来传输数据流。

两个阶段建立后，就可以进行数据转发，利用协商好的 IPSec 安全策略保护并转发感兴趣的流量，直到隧道生存周期到期，隧道拆除。

6.1.3 IPSec VPN 的应用场景

IPSec VPN 包括下列应用场景。

1. 站点到站点 IPSec VPN

如图 6-1 所示，总部防火墙和分部防火墙之间都有固定公网地址，建立 IPSec VPN 隧道，实现跨 Internet 的资源互访。分别配置好总部防火墙和分部防火墙的 IP 地址、默认路由，总部防火墙和分部防火墙的公网地址能互通，分别指定总部防火墙和分部防火墙的 IPSec 配置和 IPSec 策略流量。

如图 6-2 所示，防火墙 1 有固定公网地址，防火墙 2 没有固定的公网地址，通过 PPPoE 上网获得临时地址，这种情况下，防火墙 1 和防火墙 2 也可以建立 IPSec VPN 隧道，实现跨 Internet 的资源互访。分别配置好防火墙 1 和防火墙 2 的 IP 地址、路由、PPPoE 等，防火墙 2 能访问防火墙 1 的公网地址，分别指定总部防火墙和分部防火墙的 IPSec 配置及 IPSec 策略流量。注意，这种情况下，要实现 IPSec VPN 互通，应要求防火墙 2 这端先发起感兴趣流量。

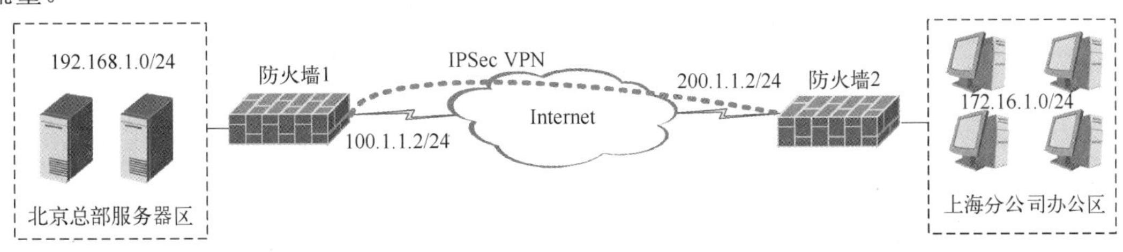

图 6-2 站点到站点 IPSec VPN

2. Hub-SPOKE 组网

如图 6-3 所示，公司有一个总部和多个分部，每个分部都分别与总部之间建立 IPSec VPN，每个分部都与总部之间实现跨 Internet 的资源互访。分别配置好所有防火墙的 IP 地址、路由等，防火墙 2 和防火墙 3 都能与防火墙 1 的公网地址互访，分别指定总部防火墙和两台分部防火墙的 IPSec 配置及 IPSec 策略流量。

如果分部与分部之间需要通信，则可以建立防火墙 2 与防火墙 1 之间、防火墙 3 与防火墙 1 之间的感兴趣流量，不需要在防火墙 2 和防火墙 3 之间建立 IPSec VPN，防火墙 2 和防火墙 3 的互访数据可以通过与防火墙 1 建立的 IPSec VPN 转发。

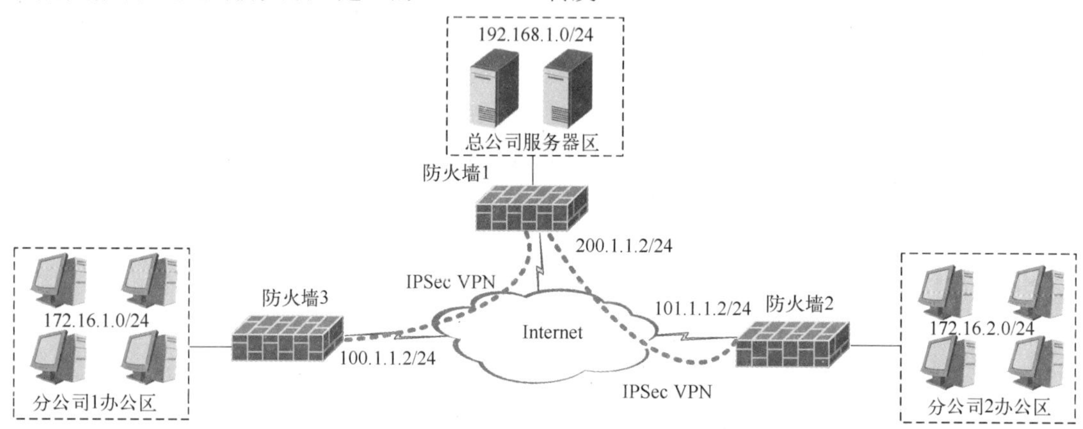

图 6-3　IPSec VPN Hub-SPOKE 组网

3．NAT 穿越组网

如图 6-4 所示，防火墙 1 旁挂在路由器上，没有公网地址，需要部署防火墙 1 到防火墙 2 的 IPSec VPN。路由器有公网地址，需要路由器为防火墙进行地址转换，路由器将公网地址 100.1.1.2 的 UDP 500 和 4500 端口映射到防火墙 1 的 IP 地址 192.168.2.2 上；去往 172.16.1.0/24 的网段要经过防火墙 1 的 IPSec VPN 加密处理，需要在路由器上将 172.16.1.0/24 的路由下一跳指向 192.168.2.2，配置好路由、安全策略、IPSec VPN 策略，就能在分部与总部之间实现跨 Internet 的资源互访。

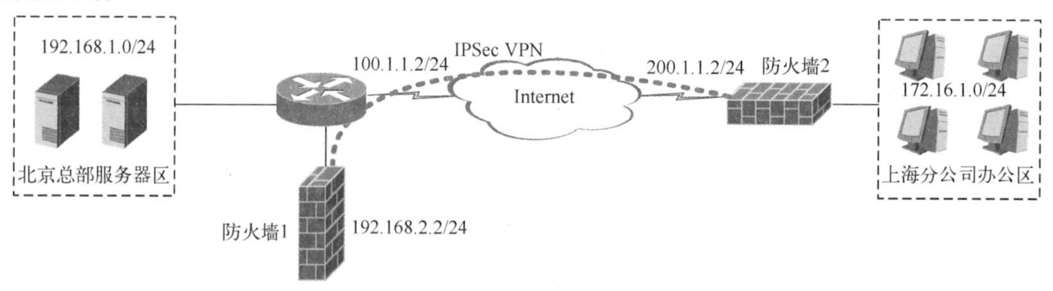

图 6-4　IPSec VPN NAT 穿越组网

6.2　SSL VPN

SSL VPN 指基于安全套接层（Security Socket Layer，SSL）协议建立远程安全访问通道的 VPN 技术。

6.2.1 SSL VPN 简介

SSL VPN 工作在 OSI 模型第四层（传输层）和第七层（应用层）之间。在第一代 VPN 中，通常采用的是 IPSec 协议，IPSec 协议只工作在网络层。在 VPN 技术发展中，IPSec 显露了相应的弊端。首先，在 IPSec 的部署上，对网络基础设施的改造变动很大，这就消耗了大量的人力、物力，灵活性不高，增加了企业的投资，且日后维护费用也较高；其次，在远程接入中也有一些诸如安全性低、可靠性低等问题；最后，在部署了 IPSec 之后，还存在很多和建立开放式网络连接相关的安全问题。在第二代 VPN 中，通常采用的是 SSL 协议，SSL 协议主要由 SSL 记录协议和握手协议组成，在客户端和服务器之间建立安全通道。与 IPSec VPN 相比，SSL VPN 是以 HTTPS 为基础的 VPN 技术，它利用 SSL 协议提供的基于证书的身份认证、数据加密和消息完整性验证机制，为远程用户访问公司内部网络提供了安全保证。SSL VPN 具有以下特点：

1）基于 B/S 架构。支持自动安装和卸载客户端软件，SSL VPN 是客户端程序，大都已经预安装在设备中，配置好中心网关后就能通过浏览器进行使用。

2）灵活方便。SSL VPN 的部署不会影响现有的网络。SSL 协议工作在传输层之上，不会改变 IP 报文头和 TCP 报文头，因此，SSL 技术对 NAT 来说是透明的。SSL 固定采用 443 号端口，只需要在防火墙打开这个端口即可。SSL VPN 对地点的要求很低，对连接到相应网络资源的设备要求也很低。

3）业务更广。支持各种应用协议，SSL VPN 的远程安全接入范围比 IPSec VPN 广，可以让更多的设备和人员安全地访问企业的网络资源。

4）SSL VPN 可以在 NAT 代理装置上以透明模式工作，而且穿透性很强，不会影响原有的网络拓扑。

5）安全性高。支持对客户端主机进行安全检查，支持动态授权。SSL VPN 的数据全程加密传输，并且隔离了内部服务器和客户端，对访问权限管理更加细致。

因为 SSL VPN 具有使用方便、易用性强等优点，近年来在实际远程接入方案中被广泛采用，满足了用户对高性价比的追求。根据工作过程的不同，SSL VPN 的工作模式大致分为两类：SSL VPN 代理模式和 SSL VPN 隧道模式。SSL VPN 对远程访问连接提供认证、加密、防篡改等功能，可大大地提高企业远程访问接入的安全性。

对比 SSL VPN，IPSec VPN 比较适合连接固定的对访问控制要求不高的场合，难以满足用户随时随地以多种方式接入网络的需求，难以对用户访问权限进行严格限制。SSL VPN 克服了 IPSec VPN 技术的缺点，依靠其跨平台、免安装、免维护的客户端，丰富有效的权限管理能力成为远程接入市场的新贵。

6.2.2 SSL VPN 协议结构体系

SSL 位于应用层和传输层之间，SSL 协议本身分为两层：上层为 SSL 握手协议、SSL 密码变化协议和 SSL 警告协议；底层为 SSL 记录协议。

SSL 协议实现的安全机制包括：

1）数据传输的机密性：利用对称密钥算法对传输的数据进行加密。

2）密钥的交换：利用非对称密钥保护对称密钥的分发。

3）身份验证机制：基于数字证书以数字签名方法对服务器和客户端进行身份验证，其中，客户端的身份验证是可选项。

4）消息完整性验证：消息传输过程中使用 MAC（消息验证码）算法来检验消息的完整性。

5）SSL 握手协议：用来协商通信过程中使用的加密套件（加密算法、密钥交换算法和 MAC 算法等），在服务器和客户端之间安全地交换密钥，实现服务器与客户端的身份验证。

6）SSL 警告协议：用于在 SSL 对等体实体间传送报警消息。

7）SSL 密码变化协议：客户端和服务器端通过 SSL 密码变化协议通知对端，随后的报文都将使用新协商的加密套件和密钥进行保护及传输。

8）SSL 记录协议：封装协议，用于传输各种高层协议和应用数据。记录协议主要负责接收来自上层客户端的数据，执行一些必需的工作，如分片、压缩、应用 MAC 和加密，并传输最终的数据。此协议还可对收到的数据进行解密、验证、解压缩和重组，并把处理后的记录块传输给对端。

6.2.3 SSL VPN 支持的模式

SSL VPN 为远程接入式 VPN，用户使用 Web 浏览器便可以登录，访问自己账户的 VPN 资源。本书介绍的 SSL VPN 主要支持两种模式：Web 代理模式和隧道模式。

1. Web 代理模式

Web 代理模式也称为代理 Web 页面。它将来自远端浏览器的页面请求（采用 HTTPS 协议）转发给 Web 服务器，然后将服务器的响应回传给终端用户，支持 Web 服务、FTP 服务、文件共享服务等。

Web 代理模式的优点：任何设备、任何系统使用浏览器登录 SSL VPN 时，只要单击相应的链接，就能在外网访问内网的相应资源。

Web 代理模式的缺点：扩展性差，支持的服务有限。

SSL VPN Web 代理模式组网如图 6-5 所示，只支持访问内网的指定服务器。

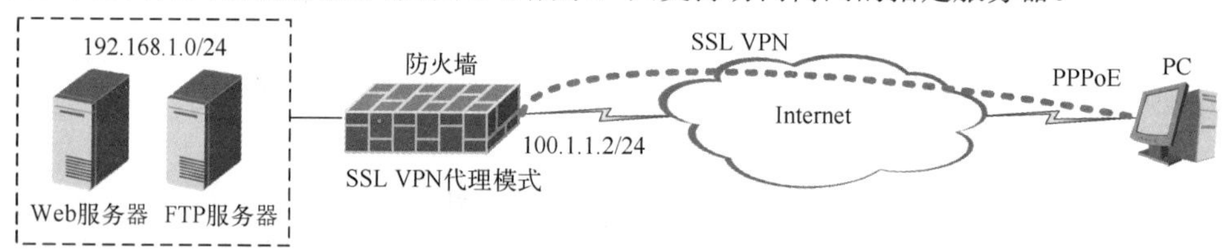

图 6-5　SSL VPN 代理模式组网

2. 隧道模式

隧道（Tunnel）模式，需要下载、运行客户端。客户端和防火墙设备建立 SSL 隧道后，防火墙为客户端分配 IP 地址，客户端利用在设备上建立的虚接口，直接通过 SSL 隧道连接到内部网络。这种方式可支持各种应用。

隧道模式的优点：用户通过 SSL VPN 隧道模式登录后，可以访问内网中的任何设备、任何系统。

隧道模式的缺点：使用 SSL VPN 隧道模式时需要给客户端安装插件，并不是任何设备、任何系统都支持。

SSL VPN 隧道模式组网如图 6-6 所示，既可以访问内网服务器区，又可以访问内网办公区，防火墙可以使用安全策略为每个用户指定可以访问的资源。

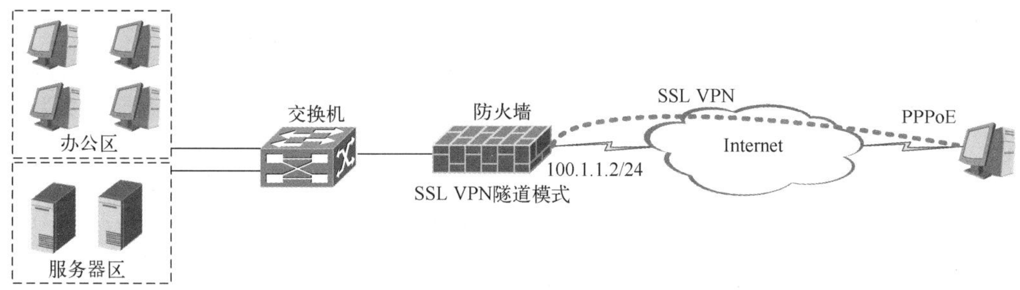

图 6-6　SSL VPN 隧道模式组网

6.3　L2TP VPN

二层隧道协议（Layer 2 Tunneling Protocol，L2TP）是 VPDN 隧道协议的一种，是工作在数据链路层的 VPN 技术。

6.3.1　L2TP VPN 简介

所谓 L2TP VPN，是指工作在数据链路层的 VPN 技术，VPN 隧道内封装数据链路帧。L2TP VPN、PPTP 和 MPLS L2 VPN 等技术允许在 IP 隧道中传送二层的 PPP 帧或以太网帧。通过这些技术，VPN 的用户以及站点之间直接通过链路层连接，可以运行各自不同的网络层协议。

PPP（RFC 1661）定义了一种封装技术，可以在二层的点到点链路上传输多种协议数据报，用户采用诸如 PSTN、ISDN、ADSL 之类的二层链路连接到 NAS（Network Access Server），并且与 NAS 之间运行 PPP，二层链路的端口与 PPP 会话点驻留在相同硬件设备上（用户计算机和 NAS）。

L2TP 是由 IETF 起草，微软、ASCEND、思科、3COM 等公司参与制定的二层隧道协议。L2TP 提供了对 PPP 链路层数据报的隧道传输支持。它允许二层链路端口和 PPP 会话点驻留在不同设备上，并且采用包交换网络技术进行信息交互，从而扩展了 PPP 模型。L2TP 结合了 L2F 协议和 PPTP 的各自优点，成为隧道协议的工业标准。

L2TP 是 VPDN（虚拟私有拨号网）隧道协议的一种。VPDN 是指利用公共网络（如 ISDN 或 PSTN）的拨号功能接入公共网络，实现虚拟专用网，从而为企业、小型 ISP、移动办公人员等提供接入服务，即 VPDN 为远端用户与私有企业网之间提供了一种经济而有效的点到点连接方式。VPDN 采用专用的网络通信协议在公共网络上为企业建立安全的虚拟专网。企业驻外机构和出差人员可从远程经由公共网络，通过隧道实现和企业总部之间的网络连接，而公共网络上的其他用户则无法穿过虚拟隧道访问企业网内部的资源。VPDN 隧道协议主要包括 L2TP、PPTP、L2F、PPPoE 等。

在 L2TP 体系中，用户通过二层链路连接到一个访问集中器（LAC），访问集中器将 PPP 帧通过隧道传送到 NAS，这个隧道可以是基于一个共享的网络，如 Internet。这样，二层链路终止在集中器上，而 PPP 链路却可以延伸到远端的目标站点。

6.3.2　L2TP VPN 工作原理

在 IP 网络中，L2TP 以 UDP/IP 作为承载协议，使用 UDP 端口 1701。整个 L2TP 报文，包括

L2TP 头及其载荷，都封装在 UDP 数据报中发送。下面以一个用户侧 IP 报文的传递过程来描述 L2TP VPN 工作原理：

1）原始用户数据为 IP 报文，先经过 PPP 封装，然后发送到 LAC。

2）LAC 的链路层将 PPP 帧传递给 L2TP，L2TP 对其执行 L2TP 封装，再将其封装成 UDP，并继续封装成可以在 Internet 上传输的 IP 报文。此时的结果就是 IP 报文中有 PPP 帧，PPP 帧中还有 IP 报文。但两个 IP 地址不同，用户报文的 IP 地址是私网地址，LAC 上的 IP 为公网地址。至此完成了 VPN 的私有数据的封装。

3）LAC 将此报文通过相应的隧道和会话发送到 LNS。

4）在 LNS 侧收到 VPN 封装的 IP 报文后，依次将 IP、UDP、L2TP 报文头去掉，这样就恢复了用户的 PPP 报文，并交送到 PPP 进行处理。

5）将 PPP 报文头去掉就可以得到 IP 报文，然后可以根据 IP 头做相应操作，进行处理和转发。

6.3.3 L2TP VPN 应用

LAC（L2TP Access Concentrator）是在网络上的具有 PPP 端系统和 L2TP 处理能力的设备，通常位于一个当地 ISP，主要用于为 PPP 类型的用户提供接入服务。LAC 是 L2TP 的隧道端点之一。LAC 位于 LNS（L2TP Network Server）和远端系统之间，用于在 LNS 和远端系统之间传递信息包。LAC 把从远端系统收到的信息包按照 L2TP 进行封装并送往 LNS，同时也将从 LNS 收到的信息包进行解封装并送往远端系统。

LAC 与远端系统之间采用本地连接或 PPP 链路，VPDN 应用中通常为 PPP 链路；LAC 处于远程系统与 LNS 之间，或者位于远程系统上。

LNS 既是 PPP 端系统，又是 L2TP 的服务器端，通常作为一个企业内部网的边缘设备。LNS 作为 L2TP 隧道的另一侧端点，是 LAC 的对端设备，是 LAC 进行隧道传输的 PPP 会话的逻辑终止端点。通过在公网中建立 L2TP 隧道，将远端系统的 PPP 连接的另一端由原来的 LAC 在逻辑上延伸到了企业网内部的 LNS。

在防火墙部署 L2TP VPN 时，通常由防火墙担任 LAC 和 LNS 的职责。图 6-7 所示为 L2TP VPN 组网。

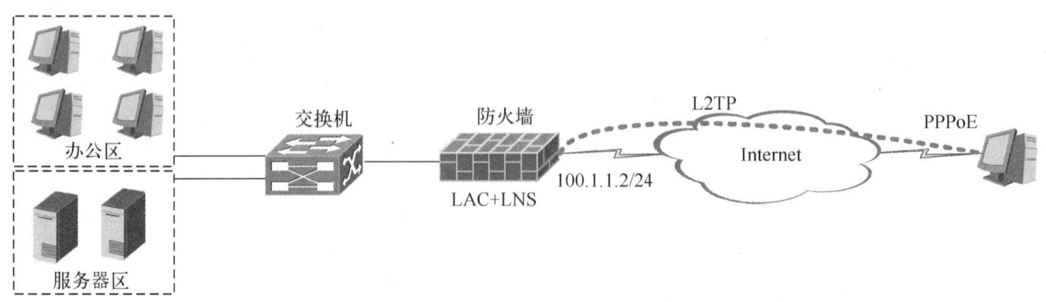

图 6-7　L2TP VPN 组网

6.4　GRE VPN

GRE VPN（Generic Routing Encapsulation Virtual Private Network，通用路由封装虚拟专用网络）是一种隧道技术，在 TCP/IP 通信参考模型中对网络层 IP 的数据进行封装，使被封装的 IP 数据可以在另一个网络中传输。

6.4.1　GRE VPN 简介

GRE 采用了隧道技术，是三层隧道协议。三层隧道协议又称为网络层 VPN，在这一级别里，VPN 站点通过网络层协议互联，隧道内封装三层数据报。例如，GRE 对三层数据报加以封装，可以构建 GRE 隧道，是一种网络层隧道；又如 IPSec 通过 AH 和 ESP 对三层数据报直接进行安全处理等，这些都是典型的三层 VPN。

GRE 接口配合路由设置，可以将流量引入 GRE 隧道传输，提供了将一种协议的报文封装在另一种协议报文中的机制，可有效解决异种网络协议的网络传输问题。GRE 本身是非加密的 VPN，所以可以和同在网络层工作的 IPSec 结合使用，这样可以更好地保证业务的安全。这里值得注意的是，一条 GRE VPN 隧道只可用于两个主机之间，不可以被多个主机使用。

GRE 隧道处理的流程如下：查找隧道起点路由→GRE 封装处理→承载协议路由转发→中途转发→GRE 解封装处理→查找隧道终点路由。RFC 2784 定义了标准 GRE 封装。GRE 采用了虚拟的隧道（Tunnel）接口技术，GRE VPN 直接使用 GRE 封装建立 GRE 隧道，之后即可在同一种协议的网络上传送其他协议。GRE VPN 可以用 IP 网络作为承载网络，配置十分简单，但 GRE VPN 是隧道虚拟点对点的连接，需要静态配置隧道参数。

GRE 是一种比较简单的隧道技术，它无须协商，不对数据报加密，仅实现 VPN 隧道的连通性。正因为处理简单，所以它是一种性能比较高的 VPN 技术。

GRE 封装报文格式如图 6-8 所示。

数据链路层头部	IP头部1	GRE	IP头部2	数据

图 6-8　GRE 封装报文格式

IP 头部 1 用协议号 47 标识后面的 GRE 协议，GRE 使用类型 0x0800 标识后面的协议为 IP。

6.4.2　GRE VPN 部署场景

某公司的总部和分部分别通过相应的 ISP 接入 Internet，都向 ISP 申请了固定公网地址；在总部边界路由器和分部边界路由器上，利用固定公网 IP 地址建立 VPN 隧道来连通总部和分部局域网。这种情况下，可以使用 GRE VPN。GRE VPN 部署场景如图 6-9 所示。

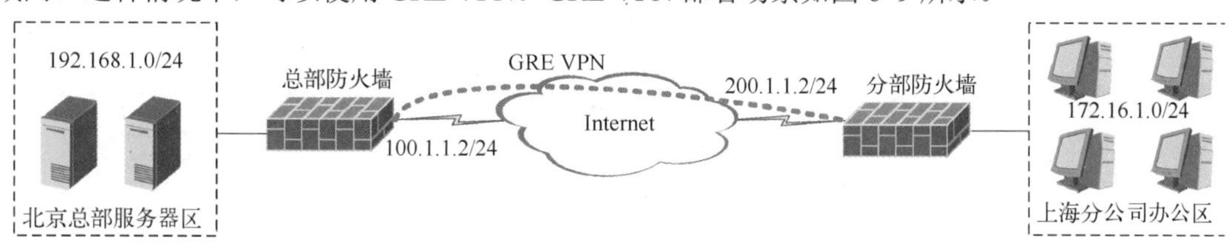

图 6-9　GRE VPN 部署场景

GRE 报文无法穿越端口复用的动态 NAT，如果不得不做 NAT 转换，那么需要保证内外网地址一对一转换。

GRE VPN 也可以一端使用 PPPoE 拨号上网，另一端使用动态 IP 地址的方式，在指定隧道源地址时选择 PPPoE 的接口。此种情况下，GRE 隧道只能由动态地址这一端先发起连接。

由于 GRE 隧道不加密数据，如果希望与 IPSec 结合保护数据，那么可以采用 GRE over IPSec 方案。既然使用 IPSec VPN 可以直接解决隧道以及保护数据的问题，那么为什么需要使用 GRE over IPSec 方案？因为 GRE 的一个优势在于其可以与 OSPF 等动态路由协议结合使用。

本章小结

本章介绍了 IPSec VPN、SSL VPN、L2TP VPN、GRE VPN 的基础知识、工作原理和应用场景。IPSec 是一个标准框架，具有传输模式和隧道模式两种封装模式，以及 AH 和 ESP 两种主要安全协议。IPSec VPN 包括站点到站点、Hub-SPOKE 组网、NAT 穿越组网 3 个应用场景。SSL VPN 主要支持 Web 代理模式和隧道模式两种模式。L2TP VPN 与 GRE VPN 也各有特定的部署场景。通过本章的学习，读者应能对防火墙不同 VPN 类型的原理和应用场景有清晰的理解。

6.5 思考与练习

一、填空题

1．IPSec VPN 的封装模式有________和_________。

2．SSL VPN 主要支持两种模式：________和_________。

3．IPSec VPN 能处理 3 种主要问题：________、________、________。

4．L2TP（Layer 2 Tunneling Protocol）是一种隧道协议，工作在________。

5．IPSec 主要的安全协议有两种：________和_________。

二、判断题

1．L2TP VPN 是一个二层 VPN。（　　）

2．GRE VPN 的加密机制很完善，有标准的控制协议来保持 GRE 隧道。（　　）

3．IPSec 是一个开放的标准框架性架构，而不是一个单独的协议。（　　）

4．AH（Authentication Header）协议提供数据完整性和数据机密性。（　　）

5．VPN 为两个不同网络建立安全的物理通信通道，保证数据安全传输。（　　）

三、选择题

1．Internet 的安全问题日益突出，基于 TCP/IP，相关组织和专家在协议的不同层次设计了相应的安全通信协议，用来保障网络各层次的安全。其中，属于或依附于传输层的安全协议是（　　）。

A．PP2P　　B．L2TP　　C．SSL　　D．IPSec

2．IPSec VPN 可以保护数据的（　　）特性。

A．保密性　　B．可用性　　C．完整性　　D．主备

3．以下关于 IPSec 说法错误的是（　　）。

A. 在传输模式中，保护的是 IP 负载

B. AH（验证报头）协议和 IP ESP（封装安全有效负载）协议都能以传输模式和隧道模式工作

C. 在隧道模式中，保护的是整个 IP 数据报，包括 IP 头

D. IPSec 仅能保证传输数据的完整性

4. 以下关于 L2TP 隧道描述错误的是（　　）。

A. L2TP 是由 IETF 起草，微软、ASCEND、思科、3COM 等公司参与制定的

B. L2TP 是二层隧道协议

C. L2TP 提供了对 PPP 链路层数据报的隧道传输支持

D. L2TP 传输模式只提供对 IP 数据报载荷的保护

5. 以下关于 VPN 说法正确的是（　　）。

A. VPN 指的是用户自己租用线路，与公共网络物理上完全隔离的、安全的线路

B. VPN 不能做到信息认证和身份认证

C. VPN 指的是用户通过公用网络建立临时的、安全的连接

D. VPN 只能提供身份认证，不能提供加密数据的功能

第7章 安全防护功能

随着互联网的高速发展，人们的生活进入了信息时代，各种软件和应用给人们的生活带来了方便、快捷的同时，各种威胁也层出不穷。各种间谍软件、木马后门、欺骗劫持、数据库攻击和可疑行为等都在威胁着网络的安全。此外，各种应用程序和操作系统也经常出现严重的漏洞，如知名的HTTP_Apache_Struts2 框架命令执行漏洞[CVE-2010-1870]，远程攻击者可以利用此漏洞在系统上执行任意命令。为保护网络信息系统的安全，多种安全防护技术手段应运而生。本章将介绍防火墙入侵防御功能的概念和防御原理，防火墙针对病毒攻击、Web 攻击、DoS 攻击、ARP 攻击的防御手段和原理以及防火墙黑名单防御机制。

7.1 入侵防御

网络中除了正常的业务流量外，还有大量的攻击流量。黑客利用用户操作系统和应用程序中的诸多漏洞作为突破口，获得系统的远程控制权限，从而盗取系统后台的用户数据，造成用户数据的泄露，达到不法目的。为了应对这种状况，防火墙提供了入侵防御功能。

传统的防火墙只工作在网络层和传输层，无法抵御应用层的攻击，而新一代的防火墙技术提供 L2～L7 的全栈防御能力，不仅能够抵御二层和三层的网络攻击，还可以监测应用层的数据内容，有效地辨别黑客的攻击行为，提供如木马后门检测、CGI 攻击检测、安全漏洞检测、缓冲区溢出攻击检测、拒绝服务攻击检测、间谍软件和扫描行为检测等 4000 余种漏洞和攻击特征的检测功能。

7.1.1 入侵技术简介

应用程序和操作系统难免会存在设计上的缺陷和错误，致使其存在各种各样的漏洞。非法的攻击者正是利用这些漏洞在操作系统中植入自己编写的恶意程序，用来绕过安全检查和身份识别，实现越权访问，甚至直接获得程序或系统的管理员权限，盗取并篡改后台数据库的信息，给用户带来难以估量的损失。图 7-1 所示为网络入侵的一般步骤。

木马（Trojan）就是最常用的入侵技术之一。木马全称为特洛伊木马（Trojan Horse），源自古希腊神话故事“特洛伊木马屠城记”，具有隐藏在其中不易发觉及进行破坏的意思。在计算机行业内，木马是指一段非法的远程控制程序，一旦进入计算机操作系统和应用程序内部，就会悄悄地隐藏起来，将自己伪装成正常的文件名称和类型，在管理员不易察觉的情况下开放系统的权限，让黑客可以通过远程的方式控制和访问系统。不同于病毒，木马不会进行自我复制，一般情况下，服务端程序潜伏于正常程序中不被激活，只有当用户执行它时才被激活，因此不易被发现和监测到。木马基于客户端/服务器（C/S）架构，客户端在黑客的主机上运行，用于黑客远程控制，可以发出控制命令，接收服务端传来的信息。服务端程序运行在受控主机上，一般隐藏在被控计算机中，可以接收客户端发来的命令并执行，将客户端需要的信息发回。受控主机上运行的服务端程序为了和客户端通信，会开放受控主机的端口，并告知攻击者，客户端便和服务器建立了通信连接，这样黑客就可以利用建立好的“后门”进入被攻击主机的内部窃取信息。木马控制目标过程如图 7-2 所示。

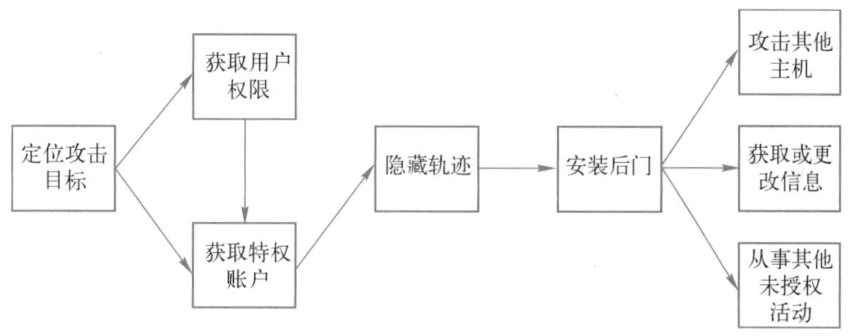

图 7-1　网络入侵的一般步骤

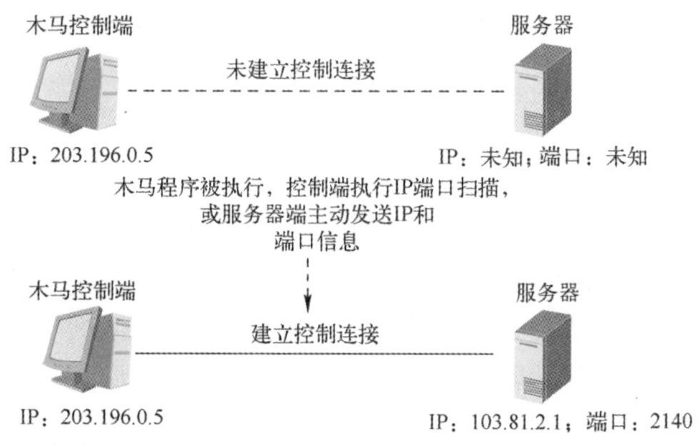

图 7-2　木马控制目标过程

当入侵成功后，在被入侵主机上往往能发现一些“蛛丝马迹”，如注册表被篡改、系统被写入了特定的信息、文件夹中出现一些隐藏属性的特定文件、开放了一些非法端口和服务进程、文件日期和大小变更（写入了非法程序代码）、某个进程占用 CPU 100%（木马程序在执行扫描任务，搜寻攻击目标）等。

7.1.2　入侵检测流程

入侵防御系统（Intrusion Prevention System，IPS）是防御入侵的系统，在下一代防火墙中，它作为重要的安全模块融合在防火墙内部，用于弥补传统防火墙应用层攻击检测能力的不足，它可以实时地发现和阻断入侵行为。入侵防御功能提供 L2～L7 的全栈检测功能，通过优化的威胁特征库实现木马后门、安全漏洞等攻击的精确识别和阻断。

IPS 功能的实现工作可以分为两部分：攻击特征的检测和攻击流量的处理。其中，攻击特征的检测又依靠两种关键的技术能力，分别是协议解析能力和特征识别能力。

协议解析是指防火墙收到报文后首先要进行报文重组和 TCP 流重组，重组之后的报文经过检测引擎的处理后获得协议变量（协议识别），识别具体的上层应用。识别出的应用内容会进入检测引擎，检测引擎会将应用特征和 IPS 特征库中的特征进行比对。至此就完成了 IPS 检测的部分。

接着会进入事件处理部分，如果检测到攻击事件，就查询事件 ID 所属的事件集中该事件的动作，如放行、阻断或阻断源地址等。如果没有检测到攻击，就不进行处理，直接放行。图 7-3 所示为入侵检测流程。

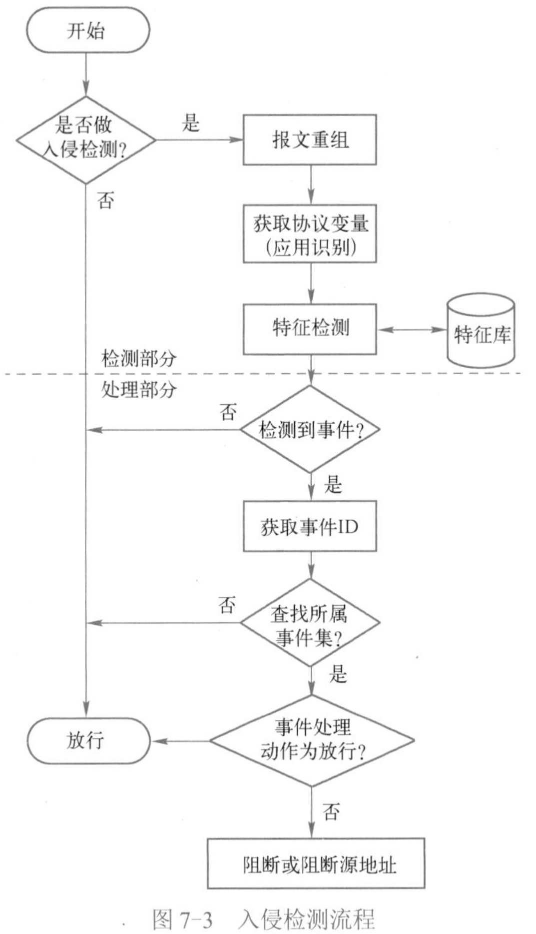

图 7-3 入侵检测流程

7.1.3 入侵防御特征库

防御入侵的前提是识别攻击特征，网络中的报文特征多种多样，必须有一个完备的攻击特征库才能准确地识别攻击。为此防火墙内置了入侵防御特征库，其中包含了针对各种已知攻击的特征信息，经过裁剪，大约具有 5000 条左右的特征，裁剪的目的是提高检测的效率。随着时间的推移，攻击的特征会越来越多，如果都放到特征库中，就会导致特征库过于臃肿，报文特征每次进入特征库匹配都需要遍历所有的特征，会导致处理延迟的大大增加，并且会严重地消耗处理器的处理能力。经过裁剪的数据库会保留较新的特征，将一些较久远的攻击工具产生的特征裁剪掉，在检测效率和检测能力之间做一个平衡。

此外，随着网络技术的不断更新，攻击手段也层出不穷，为了识别最新的攻击特征，特征库需要进行定期升级和手工升级。定期升级是指每周固定的时间升级，手工升级是指当发生紧急事件（某攻击突然爆发）时，厂家会提供紧急的升级包，管理员通过手工升级的方式升级特征库。

特征库的内容非常庞杂，为了便于使用和管理，防火墙将入侵防御特征库根据协议类型、系统、安全类型、来源和事件级别进行了分类。例如，根据协议类型分为 HTTP、FTP、POP3、DNS、SNMP 等，根据系统类型分为 Windows、Linux、CGI、IIS、Oracle 等，根据安全类型分为木马后门、CGI 访问、可疑行为、安全漏洞和缓冲溢出等，根据来源分为 CVE、CNCVE、BUGTRAQ 等，根据事件级别分为严重、高、中、低 4 个级别。

7.1.4 事件集和自定义事件

根据特征库的分类，虽然可以方便地选择对应的特征库类别进行检测和匹配，但是还缺少灵活性，例如将协议分类中的 HTTP 事件和系统分类中的 IIS 事件进行组合，形成新的事件分组，因此便设计了防火墙的事件集功能。事件集顾名思义就是事件的集合，管理员可以根据其企业内部业务的特点选取不同的事件放入其中，形成新的事件集。防火墙内置了几类事件集：All 事件集、Hot 热点事件集、Web 事件集、Mail 事件集、攻击事件集、协议分析事件集、Windows 事件集、上网行为管理事件集等。每类事件集都代表了一类事件的集合，如果管理员不确定自己的内部业务需要使用哪种事件集，就可以选择 All 事件集。

虽然预定义的事件集已经可以满足大部分用户的需要，但是在某些特殊情况下还是会出现覆盖不到的情况，例如针对 Windows 系统的零日漏洞（0day），IPS 特征库还没来得及更新，厂家还没能及时发布特征库的更新内容，预定义的事件就无法满足需要。

为此，防火墙提供了自定义事件的功能来解决上述提到的问题。用户可以根据社区或公共渠道提供的攻击特征信息，通过自定义特征的方式暂时抵御攻击，等厂商提供对应的特征库升级包后，再切换回预定义的事件。自定义事件对管理员的要求相对较高，需要管理员对攻击的原理和特征较为了解，还需要了解自定义事件的配置规则，否则一旦配置错误，就会导致误报或漏报，影响正常业务。

7.2　病毒防护

随着网络技术的高速发展，黑客的攻击方式也呈多元化的趋势，病毒、蠕虫、木马、间谍软件、勒索软件、恐吓软件等攻击手段层出不穷。病毒正是最常见的攻击方式之一。

7.2.1　病毒防护简介

病毒是黑客编写的一段二进制代码，可以感染计算机中的程序，并且可以自我繁殖和复制，和人们在生活中遇到的病毒一样具有很强的传染性。随着人们对文件的复制，可能在不同的用户间传播和爆发。

自从计算机程序诞生以来，病毒的危害就没有停止过，有了网络之后，病毒的传播好像上了“高速公路”。在没有网络之前，病毒往往需要通过介质进行有限的传播；有了网络之后，病毒的扩散往往只需要一天的时间，就会在全世界范围内感染。因此如何防御病毒成了网络安全领域中重要的研究工作之一。

病毒的防护除了可以在计算机上安装杀毒软件外，还可以通过防火墙来实现。所有的数据交换都需要经过防火墙，防火墙天然地保证了交互过程中数据的完整性。因此如果在防火墙上把病毒的源头阻断，就可以极大地减轻内部主机的防护压力。另外，在防火墙上做病毒的防护便于统一的管理，尤其是内部用户规模较大时。

要明确的是，防火墙的防病毒功能虽然可以阻隔大部分的病毒文件，但是随着加密技术的普及，越来越多的邮件服务器和网站采用加密的方式传输，这对防火墙的病毒防御产生了较大的影响，所以病毒的防御应是立体的，而不应完全依靠防火墙。

下一代防火墙支持 50 万种以上的病毒特征，并可以对 POP3、SMTP、HTTP、FTP、IMAP 流量进行病毒查杀，支持阻断和放行两种动作，并且默认内置 20 种以上的文件类型（如*.exe、*.dll、*.sys 等），还支持压缩文件的查杀（如*.rar 和*.zip 等）。除了内置的这些文件类型，用户还可以自定义文件类型。防火墙病毒检测流程如图 7-4 所示。

7.2.2 病毒库

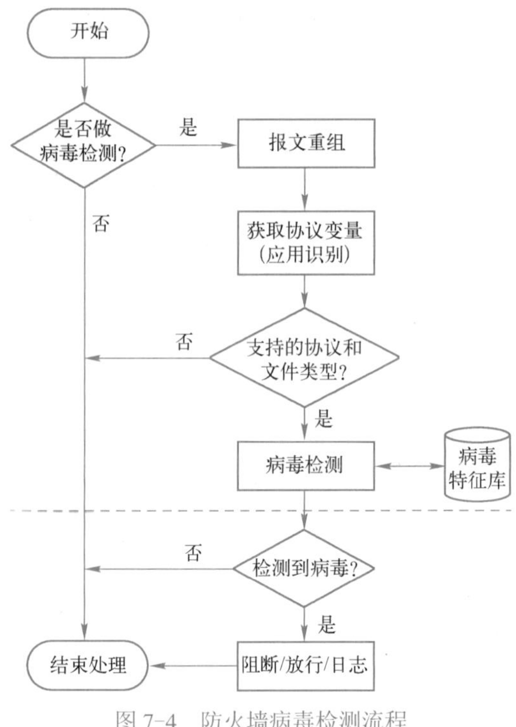

图 7-4　防火墙病毒检测流程

防火墙的病毒检测功能和入侵检测类似，都是采用特征提取的方式进行的，提取特征后与病毒特征库的特征进行匹配，如果命中特征就认为是病毒文件，如果没有命中就认为是正常的文件。因此病毒库中的特征是否全面和准确，决定了病毒检测的检测率。因为病毒的变种随时会出现，病毒的种类也日益增多，因此只有定期更新病毒库，才能保证病毒检测的准确性。病毒库的更新支持定期更新和手工立刻更新两种。当遇到某类病毒突然爆发时，需要及时地手工更新病毒库。

病毒库的准确性非常考验厂商的技术积累，随着各种业务逐渐上“云”，病毒库也正逐渐向云端转移，防火墙的病毒库往往不包含任何特征信息，只由大量的 MD5 码组成，每一个 MD5 码都代表了一个病毒特征，每次检测的文件都会形成一个 MD5 码，防火墙会将 MD5 码和本地库中的进行对比，如果一致则认为是病毒文件。此外，因为 MD5 码占用资源极少，因此还很适合进行云端查杀。

传统的病毒库机制存在一个很大的问题，就是库的空间占用和检测率之间的矛盾关系。随着时间的推移，病毒的数量和种类呈几何数量级增长，并且病毒变种繁多，一种病毒的变种就数不胜数，因此病毒“全库”的大小也非常惊人，通常都是 1GB 以上。而目前防火墙中的存储器一般只有 2GB 大小，除了存储病毒库外，还需要存储系统文件、IPS 库、日志等内容，无法支持那么大的病毒库。因此厂家内置的病毒库往往都是“精简”库，其中的病毒特征都是近期较新的，即使厂商有某种病毒的特征积累，也很难防御全部的病毒文件。这时候 MD5 存储方式的优势就突显出来。

7.3 Web 防护

Web 网站和应用已经渗透到各行各业，如银行业务等，尤其是随着电商的兴起，Web 更是成为人们每天都要使用的技术之一，因此 Web 应用的安全就显得尤为重要。在传统的网络结构中，往往采用防火墙和 IPS/IDS 等相互配合的方式共同抵御 Web 应用攻击，但是这种配合往往达不到预期的效果，因为不同产品的协议识别引擎不尽相同，不同产品的特征库、检测水平也相差较大，处理能力也参差不齐。就像“木桶效应”一样，整个系统的防御能力取决于最短的木板。因此需要一种产品既能防御网络层攻击，又能够进行协议识别，对 Web 应用进行协同防护。

Web 应用层攻击涉及的内容较多，如 SQL 注入攻击（SQL Injection Attack）、XSS 跨站脚本攻击（Cross Site Scripting）、Web 恶意扫描攻击、CSRF 攻击、应用层 DoS 攻击、网站盗链攻击、Cookie 篡改攻击和网页挂马攻击等，其中，SQL 注入攻击和 XSS 跨站脚本攻击是相对较流行和危害较大的。

OWASP（Open Web Application Security Project）社区公布的 2020 年最具威胁的 Web 应用安全漏洞中，注入攻击排在第一位。因此防御 SQL 注入攻击是下一代防火墙 Web 应用防护的主要目标。目前主流的 SQL 注入防御技术主要有关键字识别技术、正则识别技术和基于自学习的 SQL 注入防御技术，可以统称为基于特征的防御技术。由于每个厂商的内部技术实现不尽相同，大多是集中防御技术的结合使用，单独用任何一种防御手段都会导致一定的误报和漏报，因此这里主要介绍通用的防御方法和检测流程。

防火墙可以监听和记录请求的数据，根据应用防护引擎的预定义规则数据库进行匹配，如果请求的数据符合攻击特征就进行阻断或上报日志。启明星辰公司的天清汉马防火墙将 SQL 注入攻击防护的功能分为 3 个模块，即用户数据获取模块、SQL 注入攻击检测模块和 SQL 注入攻击报警模块，如图 7-5 所示。SQL 注入攻击防御的实现方法的核心是 SQL 注入攻击知识库的建立和维护，以及用户数据获取规则的定义，通过专门设计的用户数据提取技术和常年积累的完备的知识库，可以全面保证用户网站的安全。

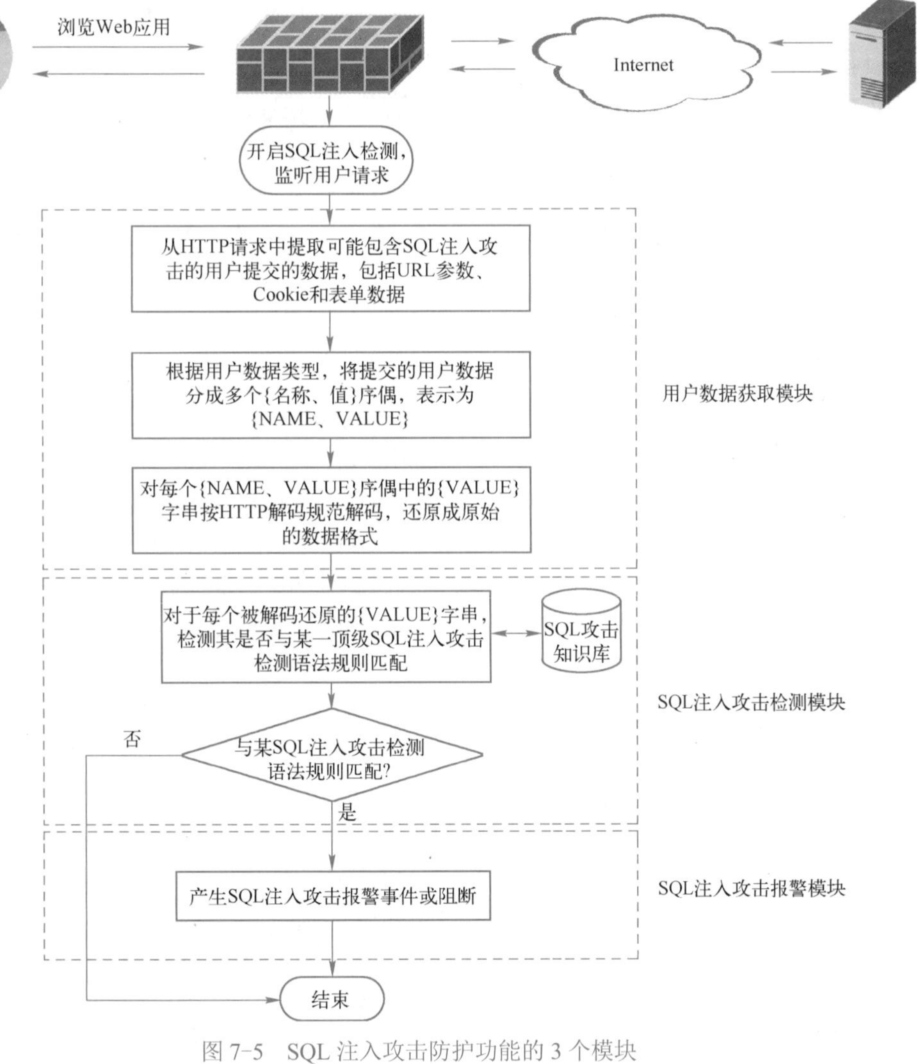

图 7-5　SQL 注入攻击防护功能的 3 个模块

7.4 攻击防护

前面介绍了入侵防御和病毒防护、Web 防护等应用层攻击的防护方法，除了入侵和病毒、SQL 注入等攻击外，网络层的攻击更加常见，尤其是拒绝服务（Denial of Service，DoS）攻击。DoS 攻击已经成了当今互联网中最主要的威胁之一，DoS 攻击是一种网络攻击，在攻击过程中，攻击者试图通过暂时或无限期地中断被攻击服务器的 Internet 连接或服务，使服务器的网络资源和服务资源无法供用户使用。拒绝服务通常是通过向被攻击的服务器或网络设备中注入大量重复的请求来实现的，用来使系统的网络超载，这样正常的请求就得不到响应和处理。

与拒绝服务攻击对应的还有分布式拒绝服务（Distributed Denial of Service，DDoS）攻击，它和 DoS 攻击的本质是一样的，区别就是攻击受害者的流量来源不同。DoS 攻击的来源是单一的，而 DDoS 攻击来自许多不同的攻击主机，也叫“僵尸主机”，DDoS 攻击更加难以防御，因为其来源众多，无法通过阻断某个 IP 地址的访问来达到有效防御的目的，必须识别所有攻击源和阻断所有攻击源才可以。通俗来讲，DoS 攻击和 DDoS 攻击类似于一群人拥挤在商店的入口处，使真正想购物的合法客户无法进入。

为了抵御这类攻击，防火墙提供了攻击防护的功能，根据攻击方法的不同，分为基于包速率的防 Flood 攻击功能（防 SYN Flood 攻击、防 UDP Flood 攻击、防 ICMP Flood 攻击）、防网络扫描功能（防 TCP 扫描、防 UDP 扫描、防 ICMP 扫描），还有针对特殊攻击（ Jolt2 攻击、Land-Base 攻击、PING of death 攻击、SYN Flag 攻击、Tear Drop 攻击、Winnuke 攻击和 Smurf 攻击）的防护功能。

1．防 Flood 攻击

介绍该功能之前先回顾一下 TCP 的三次握手过程，如图 7-6 所示。

1）客户端首先向服务器发起建立连接请求报文，标志位 SYN 置位。

2）服务器收到请求报文后，如果同意建立会话，则回应确认报文，标志位 SYN 和 ACK 置位。

3）客户端收到服务器的确认后，对服务器的回应再次确认，标志位 ACK 置位。

TCP Flood 攻击主要就是 SYN Flood 攻击，SYN Flood 攻击是 DoS 攻击的主要手段之一，它利用 TCP 协议栈的缺陷发送大量的 SYN 报文，从而触发服务器端建立和维持大量的连接，最终导致系统内存耗尽。正常 TCP 的三次握手过程中，客户端发送 SYN 报文后，服务器收到后会立刻回应 SYN ACK 报文进行确认，之后进入等待状态（维持连接状态），如果一定时间内没有收到后续的 ACK 报文就会主动关闭连接。而攻击者正是利用了这个漏洞，发送大量 SYN 标识置位的 TCP 报文给服务器，服务器无法分辨 SYN 报文是攻击还是正常的请求，因此都会建立并维持连接，当超过设备的处理能力时，就会导致系统资源耗尽。攻击过程如图 7-7 所示。

针对 SYN Flood 攻击，防火墙提供了两种方案，一种是利用 SYN Cookie 的方式进行防御，另一种是利用包速率的方式进行防御。SYN Cookie 的方式利用了 TCP 的代理技术，防火墙在真实服务器前端，当攻击者的攻击报文数量达到防火墙的功能启动阈值时，防火墙就会启动 SYN Cookie 功能，监听客户端和服务器之间的 TCP 握手过程。SYN Cookie 原理示意图如图 7-8 所示。防火墙收到 SYN 报文后，不会立刻转发给后端的服务器，而是代理服务器回应 SYN ACK（seq=k）报文。正常的客户端会回应 ACK 报文，防火墙收到后判断收到的 ACK 报文的确认号，如果是 k+1，那么认为是合法的客户端，防火墙会主动和服务器建立连接（三次握手），这样会话建立之后，后续的报文就可以直接转发。对于非法的攻击者，因为都是通过工具机械地发送 SYN 报文，所以不会响应防火墙发送的 SYN ACK 报文，也就达到了阻断攻击的目的。

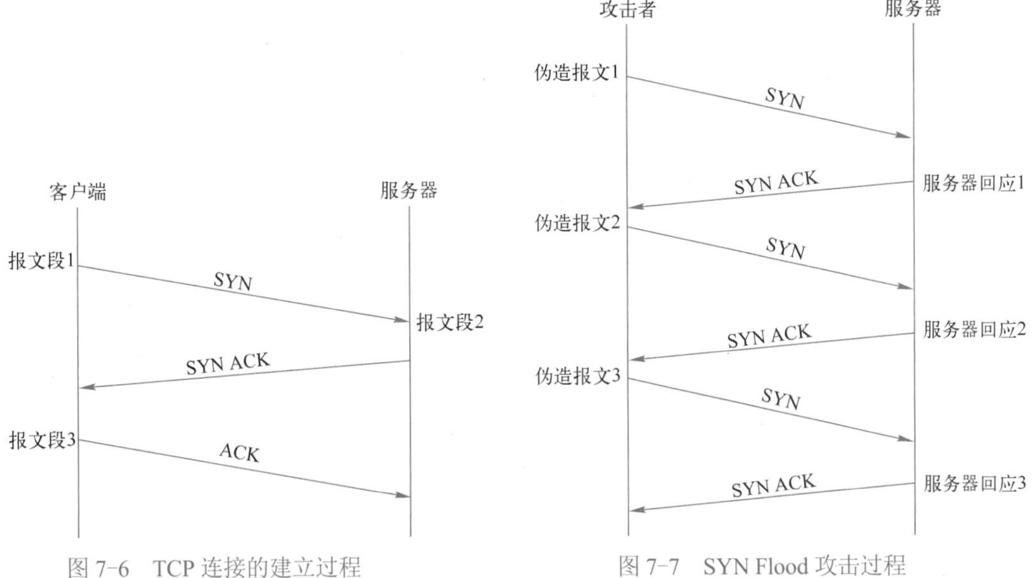

图 7-6　TCP 连接的建立过程

图 7-7　SYN Flood 攻击过程

SYN Cookie 的优缺点都很明显。优点是非常安全，因为采用代理模式，可以监控 TCP 的所有交互过程，扩展性很强。缺点也显而易见，因为防火墙要代理请求，因此对防火墙的性能消耗非常大，往往服务器虽然被防火墙保护未受到攻击，但是防火墙自身已经被攻击崩溃。因为防火墙往往处在关键的网络出口，所以防火墙产生故障的影响会很大。一般只在带宽相对较小的场景才能开启 SYN Cookie，大型的网络中还是需要专业的防 DDoS 攻击设备进行流量清洗才可以。

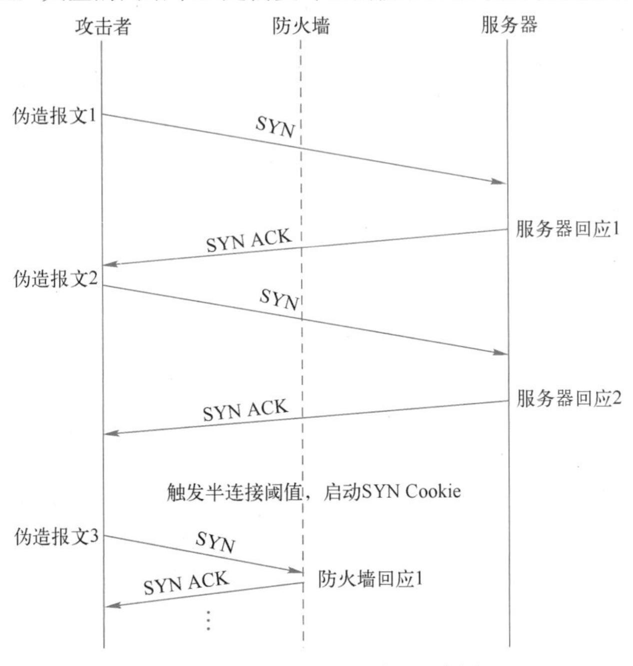

图 7-8　SYN Cookie 原理示意图

针对 SYN Cookie 的局限，防火墙还提供了一种防御 SYN Flood 的方法，即基于包速率的防御。通过字面也可以理解，这个功能是根据每秒通过的 SYN 包的速率来判定攻击者的。如果将每源/目标主机的包速率阈值设置为每秒 1000 个包，那么当源/目标主机的 SYN 包的速率超过设置的阈值时就会触发防御机制，进行阻断或者告警。这种方法的优点是性能高，缺点是阈值的设定需要对网络的流量大小有充分的了解，否则设置得过低，会影响正常的业务，设置得过高，又起不到防攻击的作用。

防火墙除了支持防 TCP Flood 攻击外，还支持防 UDP Flood 攻击，UDP（User Datagram Protocol）是一种无连接的协议，和 TCP 一样都处于传输层。因为是无连接的协议，所以它的传输是尽力而为的传输，报文之间没有联系，如果中间出现数据丢失，UDP 协议栈并不关心，因此也称为不可靠的传输协议。攻击者正是看中了 UDP 无连接的特点，只要扫描出用户开放了某个 UDP 端口，就可以发送伪造的 UDP 数据报，而不用担心被网络设备认为是非法的连接，从而导致用户的网络拥塞。防御 UDP Flood 的机制一般都使用包速率限制的方式。设定一个阈值，可以基于源 IP、目标 IP 或者源+目标 IP 的方式进行限制，当达到阈值后，触发阻断或告警。

ICMP Flood 攻击也是采用包速率的方式进行限制的。和 UDP Flood 攻击一样，ICMP Flood 攻击也会产生大量的请求，消耗系统资源。其防御方式和 UDP Flood 攻击基本一致，不再赘述。

2．防网络扫描

常见的扫描方式有垂直（Vertical）扫描（针对相同主机的多个端口）、水平（Horizontal）扫描（针对多个主机的相同端口）、ICMP 扫描（通过 ping 方式发现存活主机）。

根据协议分类，扫描又可以分为 TCP 扫描、UDP 扫描和 ICMP 扫描。TCP 扫描，顾名思义就是攻击者对 TCP 开放端口的扫描。防火墙的判断机制是当一个源 IP 地址在 1s 内将含有 TCP SYN 片段的 IP 封包发送给位于相同目标 IP 地址的不同端口（或者不同目标地址的相同端口）数量大于配置的阈值时，即认为其进行了一次 TCP 扫描。系统将其标记为 TCP SCAN，并在配置的阻断时间内拒绝来自该台源主机的所有其他 TCP SYN 包。UDP 扫描和 ICMP 扫描的防御机制和 TCP 扫描基本一致，都是判断单位时间内通过防火墙的攻击报文速率达到阈值后就标记为攻击，并在规定时间内抑制其转发。

3．防御特殊攻击

防火墙能够防御下列 7 种特殊攻击：

1）Jolt2 攻击：Jolt2 攻击也称为 IP 碎片攻击，可以向目标主机发送报文偏移加上报文长度超过 65535 的报文，一些较老的操作系统内核就会出现异常而崩溃。配置了防 Jolt2 攻击功能后，防火墙可以检测出 Jolt2 攻击，对分片报文重组，将总数据长度大于 65535 的报文丢弃，并输出告警日志信息。

2）Land-Base 攻击：Land-Base 攻击通过向目标主机发送目标地址与源地址相同的报文，使目标主机消耗大量的系统资源，从而造成系统崩溃或死机。配置了防 Land-Base 攻击功能后，防火墙可以在报文进入路由转发前丢弃目标地址与源地址相同的 SYN 包，并输出告警日志信息。

3）PING of death 攻击：PING of death 攻击是通过向目标主机发送长度超过 65535 的 ICMP 报文，使目标主机发生处理异常而崩溃。防火墙可以在攻击报文进入路由前，将长度大于 65535 的 ICMP 报文丢弃，并输出告警日志信息。

4）SYN Flag 攻击：SYNFlag 攻击通过向目标主机发送错误的 TCP 标识组合报文，浪费目标主机资源。配置了防 SYNFlag 攻击功能后，防火墙可以在报文进入路由转发之前检测出 SYNFlag 攻击，将 TCP 标识中的各非法组合报文直接丢弃，并输出告警日志信息。

5）Tear Drop 攻击：Tear Drop 攻击通过向目标主机发送报文偏移重叠的分片报文，使目标主机发生处理异常而崩溃。配置了防 TearDrop 攻击功能后，防火墙可以检测出 Tear Drop 攻击，并输出告警日志信息。因为正常报文传送也有可能出现报文重叠，因此防火墙不会丢弃该报文，而是采取裁剪、重新组装报文的方式发送出正常的报文。

6）Winnuke 攻击：Winnuke 攻击通过向目标主机的 139、138、137、113 端口发送 TCP 紧急标识位 URG 为 1 的带外数据报文，使系统处理异常而崩溃。配置了防 Winnuke 攻击功能后，防火墙可以检测出 Winnuke 攻击报文，将报文中的 TCP 紧急标识位设置为 0 后转发报文，或将 TCP 中 URG 位为 1 且目标端口是 113、137、138、139 的报文丢弃，并可以输出告警日志信息。

7）Smurf 攻击：这种攻击方法结合使用了 IP 欺骗和 ICMP 回复方法使大量网络传输充斥目标系统，引起目标系统拒绝为正常系统提供服务。Smurf 攻击通过使用将回复地址设置成受害网络的广播地址的 ICMP 应答请求（ping）数据包来淹没受害主机，最终导致该网络的所有主机都对此 ICMP 应答请求做出答复，导致网络阻塞。配置防 Smurf 攻击后，防火墙丢弃目标地址是广播地址、源地址是本机地址的报文，并输出告警日志信息。

7.5　ARP 防护

地址解析协议（Address Resolution Protocol，ARP）是通过 IP 地址解析 MAC 地址的一种协议。

7.5.1　ARP 原理

介绍 ARP 防护技术之前，先简单回顾一下 ARP 的原理。ARP 工作在数据链路层。在局域网中，网络中实际传输的是“帧”，帧里面是有目标主机的 MAC 地址的。在以太网中，一个主机要和另一个主机进行直接通信，必须知道目标主机的 MAC 地址。这个目标 MAC 地址是通过 ARP 获得的。所谓“地址解析”，就是主机在发送帧前将目标 IP 地址转换成目标 MAC 地址的过程，如图 7-9 所示。ARP 的基本功能就是通过目标设备的 IP 地址查询目标设备的 MAC 地址，以保证通信的顺利进行。

以图 7-10 为例讲解 ARP 的交互过程。

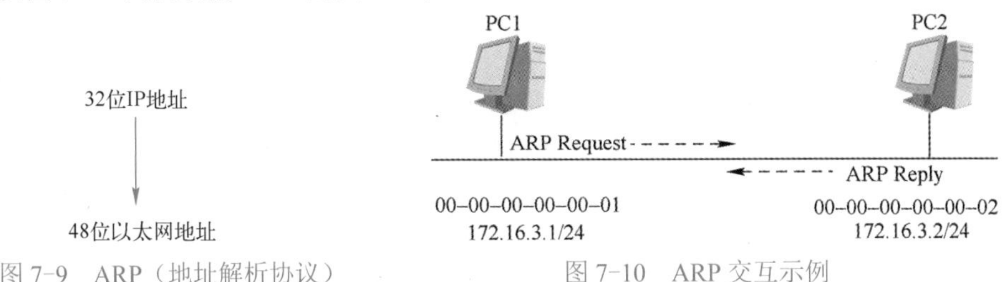

图 7-9　ARP（地址解析协议）　　图 7-10　ARP 交互示例

1）PC1（172.16.3.1）主动访问 PC2（172.16.3.2）。

2）PC1 通过查询路由表发现 PC2 和自己处于同一个网段（172.16.3.0/24），于是查询到出接口后直接发送给地址 172.16.3.2。

3）PC1 查找到接口后，报文发出需要封装目标 MAC 地址，于是查找 ARP 表，但 ARP 表中未找到 172.16.3.2 的 MAC 地址。

4）PC1 发送 ARP 请求（ARP Request）“Who has 172.16.3.2？Tell 172.16.3.1”，请求 172.16.3.2 的 MAC 地址（广播）。

5）PC2 和 PC1 处于同一个局域网，PC2 收到广播的 ARP 请求报文后，回复 ARP 应答报文（ARP Reply）“172.16.3.2 is at 00-00-00-00-00-02”，同时 PC2 会学习 PC1 的 MAC 地址和 IP 地址的对应关系，并加入自己的 ARP 表。

6）PC1 收到 ARP 应答后，将 PC2 的 MAC 地址和 IP 地址映射关系加入 ARP 表。将 ICMP 报文封装目标 MAC 地址后发给 PC2。

7）PC2 收到 ICMP 报文后，回应 ICMP 应答。

7.5.2 ARP 攻击和防护

通过学习 ARP 的原理可以发现，ARP 的学习是建立在互相信任的基础上的，互相之间并不会检查报文的合法性和真实性，而是直接写入自己的 ARP 缓存和 ARP 表中，这就给了攻击者机会。攻击者可以利用虚假的 IP 地址和 MAC 地址欺骗局域网内的主机，导致主机发向自己网关的流量实际上发给了攻击者的计算机，造成数据外泄。ARP 网关欺骗示例如图 7-11 所示。

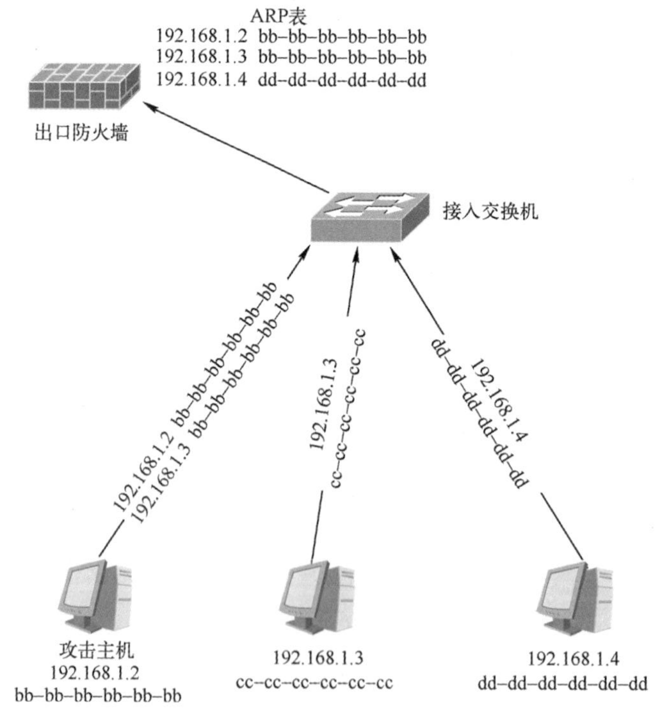

图 7-11 ARP 网关欺骗示例

除了 ARP 欺骗之外，还有一类很常见的攻击，就是 ARP 洪泛（ARP Flood）攻击。对于

ARP Flood 攻击，短时间内攻击者发送大量的 ARP 请求，导致被攻击主机的 ARP 表被占满，并且因为短时间大量的请求，导致被攻击主机的资源被耗光，无法回应正常的 ARP 请求，也算是 DoS 攻击中的一种。此外，还有一种攻击是地址冲突攻击，攻击者通过对局域网内的所有主机进行扫描，然后尝试配置和被扫描主机一样的 IP 地址，从而导致真正的用户 IP 地址无法生效，干扰用户地址的正常使用。

为了应对上面提到的 ARP 欺骗、ARP 洪泛和 ARP 地址冲突攻击，防火墙提供了主动保护、关闭 ARP 学习、ARP Flood 识别抑制等功能。

主动保护是指定期（间隔 1～10s）探测设置的 IP 地址和 MAC 地址的对应关系是否正常，管理员可以设置保护的 IP 地址和 MAC 地址，或者基于接口进行保护。防火墙会定期根据设置的对应关系发送免费 ARP。假如某台主机的 IP 地址已经被攻击者伪造，那么通过定期发送免费 ARP 的方式，可以将其他被欺骗主机的 ARP 表替换为正确的 IP 地址和 MAC 地址对应关系，因为 ARP 缓存采取“后到优先”规则，所以通过定期发送的方式可以保护网络中的主机避免被 ARP 欺骗。图 7-12 所示为 ARP 主动保护示例。

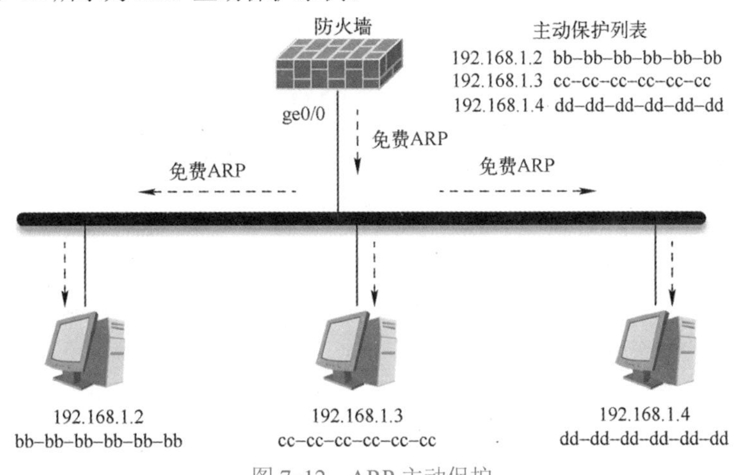

图 7-12　ARP 主动保护

为了防止 ARP Flood 或 ARP 网关欺骗，防火墙可以关闭自身的 ARP 学习功能。关闭 ARP 学习之后，防火墙不再学习任何 ARP 表项。关闭 ARP 学习需要配合 IP-MAC 绑定功能来实现。顾名思义，IP-MAC 绑定就是将 IP 地址和 MAC 地址的映射关系绑定，从而有效地防止攻击者伪造真实的用户 IP 接入网络，用户的 MAC 往往是全网唯一的，IP 很容易伪造，但是 MAC 伪造相对不易。

防御 DoS 攻击最好的方法就是限制其发包速率，防御 ARP 攻击亦是如此，可通过配置 ARP 的攻击阈值（Packet/s）和攻击主机抑制时长来有效地防御 ARP Flood 攻击。

7.6　黑名单

很多时候，安全策略已经可以实现大部分的安全过滤需求，但是在有些场景下，安全策略的配置相对复杂和不够及时。例如，在凌晨 1 点，某网络突然遭到大量僵尸网络攻击，大量的僵尸主机疯狂地发送 DDoS 攻击到服务器，这时候就算立刻通知管理员，管理员可能也已经来不及处理（可能因为遭到攻击，已经无法远程访问防火墙），攻击已经达到了目的。所以需要一种技术可以及时、高效地达到阻断攻击的目的。黑名单功能正是为了这种目的而开发的。

黑名单功能可以手工添加阻断地址和网段，也可以通过导入功能实现大量主机的封锁。同时还可以和 IDS 或 IPS 等安全设备进行联动，当这些安全设备检测到攻击后，下发黑名单给防火墙，防火墙实施阻断行为。相比传统的安全策略，黑名单是专门针对“目标地址”的阻断，目标更加单一，配置命令更加简单，不像安全策略还需要考虑冗余、匹配顺序和接口匹配等因素，更易维护。尤其是当攻击目标非常多且变化性较强时，黑名单的优势更加明显。比如 100 万个目标地址加入黑名单，往往只需要导入一个.txt 文件就可以。而安全策略为了实现阻断 100 万个地址，就需要配置地址对象，选择入接口和出接口，选择服务等操作，非常烦琐。

创建黑名单时需要配置源 IP 地址和生效时间，匹配黑名单源 IP 地址的报文在生效时间段内不再进行投递，直接做丢弃处理。黑名单功能支持黑名单配置的导入和导出，方便对大量的黑名单地址进行配置和备份操作。黑名单配置如图 7-13 所示。

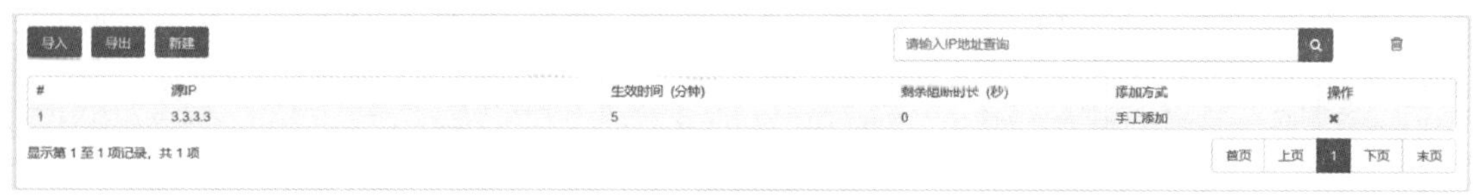

图 7-13　黑名单配置

本章小结

本章主要介绍了防火墙入侵检测的概念和原理，什么是病毒、木马，Web 层面的相关攻击有哪些，DoS 攻击的类型和 ARP 攻击的原理，以及针对这些攻击方式防火墙有哪些防护手段和方法，最后介绍了防火墙中便捷、高效的黑名单机制。安全防护功能是防火墙的核心功能之一，防火墙通过入侵防御、病毒防护和 Web 防护等功能对网络流量进行检测，能够发现并阻断网络入侵、病毒、SQL 注入、拒绝服务攻击等多种网络攻击，为保证能够识别最新的攻击特征，在实际使用中应注意及时升级入侵防御特征库和病毒库。

7.7　思考与练习

一、填空题

1．________功能通过威胁特征库实现木马后门、安全漏洞等攻击的精确识别和阻断。

2．病毒是黑客编写的一段二进制代码，可以______和 ______。

3．在计算机行业内，________是指一段非法的远程控制程序，黑客可以通过远程的方式控制和访问系统。

4．防火墙内置了入侵防御________，其中包含了针对各种已知攻击的特征信息。

5．ARP 是通过 IP 地址解析________的一种协议。

二、判断题

1．防火墙的入侵防御特征库不需要升级，也可以检测出最新攻击。（　　）

2．防火墙能够检测并抵御所有零日漏洞（0day）。（　　）

3．防火墙防御 SYN Flood 攻击的方法中，包速率方式的优点是非常安全。（　　）

4．VPN 用户登录到防火墙，通过防火墙访问内部网络时，不受安全策略的约束。（　　）

5．在配置安全策略时，源地址、目标地址、服务或端口的范围必须以实际访问需求为前提，尽量缩小范围。（　　）

三、选择题

1．防火墙一般部署在内网和外网之间，为了保护内网的安全，防火墙提出了一种区别路由器的新概念（　　）用来保障网络安全。

A．安全区域　　B．接口检测

C．虚拟通道　　D．认证与授权

2．以下（　　）攻击不能通过入侵防御系统检测和防范。

A．缓冲区溢出　　B．社会工程

C．木马后门　　D．网络蠕虫

3．下列（　　）攻击不属于 Web 应用攻击。

A．SQL 注入攻击　　B．XSS 攻击

C．ARP 攻击　　D．CC 攻击

4．DDoS 攻击的主要目的是破坏目标系统的（　　）。

A．完整性　　B．可用性

C．机密性　　D．可控性

5．防止 ARP 欺骗可通过防火墙的（　　）功能实现。

A．URL 过滤　　B．应用控制

C．IP-MAC 绑定　　D．Web 防护

第 8 章 应用控制与流量控制

第 7 章中主要介绍了各类网络攻击和防火墙的应对方法，本章将主要介绍防火墙的应用控制策略、Web 控制策略及流量控制策略。互联网的发展给用户带来了便利，也产生了数以亿计的应用。而层出不穷的应用给企业的管理带来了各种问题，如何对这些应用和流量进行精细化管理，正是应用控制与流量控制所解决的问题。

8.1 应用控制策略

应用控制是对于特定的应用或服务进行相应的行为控制。通过设置应用控制策略的匹配条件，允许特定应用的流量通过，或禁止特定应用的流量，从而达到限制应用使用的目的。

8.1.1 应用行为控制简介

各种各样的应用增加了企业管理的难度，如果企业缺乏有效的控制会导致员工工作效率降低。非法的应用也会对企业的内部安全构成威胁，如浏览非法的网页、内部论坛发布非法的帖子或使用迅雷等软件下载大量的视频文件等。企业内部也普遍存在这样的问题，如企业员工上班时间浏览各种和工作无关的内容、炒股、进行网络游戏、在线视频和聊天软件滥用等，严重影响了工作效率。因此如何管控这些应用行为成为企业网络管理员需要解决的问题，如图 8-1 所示。

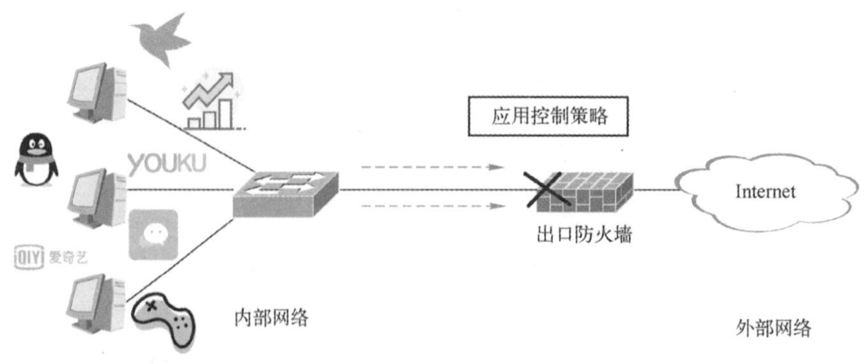

图 8-1 应用控制

应用识别技术是下一代防火墙的核心技术之一，应用控制策略模块是在应用识别的基础上开发的，报文经过应用识别模块后，再将报文识别出的应用与应用控制策略模块的配置规则进行匹配，根据用户配置的匹配规则来对此报文进行访问控制和审计。

防火墙的应用控制策略，可以支持识别几千种主流的应用，并可以精细化地控制每一类应用的行为，如企业为了控制员工工作时间 QQ 的使用，可以精细化地控制 QQ 软件登录、接收文件、发送文件、发消息、接收消息、语音通话等功能。以发消息为例，还可以细粒度地控制发消息的内容，禁止非法消息的发送，并可以防止内部信息泄露。另外，还可以禁用微信的登录、发消息、收消息、朋友圈、摇一摇、语音和发送文件等行为。

防火墙应用控制策略的匹配条件支持源地址、用户、应用、应用行为、时间对象和应用内容匹配，匹配后的动作支持放行、阻断和记录日志。如图 8-2 所示。

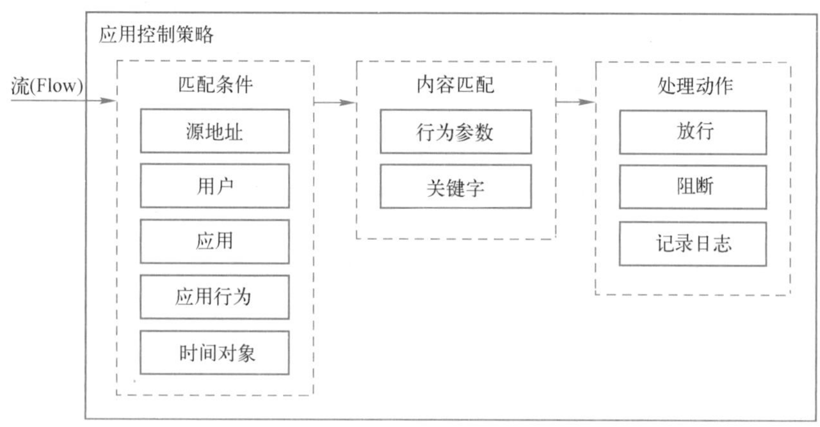

图 8-2　应用控制策略

1．匹配条件

各匹配条件的具体含义如下：

源地址：流量的源地址。地址可以是 IP 地址、MAC 地址、IP+MAC 地址等。一般来讲，只有透明部署的防火墙才可以支持 MAC 地址的匹配。

用户：通过 Web 接入认证的功能识别用户身份，基于用户身份进行匹配，如根据学生和教师的身份制定不同的应用控制策略。例如，禁止学生上课期间使用聊天工具。

应用：选择对哪一种或哪一类应用进行控制，如基于某一种应用进行控制，根据需求的不同选择不同的应用类型和细粒度。

应用行为：应用行为是根据应用的不同动态选择的。如果是即时聊天类应用，那么应用行为一般为发消息、接收消息、登录、传送文件等；如果分类选择 P2P 下载，那么主要的应用行为就是下载；在线视频分类的应用动作就是看视频和听音乐；炒股软件应用分类的应用动作就是评论、行情查看和交易行为。

时间对象：时间对象是指策略生效的时间段，可以设置为绝对时间和周期时间。绝对时间是指明确的起始和截止时间，如 2020 年 12 月 19 日 8 点到 2020 年 12 月 19 日 18 点。周期时间是指每周或每天的某个时间段，如每周一到周五的 8 点到 18 点。

2．内容匹配

内容匹配是识别应用类型和应用行为后具体发送或接收的内容的细粒度控制，这里以即时聊天类应用的发送消息行为为例，通过配置关键字“炸弹”，就可以对发送消息的内容进行是否包含“炸弹”关键字的判断，如果包含，就可以进行丢弃并上报日志的动作，如图 8-3 所示。以 QQ 为例，应用类别选择“QQ”，应用行为选择“登录”，内容匹配时就可以选择“用户名”，此时关键字中就可以设置指定的用户名。当匹配这个用户名时，就会被阻断。

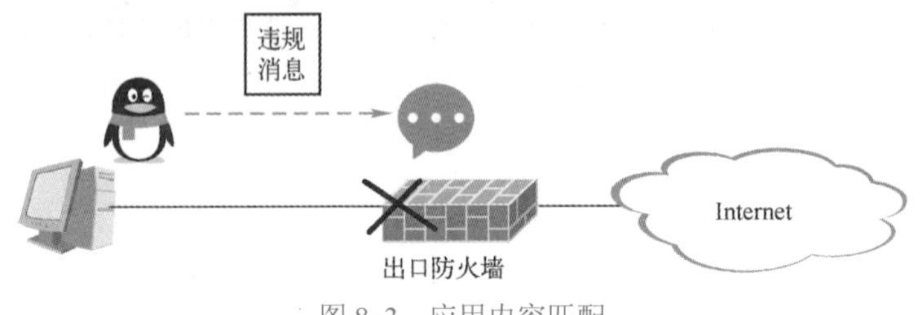

图 8-3　应用内容匹配

3. 处理动作

处理动作包括放行（PERMIT）、阻断 BLOCK 及记录日志。防火墙根据匹配的结果，可以选择放行或者阻断，并记录日志，方便后续管理员审计。

8.1.2　应用分类特征库

应用识别是下一代防火墙的核心竞争力，厂商为了支撑应用识别的持续更新，需要投入非常大的成本和精力。启明星辰下一代防火墙支持大约 3000 种主流应用，并根据应用的更新而实时更新应用特征库。预定义应用分类如表 8-1 所示。

表 8-1　预定义应用分类

应用分类							
即时通信	P2P 下载	在线视频	炒股软件	网络游戏	文件分享	搜索引擎	数据库
在线购物	网络协议	电子邮件	远程控制	常用网站	办公软件	在线更新	网络工具
电子商务	其他						

虽然预定义的应用已经非常多，但是难免还会遇到某些应用是某企业内部专用的，并没有在网络上公开，这时防火墙没有对应的特征，就无法对其进行控制。为了实现内部应用的识别和控制，防火墙提供了自定义应用的功能。通过自定义应用，管理员可以定义应用的协议类型（TCP/UDP）、应用的地址、应用的端口等信息，防火墙根据管理员设置的信息识别内部应用。

此外，当企业内部应用较为复杂时，例如，要使即时应用和在线视频等同时在一个策略中控制，那么就需要使用应用组的功能，将不同类别的应用放到一个应用组中，统一进行控制。

8.2　Web 控制策略

Web 控制策略通过设置的匹配条件，放行或阻断特定 URL 分类，或含有特定关键字的网页访问，从而达到限制 Web 页面访问的目的。

8.2.1　Web 控制策略简介

手机的发展带来了 APP 的盛行，但是 Web 访问还是当下用户上网的主要行为，因此如何监控 Web 的访问就显得尤为重要。相比应用控制策略可以识别上千种应用的不同行为，Web 控制策略只针对网页浏览中的 URL、访问页面的内容关键字进行控制。

Web 访问控制审计功能可以对用户在某网站发布信息或者发布含有特定关键字信息的行为进行控制，并能对发布行为进行日志记录。例如，阻止用户在社区论坛类网站发布含有关键字“暴力”的信息，并记录发布行为日志。网络管理员可以对不同用户、不同时间、不同信息的发布行为制定适合的 Web 外发信息规则，系统会对与规则匹配的网络流量根据配置进行处理。Web 控制策略如图 8-4 所示。

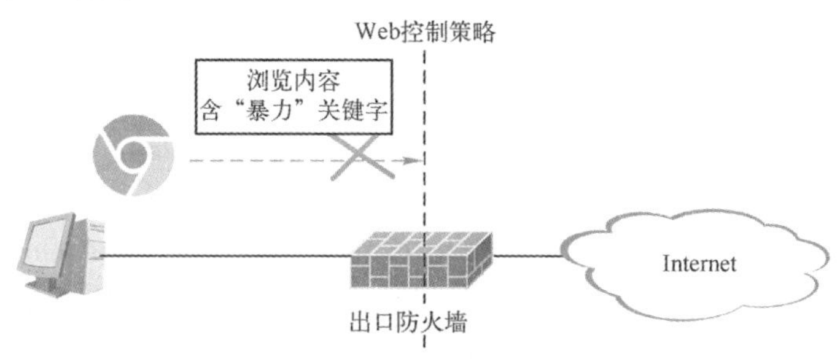

图 8-4　Web 控制策略

Web 控制策略可以支持 URL 的控制和网页内容的关键字识别。用户发起网站访问，应用层的 HTTP 请求 GET 报文到达防火墙，首先会进入防火墙的应用识别模块进行流量重组和应用识别，然后判断协议类型是否是 HTTP，如果是 HTTP 就进入 Web 控制规则匹配阶段（进行 URL 分类匹配、文件类型匹配），如果匹配成功就会根据处理动作进行放行或阻断并记录日志。

当请求被阻断后，管理员可以定制阻断提示页面，通知用户访问的页面含有非法关键字，拒绝访问，如图 8-5 所示。

您所访问的URL被阻断访问!

图 8-5　定制阻断页面

下面对 Web 控制策略支持的匹配条件和处理动作进行介绍。

1. 匹配条件

各匹配条件的具体含义如下：

1）入接口/安全域：流量首次进入的接口，可以是物理接口、逻辑接口或安全域。

2）源地址：指流量的源地址。地址可以是 IP 地址、MAC 地址、IP+MAC 地址等。一般来讲，只有透明部署的防火墙才可以支持 MAC 地址的匹配。

3）用户：通过 Web 接入认证的功能识别用户身份，基于用户身份进行匹配，如根据学生和教师的身份制定不同的 Web 控制策略。例如，学生上课期间禁止聊天工具的使用。

4）URL 分类：URL 的分类信息，如娱乐类、游戏类、购物类、金融类、教育类等。

5）文件类型：文件类型是指通过 HTTP 下载的附件类型，如*.doc 的类型，当下载扩展名为.doc 的文件时会触发策略的匹配。

6）时间对象：时间对象是指策略生效的时间段，可以设置为绝对时间和周期时间。绝对时间是指明确的起始和截止时间，如 2020 年 12 月 19 日 8 点到 2020 年 12 月 19 日 18 点。周期时间是指每周或每天的某个时间段，如每周一到周五的 8 点到 18 点。

7）网页关键字：网页关键字是指页面返回的内容中包含或不包含的关键字，例如设置关键字为“暴力”，那么当网页中出现关键字“暴力”时会触发匹配。可以设置多个关键字。当设置多个关键字时，必须全部命中才算一次匹配成功。

2. 处理动作

处理动作包括放行（PERMIT）、阻断（BLOCK）及记录日志。防火墙根据匹配的结果，可以选择放行或者阻断，并记录日志，方便后续管理员审计。

8.2.2 URL 分类

URL 分类就是指不同 URL 的集合。系统内置的 URL 约为 2000 万个，根据类型的不同分为金融类、娱乐类、游戏类、购物类、教育类等几十个分类。管理员根据需求在 Web 控制策略中引用，用于对指定分类的 URL 进行识别进而做相应的处理。URL 分类如图 8-6 所示。

ID	名称	描述
1	娱乐	提供综合性娱乐、影视的网站。
2	游戏	提供各种电子游戏的网站。
3	购物	提供网络购物站点的网站。
4	金融理财	提供各种类型金融理财的网站。
5	生活查询	提供涉及日常生活的综合资讯或服务的网站。
6	兴趣爱好	提供各种类别的兴趣爱好相关的网站。
7	教育	提供教学、招生、学校宣传、教材、教育资讯和相关服务信息的网站。
8	社交	提供建立社会性网络的互联网应用服务的网站。
9	新闻	提供综合型新闻、资讯的网站。

图 8-6 URL 分类

URL 分类功能包括预定义 URL 分类、自定义 URL 分类、URL 组、URL 分类查询。

1）预定义 URL 分类。从 URL 特征库中解析出来，具体描述在预定义 URL 分类页面查看，可以被策略直接引用，也可以加入 URL 组中被策略引用。

2）自定义 URL 分类。指由用户自定义的 URL 分类，可以被策略直接引用，也可以加入 URL 组中被策略引用。一个 URL 分类项中可配置 128 个 URL，URL 分类项配置限制 1000 个。

3）URL 组。由用户自行配置，可引用预定义 URL 分类、自定义 URL 分类，可以被策略引用。

4）URL 分类查询。该功能为查询功能，输入为有效的 URL，输出为设备识别出的 URL 的分类。URL 匹配优先级：自定义 URL 分类>预定义 URL 分类>URL 组。

8.3 流量控制策略

随着网络技术的飞速发展，网络上的应用越来越多，越来越复杂。种类繁多的应用占用的网络流量急剧上升，经常会造成网络阻塞，有效带宽利用率下降。

下一代防火墙中的流量控制功能，是通过对网络流量进行分类，并依据不同分类的控制规则达到解决网络延迟和阻塞等问题的一种技术手段。

8.3.1　流量控制简介

流量控制能够对数据进行分类，为指定的网络通信提供更好的服务能力，特别是对于流式多媒体应用，如 VoIP 和 IPTV 等，这些应用往往需要固定的传输率，对延时比较敏感。流量控制能够配置灵活的带宽共享和独占模式，满足关键业务与关键数据流的带宽保障需求，动态保障关键业务所需的带宽，关键业务具有使用网络的优先权，在关键业务不需要使用网络时，带宽才可以被其他业务使用。流量控制能够在不增加带宽的前提下，提升被保障的业务访问网络的质量与速度。

流量控制是下一代防火墙中的功能，但应注意的是，防火墙并不是专门的流量控制设备，本书只针对防火墙流量控制进行讲解。

防火墙流量控制可针对指定的主机或服务预留带宽，限制最高带宽，提供了带宽保证和限制等功能。带宽保证能保证重要应用可以获得所配置的带宽资源，带宽限制能做到限制 IP、应用上下行总带宽的占用等。防火墙流量控制也可平均分配带宽，并进行业务优先级管理，有效提高带宽利用率和用户体验。

防火墙流量控制可以通过建立并应用流量控制策略，对各种网络应用的流量进行控制。流量控制需要先建立控制线路，针对这条线路配置流量控制策略。流量控制策略可以根据业务特点对流量做细化的分配。

8.3.2　线路策略简介

要使用防火墙对线路进行流量控制，首先应设置要进行流量控制的入接口。数据从接口进入防火墙时，会匹配流量控制策略。在使用防火墙流量控制策略时，需要选择流量进入防火墙的接口，可以限制流入和流出的最大带宽。

在设置流量控制线路时，对于出和入方向，应至少配置一个方向；一个接口只能被一条线路策略绑定；每新建一条线路策略，就会生成一条默认管道策略。要先设置线路策略，才能配置管道流量控制策略。线路设置界面如图 8-7 所示。

图 8-7　线路设置界面

8.3.3　流量控制策略简介

针对特定的线路，防火墙可以设置流量分类，根据不同的 IP、应用等，设置不同的流量。新建流量控制策略时，必须先选中一条主策略，在主策略的基础上新建子策略。为业务配置带宽时，子策略的最大带宽和保证带宽不能比主策略的最大带宽和保证带宽大；自身的保证带宽也不能大于最大带宽。流量控制策略配置界面如图 8-8 所示。

⚙ 配置

名称		
上一级	出口流控	
启用	☐	
类型	普通	
源地址	any	
目的地址	any	
应用	any	
服务	any	
用户	any	
时间表	always	
最大带宽管理(出)	8-100000000	Kbps
最大带宽管理(入)	8-100000000	Kbps
上行保障带宽	8-100000000	Kbps
下行保障带宽	8-100000000	Kbps
每IP限速(出)	8-100000000	Kbps
每IP限速(入)	8-100000000	Kbps
级别	低	
日志	☐	

提交　取消

图 8-8　流量控制策略配置界面

8.3.4　流量控制应用场景

流量控制应用场景如图 8-9 所示，如果需要为服务器区的服务器设置保证带宽，对办公区的上网用户限制上网速度，那么可以使用流量控制策略。

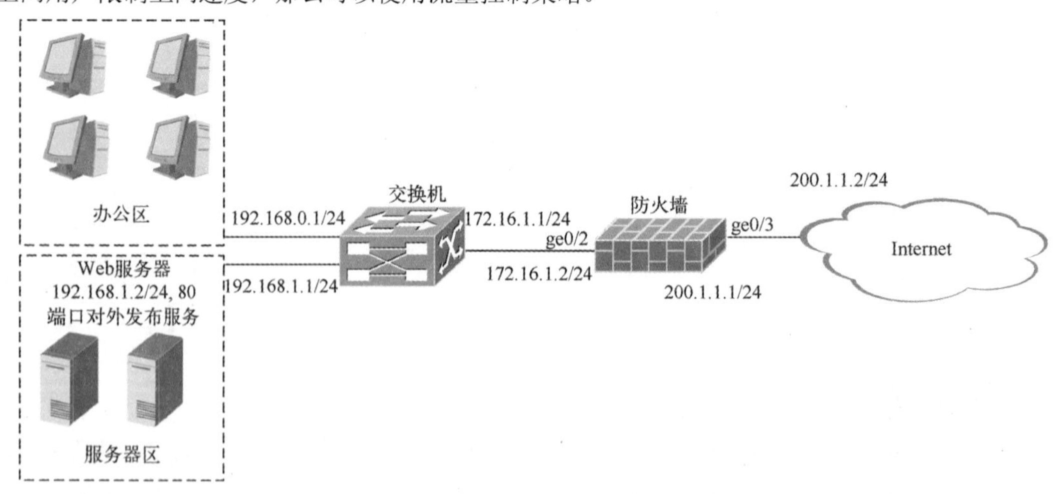

图 8-9　流量控制应用场景

配置完成并生效后，可以在防火墙实时观察流量控制情况。流量控制监控界面如图 8-10 所示。

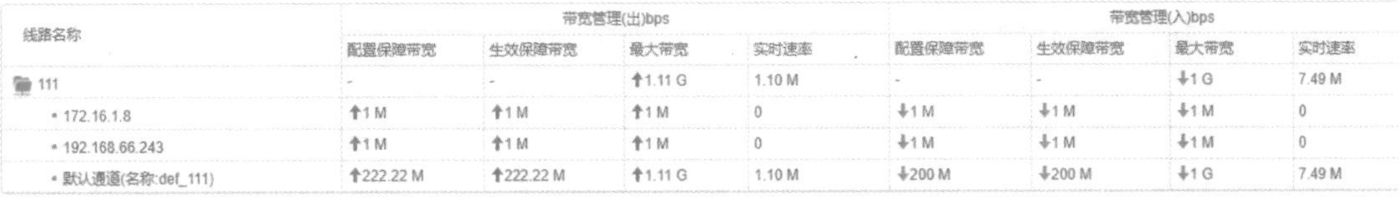

线路名称	带宽管理(出)bps				带宽管理(入)bps			
	配置保障带宽	生效保障带宽	最大带宽	实时速率	配置保障带宽	生效保障带宽	最大带宽	实时速率
111	-	-	↑1.11 G	1.10 M	-	-	↓1 G	7.49 M
• 172.16.1.8	↑1 M	↑1 M	↑1 M	0	↓1 M	↓1 M	↓1 M	0
• 192.168.66.243	↑1 M	↑1 M	↑1 M	0	↓1 M	↓1 M	↓1 M	0
• 默认通道(名称:def_111)	↑222.22 M	↑222.22 M	↑1.11 G	1.10 M	↓200 M	↓200 M	↓1 G	7.49 M

图 8-10　流量控制监控界面

本章小结

本章介绍了防火墙的应用控制策略、Web 控制策略及流量控制策略。应用控制通过设置策略的匹配条件来允许或禁止特定应用或服务的流量，达到限制应用使用的目的。Web 控制策略可通过 URL 分类、网页内容关键字等对 Web 访问进行控制。流量控制可提供带宽保证和限制的功能。

8.4　思考与练习

一、填空题

1．________是指不同 URL 的集合，根据类型的不同分为金融类、娱乐类、游戏类、购物类、教育类等。

2．通过设置策略的匹配条件，________允许特定应用的流量通过，或禁止特定应用的流量，从而达到限制应用使用的目的。

3．防火墙的应用控制策略匹配后的动作支持________和记录日志。

4．Web 控制策略的匹配条件有入接口/安全域、________、________、________、________、________、________。

5．URL 匹配顺序按照优先级分别是________、________、________。

二、判断题

1．某企业拟禁止某特定用户名的 QQ 用户登录，则应使用入侵防御功能实现该过滤。（　　）

2．对于网页、邮件中的内容，防火墙是无法过滤的，只能针对协议或应用进行过滤。（　　）

3．防火墙存在多条安全策略时，同一个流量可能命中多条策略，这时会根据默认策略的配置对该流量进行过滤。（　　）

4．防火墙的安全策略允许所有 HTTP 流量通过，且未开启入侵防御和病毒检测策略，则 PC 通过 HTTP 下载病毒文件时，病毒文件被阻断，无法下载成功。（　　）

5．防火墙具有对应用流量、威胁类型、威胁数量等统计并输出报表的功能。（　　）

三、选择题

1．流量控制策略的功能（　　）。

A．可针对指定主机或服务进行带宽限制　　B．可对指定业务进行带宽保证

C．用于限制用户访问某些资源　　D．用于阻断网络攻击

2．防火墙进行状态检测包过滤时，不可以过滤的是（　　）。

A．源和目标 IP 地址　　B．源和目标端口

C．IP 协议号　　D．数据报中的内容

3．某公司为防止员工在工作时间浏览购物网站、新闻网站，应设置防火墙的（　　）功能。

A．入侵防御　　B．病毒防护

C．URL 过滤　　D．Web 防护

4．近期，某虚假消息在网络广泛传播，为阻断该内容继续扩散，可通过防火墙的（　　）功能实现。

A．URL 过滤　　B．应用控制

C．病毒防护　　D．Web 防护

5．Web 控制策略通过（　　）功能对网页的内容进行过滤。

A．通过配置 HOST 进行过滤　　B．通过配置关键字进行过滤

C．通过 URL 分类进行过滤　　D．通过协议类型进行过滤

第 9 章 防火墙日志管理

防火墙的日志可以揭示许多有关外部网络的安全威胁、攻击尝试和进出防火墙流量的信息，通过查看和分析防火墙的日志可以给管理员提供网络中安全威胁的实时信息，方便管理员尽快启动补救措施。本章主要介绍防火墙对日志管理的方式，防火墙的日志类型以及各类型日志的功能，并理解 SNMP 的基本原理。

9.1 日志管理

防火墙日常运行过程中会产生大量日志，包括网络攻击日志、防火墙系统日志等。防火墙在记录日志时，会对日志进行分类和分级别管理，便于网络管理员查看，并对事件严重性和紧急程度进行判断与处理。

9.1.1 日志简介

人们通常在网络的出口部署防火墙，并配置安全规则，用来阻止可疑的连接，检查连接的源地址、目标地址和端口等信息，确认它是否可以信任。要判断安全规则是否正常运行和规则配置是否正确，除了通过实际的测试来检验连通性，还可以通过安全策略日志的方式来判断。防火墙安全策略日志记录了流量的源地址、目标地址、端口号、协议、用户和时间等信息。通过安全策略的日志可以查看防火墙规则是否正常运行，或者在新的规则无法正常运行时对其进行调试。安全策略日志如图 9-1 所示。

通过日志可以判断网络中是否存在潜在的风险和攻击行为，例如，当某一个 IP 地址（或一组 IP 地址）反复访问防火墙失败，并且这个地址来自高风险国家，就可以创建一条规则来阻断来自该 IP 地址的所有访问，防止其攻入内部网络。此外，当通过日志发现某个内部的服务器（如 Web 服务器）主动向外部的某个非法主机发起连接时，那么可能表明内部的服务器已经被黑客攻破，成为“跳板”，黑客可以通过这个服务器向内部任意主机发起攻击。

启明星辰下一代防火墙设备上的日志展示一共分为五大类，包括系统日志、审计日志、安全日志、VPN 日志和配置审计日志。日志的存储和发送支持标准的 Syslog 格式。

1）系统日志：系统日志主要是防火墙自身系统产生的一系列日志，如 CPU 和内存的告警日志、接口 Up 和 Down 信息的日志、双机热备的日志、路由相关日志和健康检查日志等。

2）审计日志：审计日志主要是指用于管理员或者一些审查机构（如公安部门）进行攻击追溯时的日志信息，如 NAT 转换的日志。

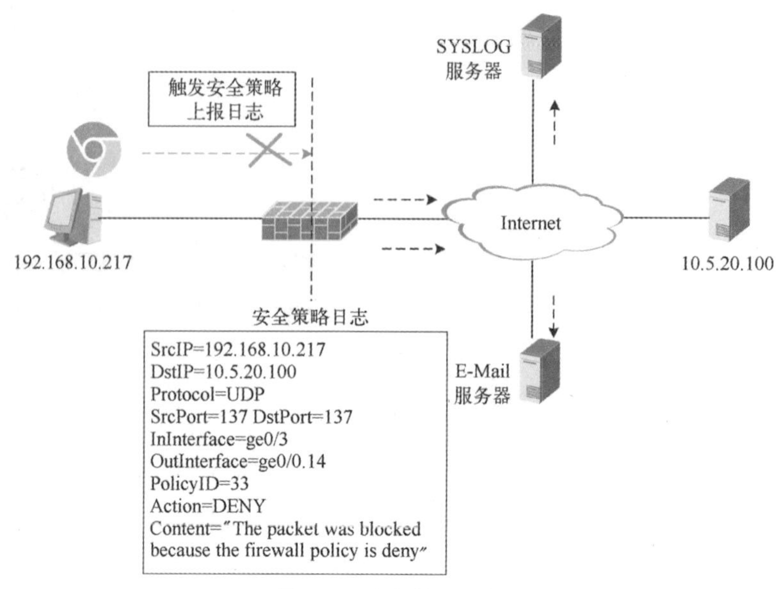

图 9-1　安全策略日志

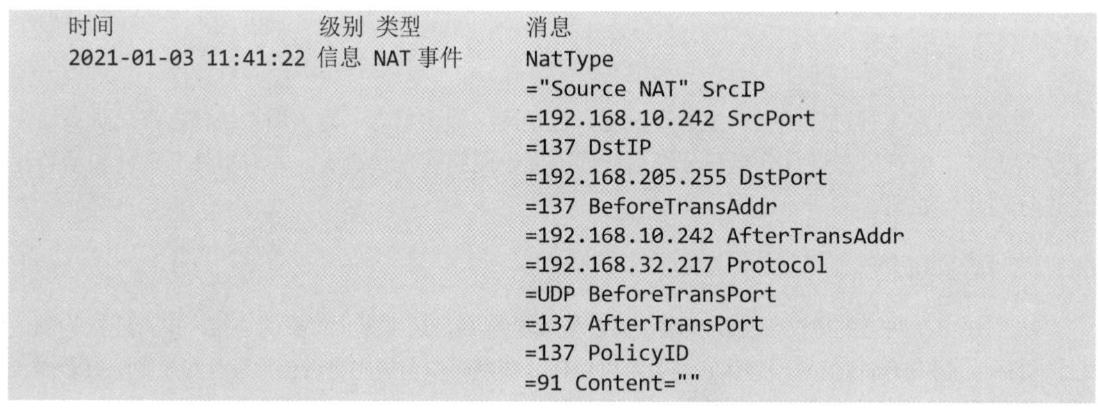

时间	级别	类型	消息
2021-01-03 11:41:22	信息	NAT 事件	NatType ="Source NAT" SrcIP =192.168.10.242 SrcPort =137 DstIP =192.168.205.255 DstPort =137 BeforeTransAddr =192.168.10.242 AfterTransAddr =192.168.32.217 Protocol =UDP BeforeTransPort =137 AfterTransPort =137 PolicyID =91 Content=""

管理员通过 NAT 的审计日志，可以追溯到转换后的地址 192.168.32.217 的内部主机是 192.168.10.242，转换时间是 2021-01-03 11:41:22。

3）安全日志：安全日志是防火墙所有安全功能的日志集合，包括了安全策略、防 Flood 攻击、防扫描、入侵防御以及防病毒等功能。

4）VPN 日志：VPN 日志是 IPSec 和 L2TP、SSL VPN 的日志，记录了 VPN 的协商过程，用于排查互联互通的问题。

5）配置审计日志：配置审计日志是只有审计管理员（Audit）才能看到的日志，记录了所有对防火墙的配置操作，例如修改了接口地址、查看了统计信息等。

9.1.2　日志级别

日志级别是对基于“文本”式的日志记录的一个重要补充，每条日志的信息都会根据日志类型、日志内容以及严重程度分配一个日志级别。比如，“防火墙异常重启”或者“发现高风险的入侵攻击”等属于非常重要且紧急的日志消息，而“进行了一个源 NAT 转换”和“安全策略放行了一个合法的流量”等就是重要等级相对较低的日志消息。防火墙会根据日志的分类和内容进行统一的分配，将其认为重要模块的重要消息设置为高风险的日志等级，把不重要模块的低风险日志设置为低风险等级。这样管理员在查看日志时可以直观地找到高风险等级的日志，而不会因为日志量过大而忽略所需信息。日志级别还可以通过颜色进行进一步的筛查，例如绿色代表信息级别，蓝色代表告警级别，红色代表紧急最高级别。

日志根据类型和风险等级的不同，分为 8 级，如表 9-1 所示。

表 9-1　日志级别说明

级别值	说明	风险等级
0	紧急（emergency），导致系统不可用的事件消息	高
1	告警（alert），应立即采取应对行动的事件消息	高
2	严重（critical），达到临界条件的事件消息	高
3	错误（error），一般出错事件消息	中
4	警示（warning），预警性提示事件消息	中
5	通知（notice），重要的正常事件消息	中
6	信息（information），一般性的正常事件消息	低
7	调试（debug），调试消息	低

级别的高低是由上到下，最高级别的是 0 级（紧急），最低级别是 7 级（调试），根据管理员的设定，可以输出指定级别的日志。防火墙日志的最低级别 7 级是调试，在管理页面不可以配置，只限于命令行的 Debug 调试使用。防火墙上可以设置的日志级别是从 6（信息）到 0（紧急），如图 9-2 所示。在本地日志中，可以设置系统事件大类中的“系统事件”输出为通知级别。以此类推，针对每一个日志类型都可以灵活地设定日志的输出级别，输出级别和日志本身的级别无关。例如，接口 Up 和 Down 的日志级别在系统内为“警示”，那么当管理员将本地日志的“接口信息”级别设置为“错误”时，接口 Up 和 Down 的日志就不会输出到本地日志。

图 9-2　防火墙上可以设置的日志级别

例如，将日志设置为告警级别，那么只有大于或等于告警级别的日志才会输出，日志级别和日志设置之间的关系如表 9-2 所示。

表 9-2　日志级别和日志设置的关系

日志设置 \ 日志级别	紧急	告警	严重	错误	警示	通知	信息
关闭							
紧急	✓						
告警	✓	✓					
严重	✓	✓	✓				
错误	✓	✓	✓	✓			
警示	✓	✓	✓	✓	✓		
通知	✓	✓	✓	✓	✓	✓	
信息	✓	✓	✓	✓	✓	✓	✓

✓：输出可见

不同的日志类型默认的日志级别设置不尽相同。功能模块日志级别如表 9-3 所示，同一个功能会根据触发的事件原因不同而产生不同级别的日志，例如，HA 模块会产生 4（warning）、5（notice）、6（information）三个级别的日志。

表 9-3　功能模块日志级别

模块	分类	日志级别
系统日志	系统事件	4（warning）
		5（notice）
		6（information）
	告警事件	4（warning）
	接口信息	4（warning）
	HA 事件	4（warning）
		5（notice）
		6（information）
	VRRP 事件	5（notice）
	健康检查	5（notice）
	OSPF 事件	6（information）
	RIP 事件	5（notice）
	DHCP 事件	4（warning）
		6（information）
	DNS 代理事件	6（information）
	audit 用户日志	5（notice）
审计日志	NAT 日志	6（information）
	QoS 日志	6（information）
	应用控制	5（notice）
		6（information）
	Web 控制	5（notice）
		6（information）
	会话控制	6（information）
	Web 认证	5（notice）
安全日志	防火墙	6（information）
	防 Flood 攻击	4（warning）
	防扫描	4（warning）
		5（notice）
	病毒防护	4（warning）
	入侵防护	1（alert）
		4（warning）
		5（notice）
		6（information）
	Web 防护	4（warning）
	防 DoS 攻击	4（warning）

（续）

模块	分类	日志级别
安全日志	防 ARP 攻击	4（warning）
		5（notice）
	黑名单	6（information）
VPN 日志	IPSec	5（notice）
		6（information）
	L2TP	5（notice）
		6（information）
配置审计日志	配置审计	5（notice）
		6（information）

9.1.3　日志分类

日志分类是指根据功能模块的不同，将日志分成不同的类型。启明星辰下一代防火墙将日志分为了系统日志、审计日志、安全日志、VPN 日志和配置审计日志五大类，每一大类日志又根据功能模块细分为不同的事件类型，具体如表 9-4 所示。

表 9-4　日志分类

日志分类	事件类型	备注
系统日志	系统事件	系统自身的事件，如 CPU、内存、接口等事件
	网络服务	路由协议、DHCP、健康检查和 HA 等事件
审计日志	NAT 事件	地址转换的日志（源地址转换、目标地址转换和静态地址转换）
	流控事件	流量控制（QoS）的事件
	应用控制	应用控制的事件
	Web 控制	Web 控制产生的事件
	Web 认证	Web 认证产生的事件
安全日志	安全策略	安全策略拒绝和放行的日志
	防 Flood 攻击	防 DDoS 攻击和防扫描的日志
	病毒防护	检测到病毒上报的日志
	入侵防护	检测到入侵行为上报的日志
	Web 防护	检测到 SQL 注入和 XSS 上报的日志
	防 ARP 攻击	检测到 ARP 攻击上报的日志
	黑名单	触发黑名单功能上报的日志
VPN 日志	IPSec	IPSec 协商产生的日志
	SSLVPN	SSLVPN 协商产生的日志
配置审计日志	配置审计	对设备的所有操作都会记录配置审计日志

每类日志都有自己特有的格式和字段，如 NAT 的转换前地址（BeforeTransAddr）和 URL 日志的 URL 等，同时也有很多通用的字段，比如源地址（SrcIP）、目标地址（DstIP）、协议（Protocol）、源端口（SrcPort）、目标端口（DstPort）、入接口（InInterface）、出接口（OutInterface）、策略 ID（PolicyID）、内容（Content）。详细的日志字段的说明如表 9-5 所示。

表 9-5 日志字段说明

字段名称	字段含义	取值范围
SrcIP	源地址	IP 地址格式
DstIP	目标地址	IP 地址格式
Protocol	协议	25 个字符（协议的标准名称）
SrcPort	源端口	1～65535
DstPort	目标端口	1～65535
InInterface	入接口	接口名称 50 个字符
OutInterface	出接口	接口名称 50 个字符
SMAC	源 MAC 地址	6 个字符
App	应用	64 个字符
Action	动作	32 个字符
AppAction	应用行为	32 个字符
Url	HTTP URL	512 个字符
PolicyID	策略 ID	数值
PolicyName	策略名称	64 个字符
EndTime	结束时间	20 个字符
NatType	NAT 类型	32 个字符
BeforeTransAddr	转换前地址	IP 地址格式
AfterTransAddr	转换后地址	IP 地址格式
BeforeTransPort	转换前端口	1～65535
AfterTransPort	转换后端口	1～65535
Content	内容	1024 个字符
InterfaceName	接口名称	16 个字符
InterfaceAddr	接口地址	IP 地址格式
EventHappen	事件名称	32 个字符
OldState	旧的状态	32 个字符
NewState	新的状态	32 个字符
PacketType	报文类型	16 个字符
NBRRouterID	邻居 ID	IP 地址格式
ManageStyle	访问方式	16 个字符
Operate	操作动作	32 个字符
…	…	…

9.2 本地日志

本地日志是日志的一种输出方式，将日志存储在防火墙本地存储介质中，可以通过管理页面直接查看日志信息。

9.2.1 本地日志简介

相比 Syslog 输出日志和 Email 输出日志，本地日志将日志存储在防火墙本地存储介质中，可以通过管理页面直接查看日志信息，如图 9-3 所示。因为防火墙自身的存储空间有限，所以本地日志会限制日志的数量，每一类日志最大存储 10MB 大小，当存储超过 10MB 时，新的日志将会覆盖旧的日志条目。

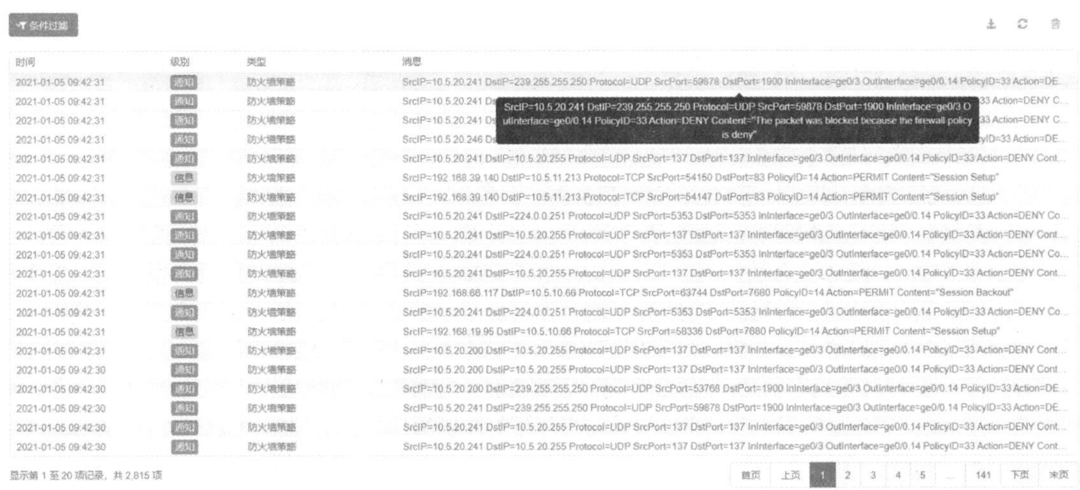

图 9-3　本地日志

本地日志支持导出.txt、.xml、.csv 文件到本地计算机，最大支持导出前 10000 条记录，导出的日志可方便管理员进行检索。在本地日志的展示页面还可以进行过滤，找到指定时间段、类型、级别、地址的日志，如图 9-4 所示。

图 9-4　日志过滤

9.2.2　本地日志存储和格式

本地日志存储在硬盘或者 CF（Compact Flash）卡中，重启后不会丢失。安全策略和 NAT 日志在大业务量的场景下写入速度非常快（与用户请求速率相当，每个请求产生 1～2 条日志），因此不能直接写入硬盘或 CF 卡，需要先写入内存再写入 CF 卡，以此降低硬件介质的读写压力。日志文件记录在后台系统的 mnt1 目录下，如图 9-5 所示。

在日志存储中，每一条日志称为一个记录（Record）。在多个记录组成的数据流或文件中，记录之间通过回车换行符号隔开，即每一行为一个日志记录。如果没有回车换行符号，则认为是一个记录。

每一个日志记录中都包含多个域（Field），域的构成遵循如下原则：

● 每一个域都以 keyword=value 的形式表示，其中，keyword 关键字表示日志域的类型，由本协议来具体规定，并可进行扩展。value 为该类型所对应的值。keyword 仅由小写字母组成。value 中包含空格时必须用引号括起来。

```
/mnt1 # ls -alt
total 12240
drwxr-xr-x    3 root     root           0 Jan  5 03:29 .
-rw-r--r--    1 root     root       94208 Jan  5 03:29 detect_stat_log.db
-rw-r--r--    1 root     root       32768 Jan  5 03:29 black_log.db
-rw-r--r--    1 root     root       36864 Jan  5 03:29 config_log.db
-rw-r--r--    1 root     root       73728 Jan  5 03:29 fw_log.db
-rw-r--r--    1 root     root      253952 Jan  5 03:29 ips_log.db.20210105112954
-rw-r--r--    1 root     root      106496 Jan  5 03:29 nat_log.db.20210105112954
-rw-r--r--    1 root     root       40960 Jan  5 03:29 qos_log.db
-rw-r--r--    1 root     root      266240 Jan  5 03:29 ips_log.db.20210105112944
-rw-r--r--    1 root     root      266240 Jan  5 03:29 ips_log.db.20210105112934
-rw-r--r--    1 root     root      262144 Jan  5 03:29 ips_log.db.20210105112924
-rw-r--r--    1 root     root      106496 Jan  5 03:29 fw_log.db.20210105112914
-rw-r--r--    1 root     root      274432 Jan  5 03:29 ips_log.db.20210105112914
-rw-r--r--    1 root     root      266240 Jan  5 03:29 ips_log.db.20210105112904
-rw-r--r--    1 root     root      110592 Jan  5 03:29 qos_log.db.20210105112904
-rw-r--r--    1 root     root      266240 Jan  5 03:28 ips_log.db.20210105112854
-rw-r--r--    1 root     root      274432 Jan  5 03:28 ips_log.db.20210105112844
-rw-r--r--    1 root     root      102400 Jan  5 03:28 fw_log.db.20210105112834
-rw-r--r--    1 root     root      249856 Jan  5 03:28 ips_log.db.20210105112834
-rw-r--r--    1 root     root       77824 Jan  5 03:28 ipsec_log.db
-rw-r--r--    1 root     root      118784 Jan  5 03:28 fw_log.db.20210105112804
-rw-r--r--    1 root     root      102400 Jan  5 03:28 nat_log.db.20210105112804
-rw-r--r--    1 root     root      106496 Jan  5 03:27 qos_log.db.20210105112754
-rw-r--r--    1 root     root      122880 Jan  5 03:27 fw_log.db.20210105112744
-rw-r--r--    1 root     root      122880 Jan  5 03:27 fw_log.db.20210105112734
-rw-r--r--    1 root     root      106496 Jan  5 03:27 fw_log.db.20210105112714
-rw-r--r--    1 root     root      167936 Jan  5 03:26 fw_log.db.20210105112654
-rw-r--r--    1 root     root      102400 Jan  5 03:26 nat_log.db.20210105112614
-rw-r--r--    1 root     root      102400 Jan  5 03:25 fw_log.db.20210105112554
-rw-r--r--    1 root     root      106496 Jan  5 03:25 qos_log.db.20210105112544
-rw-r--r--    1 root     root      110592 Jan  5 03:25 detect_stat_log.db.20210105112546
-rw-r--r--    1 root     root      106496 Jan  5 03:25 fw_log.db.20210105112514
-rw-r--r--    1 root     root      102400 Jan  5 03:24 nat_log.db.20210105112424
-rw-r--r--    1 root     root       24576 Jan  5 03:24 event_log.db
-rw-r--r--    1 root     root       16384 Jan  5 03:24 latest_log.db
-rw-r--r--    1 root     root      114688 Jan  5 03:23 qos_log.db.20210105112354
-rw-r--r--    1 root     root      102400 Jan  5 03:22 nat_log.db.20210105112234
-rw-r--r--    1 root     root      102400 Jan  5 03:22 config_log.db.20210105112204
-rw-r--r--    1 root     root      122880 Jan  5 03:21 qos_log.db.20210105112144
-rw-r--r--    1 root     root      106496 Jan  5 03:20 detect_stat_log.db.20210105112016
-rw-r--r--    1 root     root      106496 Jan  5 03:19 qos_log.db.20210105111934
-rw-r--r--    1 root     root      102400 Jan  5 03:18 nat_log.db.20210105111854
-rw-r--r--    1 root     root      106496 Jan  5 03:17 nat_log.db.20210105111714
-rw-r--r--    1 root     root      106496 Jan  5 03:17 qos_log.db.20210105111714
-rw-r--r--    1 root     root      102400 Jan  5 03:15 black_log.db.20210105111534
-rw-r--r--    1 root     root      102400 Jan  5 03:15 qos_log.db.20210105111524
-rw-r--r--    1 root     root      102400 Jan  5 03:14 detect_stat_log.db.20210105111436
-rw-r--r--    1 root     root      106496 Jan  5 03:12 qos_log.db.20210105111204
```

图 9-5　日志存储

- 域和域之间以空格隔开，其中多个空格视为一个空格。如果某一个域中包含空格，则该域必须用双引号括起来。
- 对于没有 value 的域，则该日志记录中不存在该项，不能出现类似“keyword=”的域，即 keyword 和 value 必须成对出现。如果 value 为空，那么需要实现为“keyword=""”。
- 如果 value 中出现特殊字符，则需要用反斜杠（"\", 0x5C）对"、=和\分别进行转义。

安全策略日志实例：

```
时间                  级别   类型        消息
2021-01-04 12:41:08   信息   防火墙策略  SrcIP=192.168.58.115 DstIP=10.5.40.188
                                          Protocol=TCP SrcPort=61427 DstPort=80
                                          PolicyID=14 Action=PERMIT Content="Session
                                          Setup"
```

9.3　Syslog 日志

本地日志因为其展示方式和存储方法的特点，存在较大的局限。当日志规模较大，产生日志速度较快时，本地日志会对防火墙自身的内存、CPU 带来较大的压力，因为日志要写入缓存，CPU 要处理日志，从而影响防火墙其他管理进程的工作。另外，本地日志检索和统计的方式单一，不方便跟踪攻击事件的整个过程。为了解决这些问题就有了 Syslog 协议。Syslog 大部分采用将日志外发的方式处理日志，广泛应用于各种系统，防火墙可以通过 Syslog 协议将日志发给接收 Syslog 消息的服务器。接收 Syslog 消息的服务器可以同时接收不同设备的日志消息进行统一的存储和分类，或者进一步解析其中的内容进行分析和处理。常见的 Syslog 服务器很多，如 Kiwi

Syslog Server 和 PTRG 都提供 Syslog 服务器功能。图 9-6 所示为 Kiwi Syslog 服务器的 Syslog 日志界面。

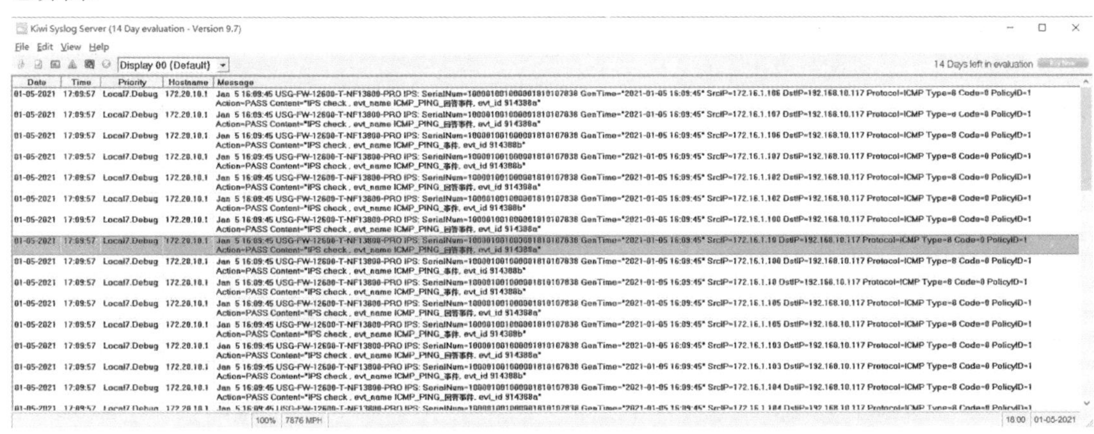

图 9-6　Kiwi syslog 服务器的 Syslog 日志界面

完整的 Syslog 日志包含程序模块（Facility）、级别（Level）、时间、主机名或 IP、进程名、进程 ID 和正文。但是长期以来 Syslog 的日志格式都没有统一，不同公司的产品使用的 Syslog 格式不一样，导致 Syslog 服务器无法对 Syslog 日志进行正确的解析，只能把它当成字符串处理，于是在 2001 年发布的 RFC 3164 对 Syslog 协议做了建议和约定，虽然不是强制性的，但是大部分的公司还是按照协议的规范做了一定的适配。协议规定发送 Syslog 消息的是 Device，转发 Syslog 消息的是 Relay，接收 Syslog 消息的是 Collector，Device 发送 Syslog 消息到 Collector 的 UDP 514 端口，不需要应答。协议规定 UDP 报文长度不能超过 1024 字节，并且全部由可以打印的字符组成。实际发送的 Syslog 日志实例如图 9-7 所示。

```
464 1.528826   172.20.10.1   192.168.10.214   Syslog   317 UNKNOWN.INFO: Jan  5 16:09:30 USG-FW-12600-T-NF13800-PRO IPS: SerialNum=1000010010000001810107838
465 1.545112   172.20.10.1   192.168.10.214   Syslog   313 UNKNOWN.INFO: Jan  5 16:09:30 USG-FW-12600-T-NF13800-PRO IPS: SerialNum=1000010010000001810107838
> Frame 465: 313 bytes on wire (2504 bits), 313 bytes captured (2504 bits) on interface \Device\NPF_{0AF52732-13F0-47F9-9DD1-E00842B07FA4}, id 0
> Ethernet II, Src: NexcomIn_98:0a:10 (00:10:f3:98:0a:10), Dst: 00:e1:7c:68:33:ad (00:e1:7c:68:33:ad)
> Internet Protocol Version 4, Src: 172.20.10.1, Dst: 192.168.10.214
> User Datagram Protocol, Src Port: 514, Dst Port: 514
v [truncated]Syslog message: UNKNOWN.INFO: Jan  5 16:09:30 USG-FW-12600-T-NF13800-PRO IPS: SerialNum=1000010010000001810107838 GenTime="2021-01-05 16:09:30" SrcIP=172.16.1.101 DstIP=192.168.1
   1101 0... = Facility: Unknown (26)
   .... .110 = Level: INFO - informational (6)
  v Message [truncated]: Jan  5 16:09:30 USG-FW-12600-T-NF13800-PRO IPS: SerialNum=1000010010000001810107838 GenTime="2021-01-05 16:09:30" SrcIP=172.16.1.101 DstIP=192.168.10.117 Protocol=ICMP
     Syslog timestamp (RFC3164): Jan  5 16:09:30
     Syslog hostname: USG-FW-12600-T-NF13800-PRO
     Syslog process id: IPS
     Syslog message id [truncated]: : SerialNum=1000010010000001810107838 GenTime="2021-01-05 16:09:30" SrcIP=172.16.1.101 DstIP=192.168.10.117 Protocol=ICMP Type=8 Code=0 PolicyID=1 Action=
```

图 9-7　Syslog 日志实例

9.4　E-mail 日志报警

E-mail 日志是对 Syslog 日志和本地日志的补充，主要是为了让管理员可以第一时间收到系统的关键日志信息，如防火墙异常重启、关键服务器的健康检查异常等，管理员收到日志告警后可以尽快进行处理。

为了让防火墙发送 E-mail 日志，首先要配置邮件服务器，如图 9-8 所示。设置 SMTP 服务器地址和端口，还有登录邮件服务器的账号及密码。为了解析邮件服务器的域名，还需要配置 DNS 地址。

为了验证邮件服务器的可用性，可以通过发送测试邮件的方式进行检测。检测成功后，被测试的邮箱会收到一份测试邮件，如图 9-9 所示。

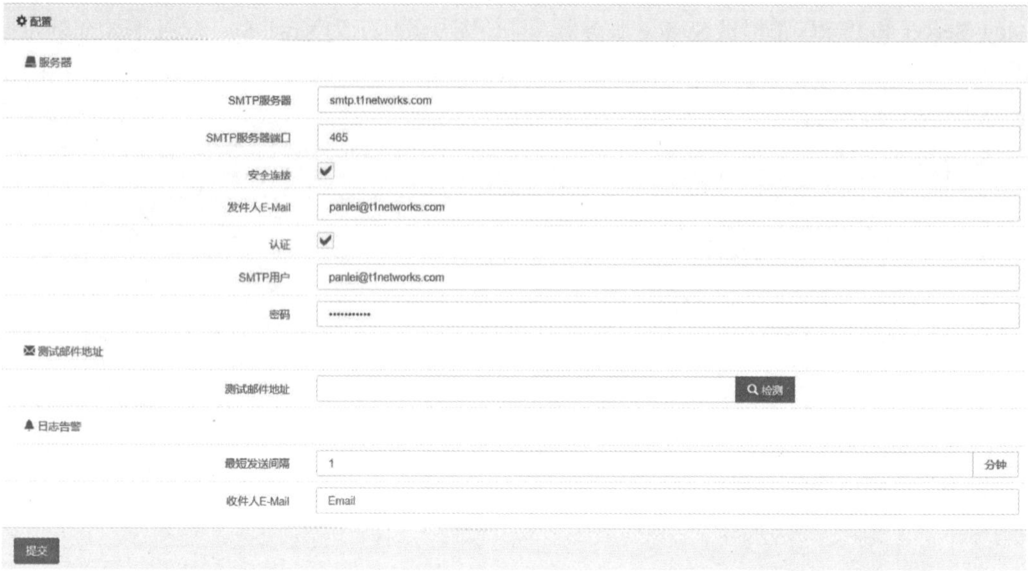

图 9-8　配置邮件服务器

图 9-9　测试邮件

配置完邮件服务器和 DNS 地址后，只需要在对应的日志分类中勾选“E-mail 报警”即可，如图 9-10 所示。因为邮件不能接收过多的消息，并且只有重要的日志才需要通过邮件提醒管理员，因此只有“警示”级别及以上的日志才支持通过邮件发送给管理员。

图 9-10　配置 E-mail 报警日志

以 IPS 日志为例，通过设置 IPS 事件集的 ICMP_PING 事件的等级，触发防火墙发送 E-mail 告警邮件，如图 9-11 所示。另外，在日志设置中，开启 IPS 功能的 E-mail 告警日志功能。

触发 ICMP_PING 事件，查看接收的日志邮件，防火墙每隔 1min 收到一封告警邮件，邮件内容是 1min 内所产生的所有日志信息，如图 9-12 所示。日志的格式和 Syslog 日志格式一致。

图 9-11　修改事件日志级别

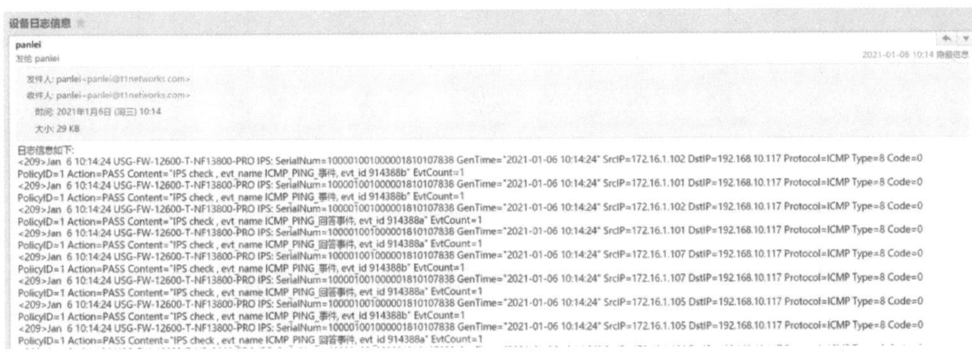

设备日志信息

panlei

发给 panlei

2021-01-06 10:14 隐藏信息

发件人: panlei<panlei@t1networks.com>

收件人: panlei<panlei@t1networks.com>

时间: 2021年1月6日 (周三) 10:14

大小: 29 KB

日志信息如下:

<209>Jan 6 10:14:24 USG-FW-12600-T-NF13800-PRO IPS: SerialNum=1000010010000001810107838 GenTime="2021-01-06 10:14:24" SrcIP=172.16.1.102 DstIP=192.168.10.117 Protocol=ICMP Type=8 Code=0 PolicyID=1 Action=PASS Content="IPS check , evt_name ICMP_PING_事件, evt_id 914388b" EvtCount=1

<209>Jan 6 10:14:24 USG-FW-12600-T-NF13800-PRO IPS: SerialNum=1000010010000001810107838 GenTime="2021-01-06 10:14:24" SrcIP=172.16.1.101 DstIP=192.168.10.117 Protocol=ICMP Type=8 Code=0 PolicyID=1 Action=PASS Content="IPS check , evt_name ICMP_PING_事件, evt_id 914388b" EvtCount=1

<209>Jan 6 10:14:24 USG-FW-12600-T-NF13800-PRO IPS: SerialNum=1000010010000001810107838 GenTime="2021-01-06 10:14:24" SrcIP=172.16.1.102 DstIP=192.168.10.117 Protocol=ICMP Type=8 Code=0 PolicyID=1 Action=PASS Content="IPS check , evt_name ICMP_PING_回答事件, evt_id 914388a" EvtCount=1

<209>Jan 6 10:14:24 USG-FW-12600-T-NF13800-PRO IPS: SerialNum=1000010010000001810107838 GenTime="2021-01-06 10:14:24" SrcIP=172.16.1.101 DstIP=192.168.10.117 Protocol=ICMP Type=8 Code=0 PolicyID=1 Action=PASS Content="IPS check , evt_name ICMP_PING_回答事件, evt_id 914388a" EvtCount=1

<209>Jan 6 10:14:24 USG-FW-12600-T-NF13800-PRO IPS: SerialNum=1000010010000001810107838 GenTime="2021-01-06 10:14:24" SrcIP=172.16.1.107 DstIP=192.168.10.117 Protocol=ICMP Type=8 Code=0 PolicyID=1 Action=PASS Content="IPS check , evt_name ICMP_PING_事件, evt_id 914388b" EvtCount=1

<209>Jan 6 10:14:24 USG-FW-12600-T-NF13800-PRO IPS: SerialNum=1000010010000001810107838 GenTime="2021-01-06 10:14:24" SrcIP=172.16.1.107 DstIP=192.168.10.117 Protocol=ICMP Type=8 Code=0 PolicyID=1 Action=PASS Content="IPS check , evt_name ICMP_PING_回答事件, evt_id 914388a" EvtCount=1

<209>Jan 6 10:14:24 USG-FW-12600-T-NF13800-PRO IPS: SerialNum=1000010010000001810107838 GenTime="2021-01-06 10:14:24" SrcIP=172.16.1.105 DstIP=192.168.10.117 Protocol=ICMP Type=8 Code=0 PolicyID=1 Action=PASS Content="IPS check , evt_name ICMP_PING_事件, evt_id 914388b" EvtCount=1

<209>Jan 6 10:14:24 USG-FW-12600-T-NF13800-PRO IPS: SerialNum=1000010010000001810107838 GenTime="2021-01-06 10:14:24" SrcIP=172.16.1.105 DstIP=192.168.10.117 Protocol=ICMP Type=8 Code=0 PolicyID=1 Action=PASS Content="IPS check , evt_name ICMP_PING_回答事件, evt_id 914388a" EvtCount=1

图 9-12　E-mail 告警日志

9.5　SNMP

SNMP（Simple Network Management Protocol，简单网络管理协议），是 Internet 的标准协议，常常被用来收集网络设备的配置信息和运行信息，管理路由器、交换机、防火墙和服务器等网络设备。SNMP 在网络管理中最主要的用途是进行网络监视，SNMP 可以通过管理信息库（MIB）的形式管理受管控设备的参数，这些参数代表了受管控设备的各种状态信息和配置。使用 SNMP 的应用程序，可以远程读取这些 MIB 库的变量，从而获得系统的状态信息和配置信息。

目前，SNMP 有 3 个版本，分别是 SNMPv1、SNMPv2c 和 SNMPv3。其中，SNMPv1 是最原始的版本。相较于第一版，SNMPv2c 和 SNMPv3 在性能、灵活性和安全性方面都进行了改进。

在 SNMP 典型用法（如图 9-13 所示）中一般由以下几个组件构成：

1）网络管理系统（Network Management Systems，NMS）：是一个单独的实体，负责与开启 SNMP 代理的网络设备进行通信。

2）被管理设备（网元）：指需进行监视和管理的设备，如路由器、交换机、防火墙等。

3）SNMP 代理（Agent）：是指运行代理功能的程序，一般运行在被管理设备中。设备启动代理后，管理员可以通过 SNMP 客户端请求设备的各种信息。代理程序可以收集本机的运行信息，可以主动向管理员发送事件信号（Trap），还用于存储和检索 MIB 中定义的管理信息。

SNMP 采用“管理-代理”两个进程之间的通信模型来监视和控制各种网络设备，即 NMS 和

Agent 在对等层上用 SNMP 进行通信，SNMP 通信模型如图 9-14 所示。其中，SNMP 采用轮询机制，使用 UDP 作为 SNMP 消息的传输协议，占用两个通信端口：UDP 161 端口和 UDP 162 端口。161 端口用于 SNMP 的请求消息和应答消息，162 端口用于 SNMP Trap 消息的接收和发送。

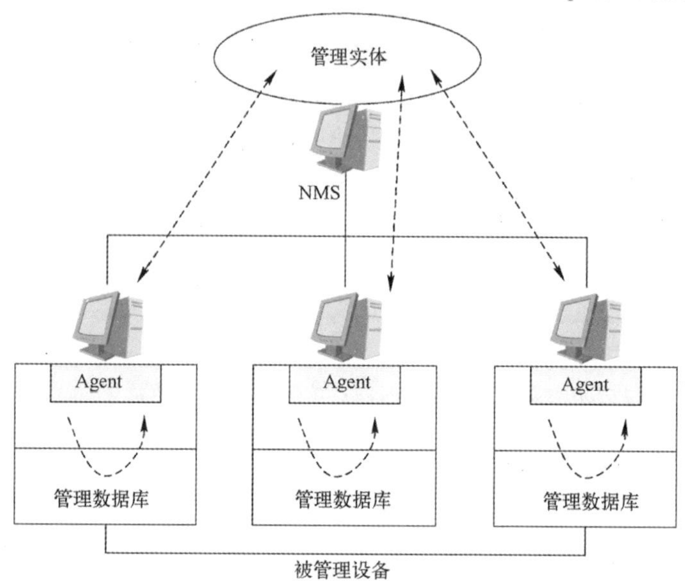

图 9-13　SNMP 典型用法

SNMP 管理端和 SNMP 代理端之间通过发送各种消息进行通信，主要支持的操作有 Get-Request（从某变量中取值）、Get Next Request（在表格中取下一项值）、Set Request（设置变量值）、Get Response（返回变量值）、Trap（设备主动上报事件信息）。

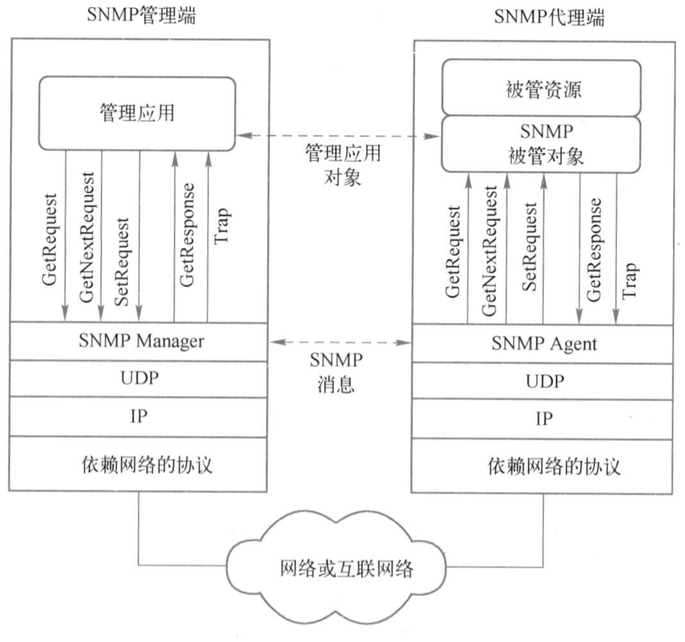

图 9-14　SNMP 通信模型

SNMP 框架中的管理信息库（MIB）指明了网络元素所维持的变量（即能够被管理进程查询

和设置的信息)。MIB 给出了一个网络中所有可能的被管理对象的集合的数据结构。图 9-15 所示为 MIB 的树形结构。

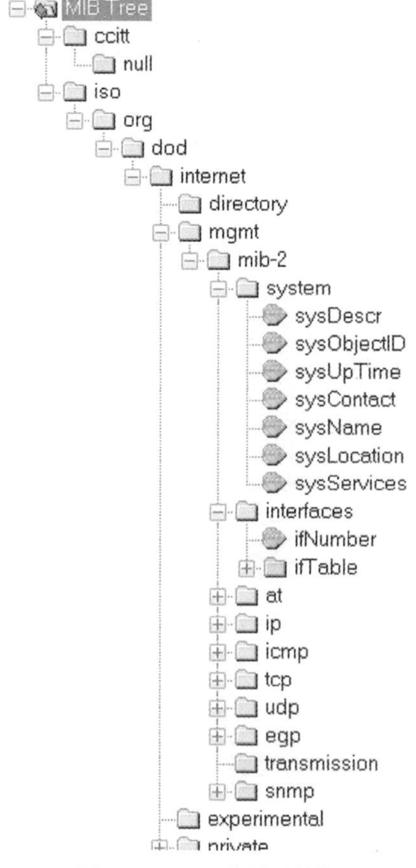

图 9-15　MIB 的树形结构

选择 system 节点，单击软件的 Walk 功能，可以遍历请求当前节点的所有信息，查询结果如图 9-16 所示。

```
****** SNMP QUERY STARTED ******
1: sysDescr.0 (octet string) TSOS [54.53.4F.53 (hex)]
2: sysObjectID.0 (object identifier) enterprises.15227.1.3.1
3: sysUpTime.0 (timeticks) 6 days 21h:52m:43s.86th (59716386)
4: sysContact.0 (octet string) Venustech Infomation Technology, Inc. Customer Service Tel: 400-624-3900 800-810-6038 E-mail: support@venustech.com.cn [56.65.6E.75.73.74.65.6
5: sysName.0 (octet string) USG-FW-12600-T-NF13800-PRO [55.53.47.2D.46.57.2D.31.32.36.30.30.2D.54.2D.4E.46.31.33.38.30.30.2D.50.52.4F (hex)]
6: sysLocation.0 (octet string) Unknown [55.6E.6B.6E.6F.77.6E (hex)]
7: sysServices.0 (integer) 79
8: sysORLastChange.0 (timeticks) 0 days 00h:00m:00s.00th (0)
9: sysORID.1 (object identifier) snmpMIB
10: sysORDescr.1 (octet string) The MIB module for SNMPv2 entities [54.68.65.20.4D.49.42.20.6D.6F.64.75.6C.65.20.66.6F.72.20.53.4E.4D.50.76.32.20.65.6E.74.69.74.69.65.73 (hex)]
11: sysORUpTime.1 (timeticks) 0 days 00h:00m:00s.00th (0)
****** SNMP QUERY FINISHED ******
```

图 9-16　SNMP 查询结果

介绍了 SNMP 后，防火墙的 SNMP 功能就比较好理解了。防火墙和网络中的交换机、路由器一样都是被管理的网元，区别就是它能查看的配置和信息不同，也就是 MIB 不同。例如，相比路由器等网络设备，防火墙支持会话数的查询，启明星辰下一代防火墙中私有 MIB 的 1.3.6.1.4.1. 15227.1.3.1.1.3 节点代表当前会话数，如图 9-17 所示。

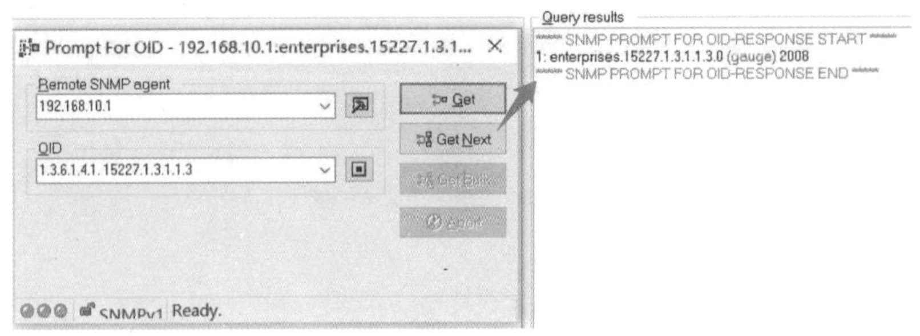

图 9-17　防火墙当前会话数查询结果

9.6　审计日志

在运维过程中经常需要对防火墙的配置做各种修改，如新增一条安全策略、修改地址对象、移动地址转换策略的顺序等，如果没有追溯机制，管理员误操作之后无法判断当时的行为，就无法将配置回滚到操作之前的状态。此外，当攻击者反复尝试破解防火墙的登录密码时，也需要一种办法发现。审计日志可以解决上面遇到的问题，审计日志是指配置审计的日志，管理员对设备的所有操作都会记录在审计日志中，包括登录行为、配置修改、新增和删除。根据三权分立的原则，对于审计日志，只有审计管理员才可以开启和查看。

防火墙的审计日志如图 9-18 所示，将查看操作定义为信息级别，将配置修改定义为通知级别，和其他日志类型一样，日志支持本地日志存储、Syslog 方式发送和 E-mail 方式发送。本地日志存储时，可以通过条件过滤进行进一步的检索。

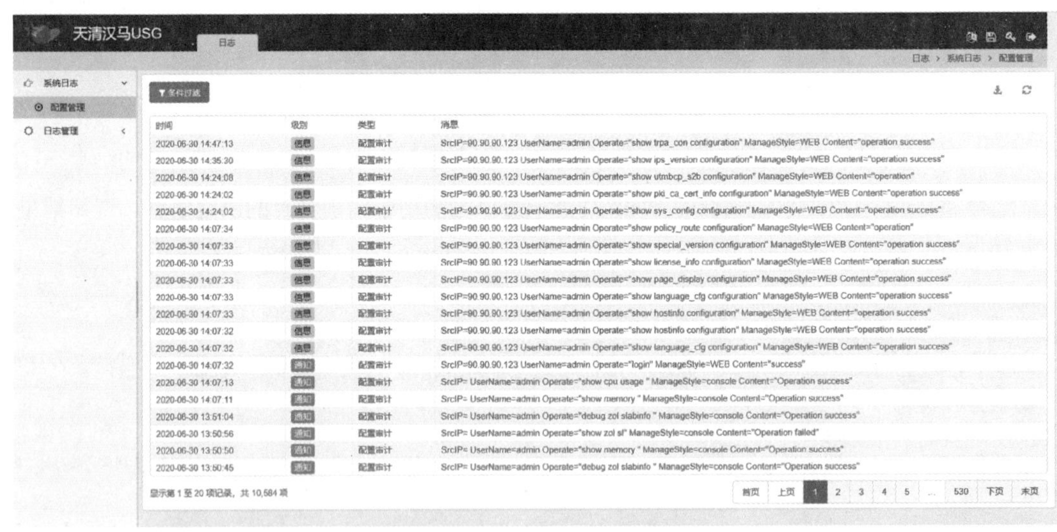

图 9-18　防火墙的审计日志

本章小结

本章主要介绍了防火墙各类日志的工作原理、作用和管理方法，本地日志的存储方式及其格式，SNMP 的工作原理和该技术在防火墙中的运用，以及防火墙审计日志的其他相关知识。防火墙在记录日志时，对日志进行分类和分级别管理，启明星辰下一代防火墙将日志分为了五大类 8 个等级。既可以将日志存储在防火墙本地存储介质中，也可以通过 Syslog 协议将日志发给 Syslog 服务器，或通过 E-mail 输出日志。

9.7　思考与练习

一、填空题

1．请列举几种防火墙的日志类型：_______、_______、_______、_______、_______。

2．防火墙日志中，分_______个级别，最高级别是_______。

3．日志的存储和发送支持_______、_______、_______。

4．根据三权分立的原则，审计日志只有_______管理员才可以开启和查看。

5．_______是防火墙所有安全功能的日志集合，包括了安全策略、防 Flood 攻击、防扫描、入侵防御以及防病毒等功能。

二、判断题

1．防火墙日志中的 src 表示目标 IP 地址。（　　）

2．防火墙日志中的 dmac 表示源 MAC 地址。（　　）

3．SNMPv3 未采用安全机制，通过明文传输用户名和密码。（　　）

4．系统日志主要是防火墙自身系统产生的日志，如 CPU 和内存的告警日志、接口 Up 和 Down 的日志。（　　）

5．本地日志存储在硬盘或者 CF（Compact Flash）卡中，重启后即丢失。（　　）

三、选择题

1．防火墙日志管理应遵循的原则是（　　）。

A．本地保存日志

B．本地保存日志并把日志保存到日志服务器上

C．通过 E-mail 保存日志

D．在日志服务器上保存日志

2．防火墙可以通过（　　）协议将日志发送到 Kiwi Syslog 服务器。

A．Netlog　　B．Flow

C．Syslog　　D．Eventlog

3．防火墙日志的最低级别 7 级是（　　）。

A．Debug 调试　　B．紧急日志

C．告警日志　　D．错误日志

4．在 SNMP 术语中，通常被称为管理信息库的是（　　）。

A．SQL Server　　B．MIB

C．Oracle　　D．Information Base

5．在 SNMP 的不同版本中，首先进行安全性考虑并实现安全功能的是（　　）。

A．SNMPv1　　B．SNMPv2c

C．SNMPv3　　D．以上都没有

实 践 篇

学习目标

1. 掌握如何通过 Web 浏览器、SSH 和 Console 方式管理防火墙。

2. 掌握如何创建透明桥接口，以及安全策略的配置和细化方法；了解入侵防御、防病毒、防 DoS 攻击、黑名单等，以及防火墙带内和带外管理接口的配置方法。

3. 掌握防火墙接口、静态路由、动态路由、NAT、IPSec VPN、SSL VPN、L2TP VPN、GRE VPN、日志、Syslog、SNMP 等功能配置。

4. 掌握防火墙双机热备主备透明、主备路由、主主路由、主主透明的配置方法。

5. 掌握防火墙软件版本升级方法。

各章名称

第 10 章 管理防火墙实验

网络管理员或运维人员在对防火墙进行配置更改、软件升级、日志查看等日常维护工作时，需要连接并登录防火墙。防火墙设备的管理方法包括 Console、HTTPS、HTTP、Telnet、SSH 等。HTTP 和 Telnet 并不安全，本章主要介绍如何通过 Console、HTTPS 和 SSH 管理防火墙，包括如何通过默认管理接口和账户登录防火墙，以及防火墙命令行的基本知识。

10.1 浏览器管理防火墙

10.1.1 防火墙默认的管理接口和账户

使用 Internet 浏览器，在地址栏中输入 https://<管理 IP>，便能够配置并管理防火墙设备。在进行 Web 管理前，推荐使用 IE 10.0 及以上版本、Mozilla 50.0 及以上版本、Chrome 54.0 及以上版本的浏览器，推荐显示分辨率为 1600×900 像素。

下面的内容以启明星辰公司的天清汉马防火墙为例。

默认情况下，防火墙第一个接口（ge0/0）的 IP 地址/掩码是 192.168.1.250/24，默认该接口允许 ping 和 HTTPS 操作。

防火墙系统默认的管理员用户为 admin，密码为 fw.admin。默认情况下，防火墙没有对 IP 地址进行管理限制，用户可以使用这个管理员账号从任何地址登录设备，并且可使用设备的所有功能。

系统默认的审计员用户为 audit，密码为 admin.audit。用户可以使用 audit 账号记录用户对防火墙的操作日志。

系统默认的用户管理员用户为 useradmin，密码为 admin.user。用户可以使用这个账号来配置系统管理员。

10.1.2 浏览器管理防火墙基本操作

如图 10-1 所示，电源接口在设备后面，设备面板最左侧是生产该防火墙的公司图标，本书实验全部使用的是启明星辰的防火墙。面板第一个 RJ45 接口是 Console 口，Console 口又称为串口，可用来进行 Console 管理。USB 口可以用来升级防火墙，0～7 口为电口（管理上名称为 ge0/0～ge0/7），8、9 口为光口。

管理防火墙的计算机使用网线直连防火墙的 ge0/0，由于 ge0/0 的默认 IP 地址为

192.168.1.250/24，计算机上所配置的 IP 地址需与防火墙的 ge0/0 口在同一 IP 网段。计算机配置 IP 地址如图 10-2 所示。

图 10-1　防火墙

图 10-2　计算机配置 IP 地址

计算机配置完 IP 地址之后，首先测试计算机是否能 ping 通防火墙， ping 测试如图 10-3 所示。

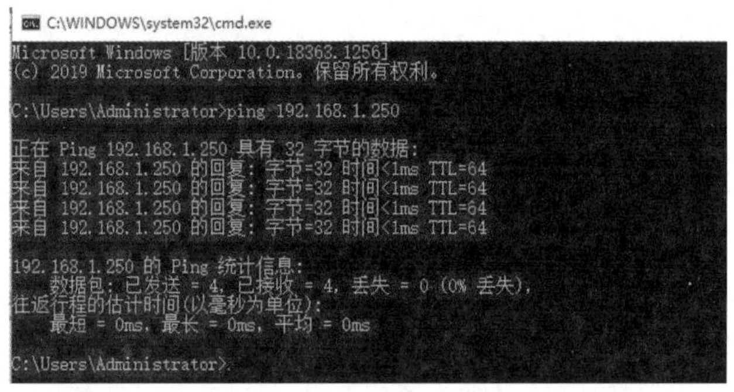

图 10-3　ping 测试

若计算机可以 ping 通防火墙，则可在计算机的浏览器中访问 https://192.168.1.250，进入防火墙的 Web 登录界面，如图 10-4 所示。

在页面对应位置输入防火墙默认管理员用户名和密码，即 admin 和 fw.admin，进入防火墙，如图 10-5 所示。

除了 Web 首页外的其他每个一级菜单有相应的一个或多个子级菜单，最多可能有 4 级菜单。Web 管理界面由顶部一级菜单、工具条、左侧菜单和主内容区组成。在图 10-6 所示的防火墙 Web 管理界面中，顶部的首页、vCenter、监控等为一级菜单；右上角的语言、保存、修改密码、注销为工具条；左侧菜单中的防火墙、安全防护、应用控制、流量控制、会话控制、Web 认证、安全联动为二级菜单；打开二级菜单中的安全防护，可以看到其下的三级菜单，包括防护策略、攻击防护、病毒防护、入侵防护、Web 防护、威胁情报、ARP 防护、黑名单；选择三级菜单 ARP 防护，可以看到此菜单的四级菜单，包括配置、ARP 表、IP-MAC 绑定、主动保护列表；选中四级菜单中的第一个选项“配置”，该页面会在主内容区中显示。

图 10-4　防火墙 Web 登录界面

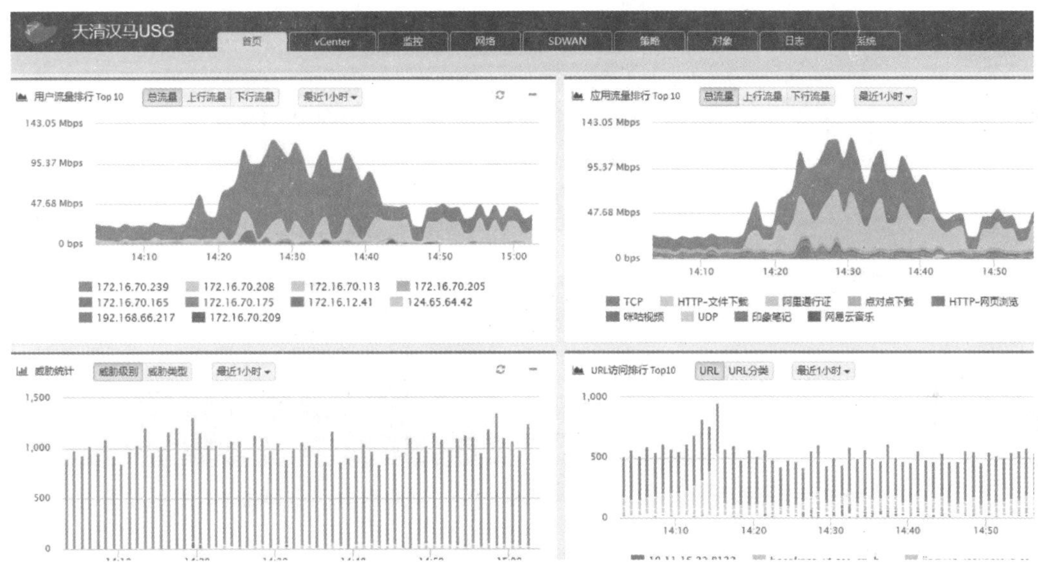

图 10-5　防火墙 Web 首页界面

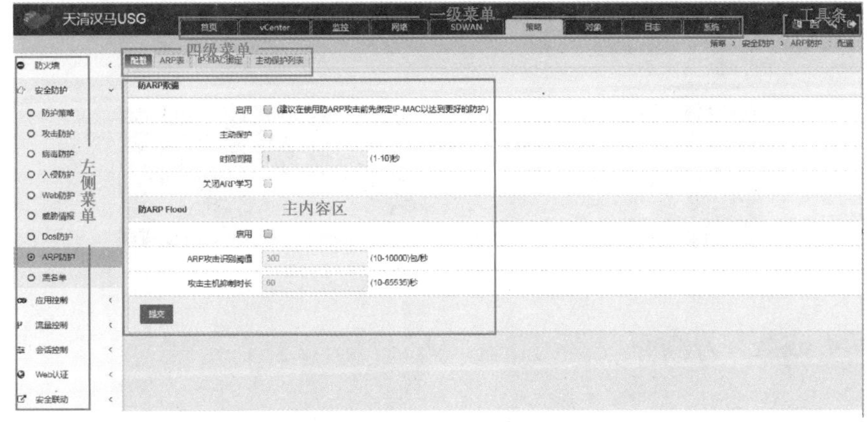

图 10-6　防火墙 Web 管理界面

10.2 Console 管理防火墙

10.2.1 通过 Console 管理防火墙

防火墙设备上一般都配有 Console 口，计算机使用防火墙出厂时配送的 Console 线将计算机的 COM 口与防火墙的 Console 相连。一般来说，早期的台式机、笔记本计算机及部分工控机都有 COM 口，而现在所生产的台式机、笔记本计算机一般没有配置 COM 口，这种情况下可以使用 USB 口转 COM 口的转接器连接防火墙的 Console 口。

使用 USB 口转 COM 口的转接器时，操作系统一般默认不识别 COM 口，需要手动安装转接器的驱动程序。

为计算机安装好驱动程序后，使用 Console 线的 RJ45 接头连接防火墙的 Console 口，另一端连接计算机的对应接口。

使用相关管理工具，设置 Console 登录选项，本书以 SecureCRT 举例，串行设置如图 10-7 所示。

设置好参数之后，可以看到防火墙的串口命令行登录界面，如图 10-8 所示。

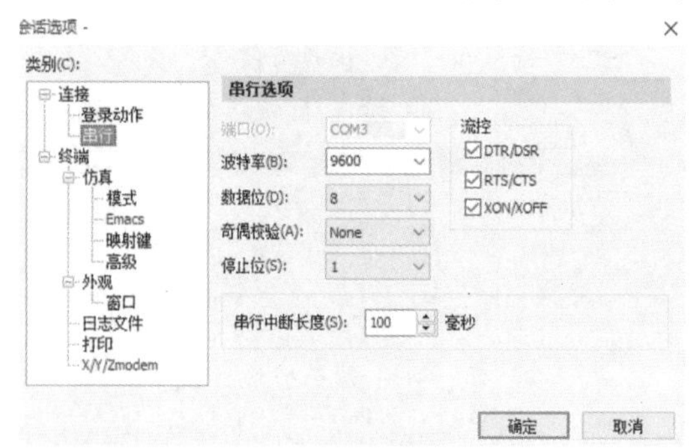

图 10-7 串行设置

图 10-8 串口命令行登录界面

输入防火墙默认的管理员用户名和密码，即 admin 和 fw.admin，通过防火墙的身份验证后，即可进入防火墙的配置会话，防火墙命令行管理界面如图 10-9 所示。

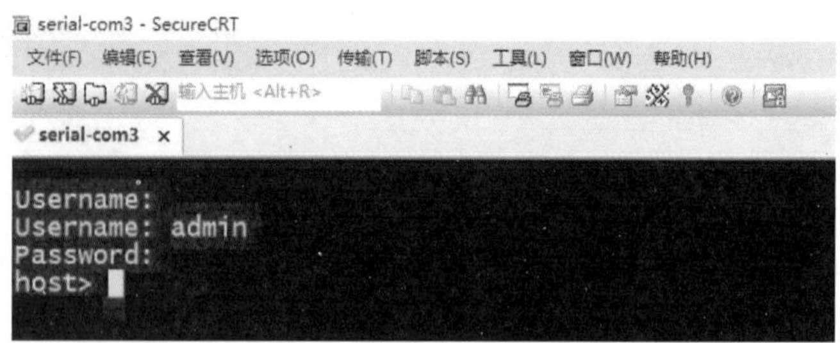

图 10-9 防火墙命令行管理界面

10.2.2 防火墙命令行简介

1. 防火墙命令行模式

防火墙命令行有不同的模式，基本配置模式如下：

1）用户模式：不能修改设备配置，只能查看设备状态信息。用户模式表示为 host>，其中，host 是防火墙的主机名，“>”为用户模式。

2）特权模式：查看设备状态和配置，执行系统级别的特权命令。特权模式表示为 host#，其中，host 是主机名，“#”表示特权模式。

3）全局配置模式：可以执行配置命令，修改设备配置。全局配置模式简称为“全局模式”，其表示为 host(config)#，其中，host 是主机名，“(config)#”表示全局配置模式。

4）接口模式：可以修改接口配置，如接口 IP 地址等。接口模式的表示为 host(config-ge0/0)#，其中，host 是主机名，“(config-ge0/0)#”表示接口模式。

可通过命令在几种模式之间切换，各模式切换方法如图 10-10 所示。

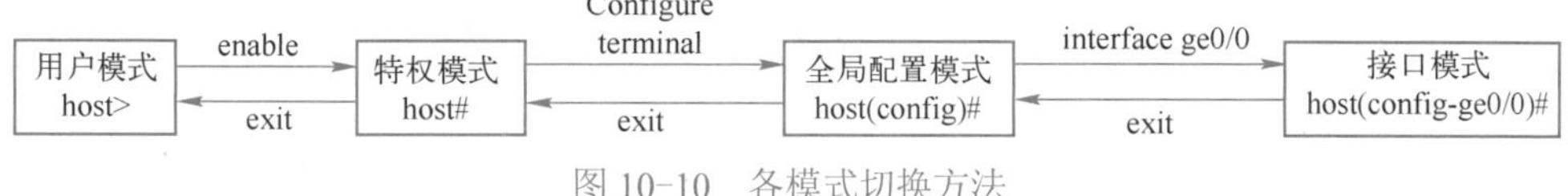

图 10-10　各模式切换方法

2. 防火墙命令行帮助

对防火墙进行命令行配置时，不需要输入完整的配置命令，只需要保证输入的每条命令的起始字符数足以被设备识别出特定的命令即可。例如，“enable”命令可简写为“en”，因为在用户模式下所能配置的命令中，“en”足以使设备识别出完整的命令语句“enable”。如果用户要输入命令“ping6”，在用户模式下则应输入完整的命令语句，因为该模式下存在相同起始字符的命令“ping”，仅输入“p”或“pi”等字符不足以让设备区分用户想要使用的命令具体是什么。

用户可以通过按〈?〉键查找不记得的命令。〈?〉的使用如图 10-11 所示，当光标处于 host>后时按下〈?〉键，防火墙就能显示该模式下能输入的所有命令，并附有命令的简要说明。

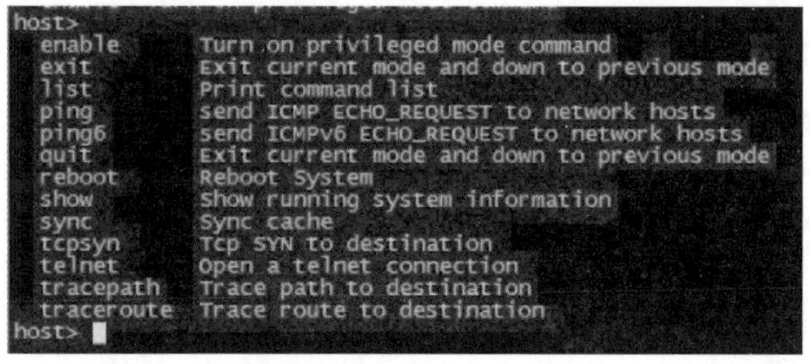
```
host>
  enable       Turn on privileged mode command
  exit         Exit current mode and down to previous mode
  list         Print command list
  ping         send ICMP ECHO_REQUEST to network hosts
  ping6        send ICMPv6 ECHO_REQUEST to network hosts
  quit         Exit current mode and down to previous mode
  reboot       Reboot System
  show         Show running system information
  sync         Sync cache
  tcpsyn       Tcp SYN to destination
  telnet       Open a telnet connection
  tracepath    Trace path to destination
  traceroute   Trace route to destination
host>
```

图 10-11　〈?〉的使用

按下〈Tab〉键可以自动补全命令。

当光标处于 host>后时，输入“en”后按下〈Tab〉键，防火墙就会自动补全命令：“host> enable”。

按下〈↑〉键可以回调输入的前一条命令语句；按下〈↓〉键可以回调后一条命令语句。

3. 保存、查看、恢复配置

查看防火墙当前配置：host# show running-config。

保存配置：host# write memory。

恢复出厂配置：host# erase startup-config。恢复出厂配置要求重启防火墙，重新启动的防火墙为默认配置。

重启防火墙：host# reboot。重启防火墙时，要求用户确认操作：输入“y”，防火墙重启；输入“n”，则取消重启命令。

10.3 SSH 管理防火墙

10.3.1 开启 SSH 管理防火墙

默认情况下，防火墙接口不开启 SSH 的管理方式，可以通过 Web 管理的方式，在接口下开启 SSH，才可以使用 SSH 协议管理防火墙。在 Web 界面开启接口的 SSH 管理方式如图 10-12 所示。

图 10-12 在 Web 界面开启接口的 SSH 管理方式

也可以在命令行下开启防火墙接口的 SSH 管理方式，如图 10-13 所示。如果要开启 ping 或者 HTTP，以类似方式在接口下使用相应的命令（allow）即可。

10.3.2 通过 SSH 管理防火墙

开启防火墙的 SSH 管理方式后，可以使用软件对防火墙用 SSH 协议进行管理。

使用管理工具 SecureCRT，单击“快速连接”按钮，如图 10-14 所示。

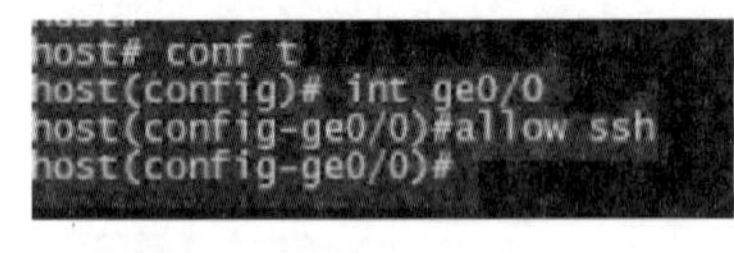

```
host# conf t
host(config)# int ge0/0
host(config-ge0/0)#allow ssh
host(config-ge0/0)#
```

图 10-13 在命令行下开启接口的 SSH 管理方式

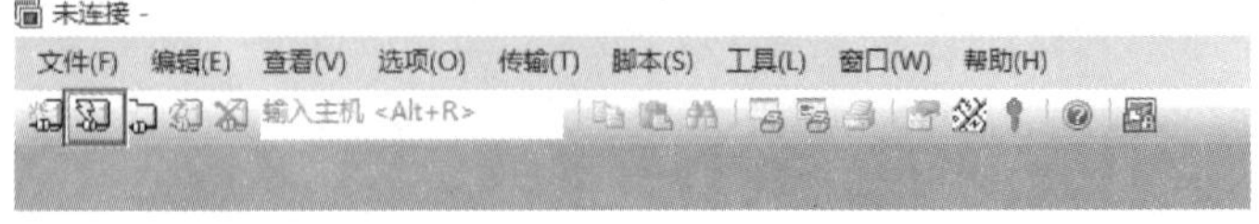

图 10-14 “快速连接”按钮

设置 SSH 登录参数，如图 10-15 所示。

设置完参数之后，单击“连接”按钮，按提示要求输入防火墙默认管理员用户名和密码，即 admin 和 fw.admin，进入防火墙命令行管理界面，如图 10-16 所示。

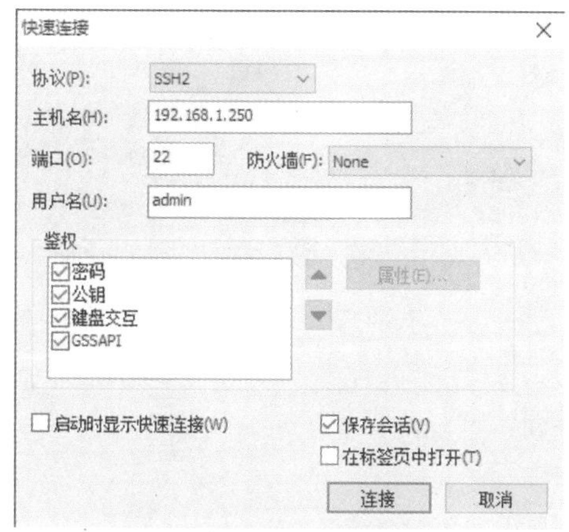

图 10-15　SSH 参数设置

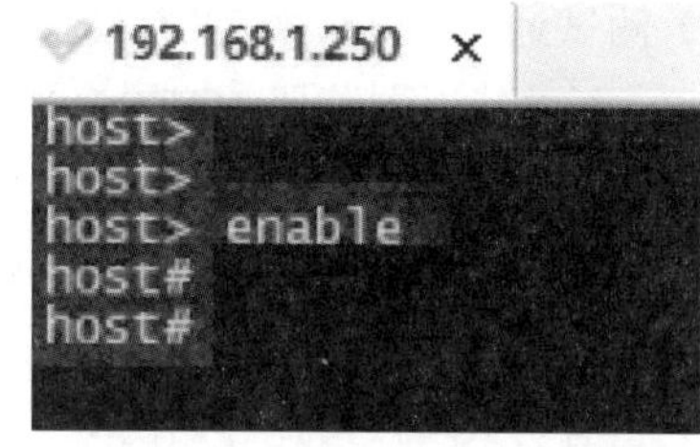

图 10-16　防火墙命令行管理界面

通过 SSH、Telnet 和 Console 登录并管理防火墙，命令行操作都是相同的。

10.4　管理防火墙相关实验

使用 Console 管理防火墙需在命令行下输入命令，通过浏览器管理防火墙则需要在浏览器上登录 HTTPS，而 SSH 管理防火墙则需要在接口下开启 SSH。

10.4.1　通过 Console 管理防火墙实验

【实验拓扑】

通过 Console 管理防火墙，需要使用 Console 线连接防火墙的 Console 口，如图 10-17 所示。

PC:
100.1.101.100
网线
ge0/1
100.1.101.1
防火墙
Console口
Console线

图 10-17　通过 Console 管理防火墙

【实验目标】

练习并掌握通过 Console 管理防火墙。

【实验步骤】

通过 Console 管理防火墙的实验步骤如下：

1）输入用户名/密码登录防火墙命令行管理界面。

2）进入特权模式。

3）进入全局模式。

4）进入接口模式。

5）按要求给防火墙配置 IP 地址。

6）开启防火墙的 ping 和 HTTPS 管理方式。

7）测试，实验 PC 与防火墙之间能够 ping 通。

10.4.2　通过浏览器管理防火墙实验

【实验拓扑】

通过浏览器管理防火墙，需要计算机使用网线连接防火墙的网口，如图 10-18 所示。

【实验目标】

练习并掌握通过浏览器管理防火墙。

【实验步骤】

通过浏览器管理防火墙的实验步骤如下：

防火墙
ge0/1
网线
PC

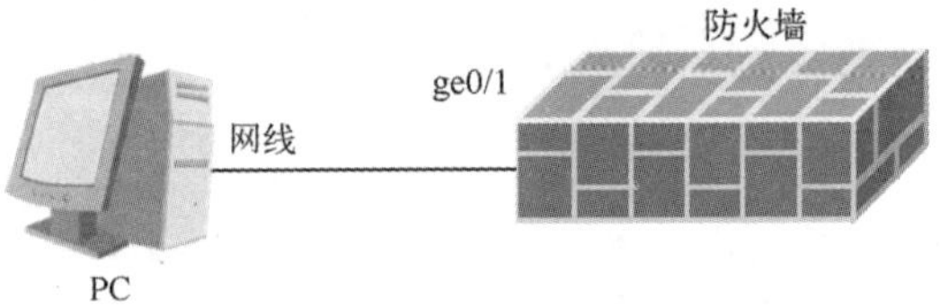

图 10-18　通过浏览器管理防火墙

1）测试通过 Console 管理防火墙配置的 IP 地址，可以使用浏览器 HTTPS 的方式管理防火墙。

2）输入用户名/密码登录防火墙的 Web 管理界面。

3）查看防火墙 Web 界面的各级管理目录。

4）查看防火墙接口，开启防火墙的 SSH 管理方式。

5）了解在 Web 界面下如何保存防火墙配置。

6）了解在 Web 界面下如何恢复防火墙出厂设置。

10.4.3　通过 SSH 管理防火墙实验

【实验拓扑】

通过 SSH 管理防火墙，需要使用网线连接防火墙的网口，如图 10-19 所示。

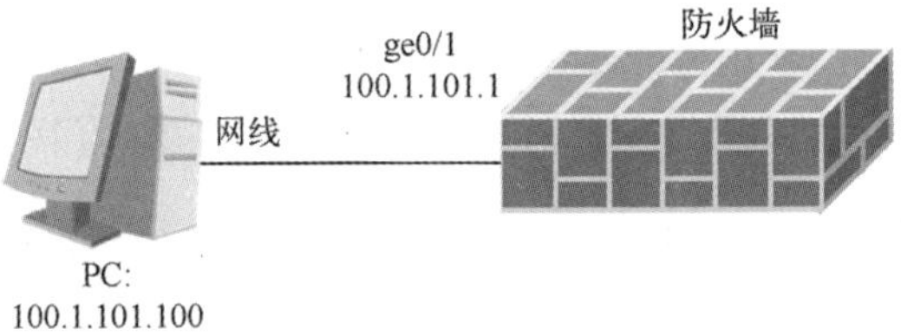

防火墙
ge0/1
100.1.101.1
网线
PC:
100.1.101.100

图 10-19　通过 SSH 管理防火墙

【实验目标】

练习并掌握通过 SSH 管理防火墙。

【实验步骤】

在上个实验中，已经开启了防火墙的 SSH 管理方式，接下来使用管理工具（如 SecureCRT）通过 SSH 的方式管理防火墙。

通过 SSH 管理防火墙的实验步骤如下：

1）了解在命令行下如何查看当前配置。

2）了解在命令行下如何保存防火墙配置。

3）了解在命令行下如何恢复防火墙出厂设置。

本章小结

本章详细介绍了管理防火墙设备的 3 种方式（浏览器、Console、SSH），以及不同管理方式的特点。浏览器管理防火墙时，通过防火墙 ge0/0 接口的默认 IP 地址登录 Web 管理页面。用户通过浏览器对防火墙进行配置和管理，这种方式易用性高，便于使用。而在防火墙出现异常导致无法登录等特殊情况时，可通过 Console 对防火墙进行管理。Console 方式下需通过命令行对防火墙进行配置，因此需掌握防火墙命令行的几种模式和常用命令。此外，SSH 也是防火墙常用的一种管理方式，需要开启防火墙的 SSH 管理访问方式，才能通过 SSH 成功连接防火墙。

第 11 章 防火墙透明模式实验

本章主要介绍透明模式防火墙的配置步骤和方法，包括接口配置、透明桥配置、安全策略配置、安全防护策略配置，以及日志和带外、带内管理配置，最后动手做一个透明模式的实验。

学习透明模式防火墙的配置之前，先要熟悉一下透明模式的常见组网，如图 11-1 所示。

在常用的透明模式环境下，防火墙需要按照图 11-2 的流程配置。

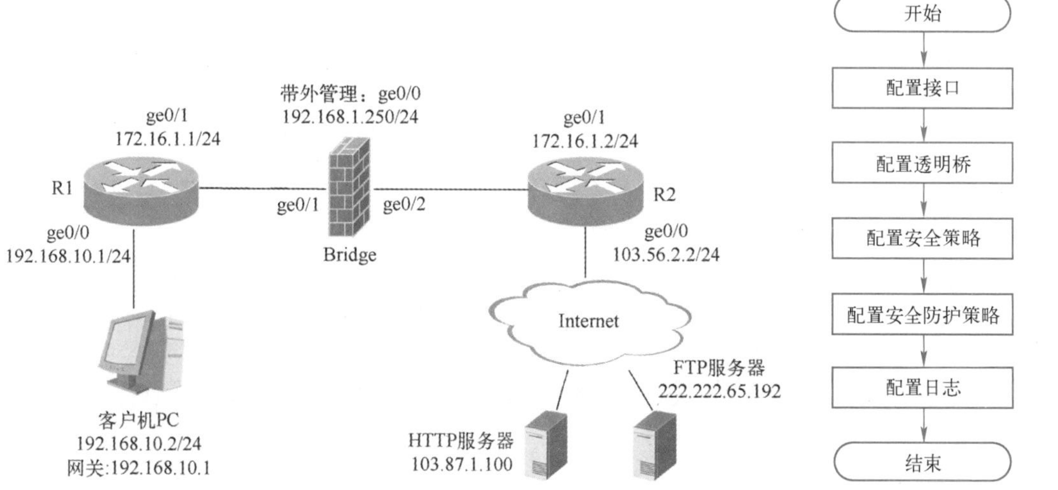

图 11-1　透明模式防火墙常见组网

图 11-2　透明模式防火墙配置流程

11.1　配置接口

配置防火墙时，通常首先进行接口方面的配置，如物理接口的 IPv4 地址或 IPv6 地址、管理状态、允许的管理访问协议、VLAN、透明桥等。

11.1.1　配置物理接口

按照图 11-1 的组网方式，将防火墙的 ge0/1 和 ge0/2 分别与两台路由器相连，通过浏览器 HTTPS 方式登录防火墙，选择“网络”→“接口”→“物理接口”选项，如图 11-3 所示，可以查看物理链路的状态，包括 IP 地址、MAC 地址、速率、双工模式、管理状态、VLAN 数量、链路聚合状态等信息。

通过查看接口 ge0/1 和 ge0/2，可以看到两个接口的状态为 Up，速率为 1000Mbit/s，管理状态是 Up，所属 VLAN 的数量为 0，并且接口没有加入链路聚合。接口数量与具体的防火墙型号相关，编号从 ge0/0 开始依次递增。如果有独立的 MGT 口，那么 MGT 口是带外管理口，否则 ge0/0 为默认的带外管理口，默认地址是 192.168.1.250/24，允许 HTTPS 和 ping 访问。

因为后续会加入透明桥接口，所以物理接口不需配置 IP 地址。如果物理接口存在 IP 地址，那么当加入透明桥后，物理接口的 IP 地址会被删除。

链路状态	名称	IP 地址	MAC 地址	速率	双工模式	管理状态	VLAN 数量	链路聚合
●	ge0/0(ge0/0)	192.168.1.250/24	00-0e-a3-00-00-d0	1000	FULL	UP	0	
●	ge0/1(ge0/1)		00-51-82-11-22-02	1000	FULL	UP	0	
●	ge0/2(ge0/2)		00-51-82-11-22-03	1000	FULL	UP	0	
●	ge0/3(ge0/3)		00-51-82-11-22-04	N/A	N/A	UP	0	
●	ge0/4(ge0/4)		00-51-82-11-22-05	N/A	N/A	UP	0	
●	ge0/5(ge0/5)		00-51-82-11-22-06	N/A	N/A	UP	0	
●	ge_lte(ge_lte)		ee-41-52-36-2a-3e	N/A	N/A	UP	0	
●	ge_wlan(ge_wlan)	192.168.0.1/24	d8-61-62-ef-e5-4c	N/A	N/A	UP	0	

显示第 1 至 8 项记录，共 8 项

图 11-3　接口界面

11.1.2　配置聚合接口

在某些情况下需要用到链路聚合接口，例如为了增加带宽，防火墙将接口 ge0/1、ge0/2 加入捆绑组 tvi1 与路由器 R1 相连，将 ge0/3、ge0/4 加入捆绑组 tvi2 与路由器 R2 相连。

选择“网络”→“接口”→“聚合链路”选项，如图 11-4 所示。创建 tvi1 捆绑组，组号为 1，在“配置”→“接口选择”→“可选接口”列表中选择 ge0/1 和 ge0/2 加入“成员接口”。和物理接口一样，因为后续会加入透明桥接口，所以不需要配置 IP 地址。

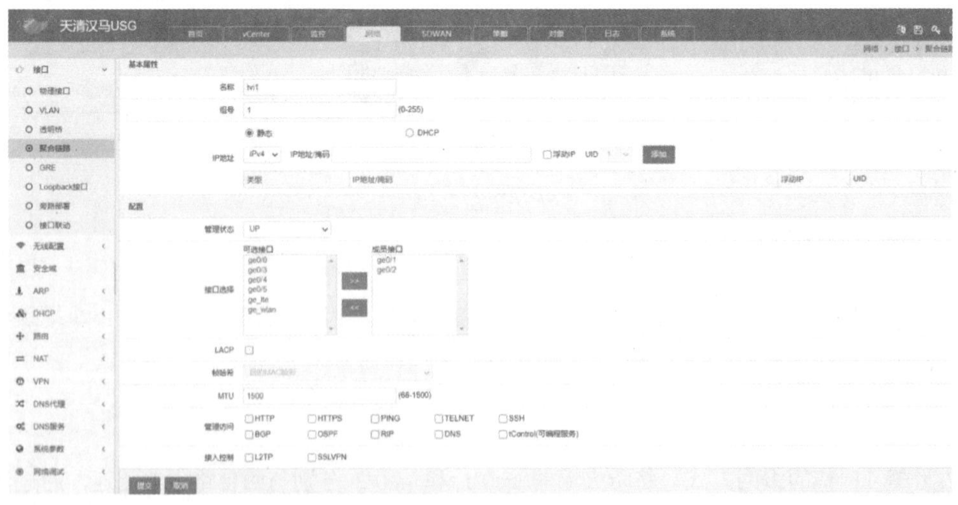

图 11-4　创建捆绑组

以此类推，创建 tvi2 捆绑组，组号为 2，并将 ge0/3 和 ge0/4 加入捆绑组。创建完后查看捆绑组配置，如图 11-5 所示。

图 11-5　查看捆绑组配置

11.2　配置透明桥

防火墙透明模式有两种实现方式，一种是配置 VLAN 接口的方式（类似交换机的二层 VLAN），还有一种是配置透明桥接口的方式。下面分别介绍这两种接口的配置。

11.2.1　配置 VLAN 接口

选择“网络”→“接口”→“VLAN”→“新建”选项，创建 VLAN 接口，如图 11-6 所示。配置 VLAN 名称为 VLAN_100，VLAN ID 为 100，将 ge0/1 和 ge0/2 以 UnTagged 的方式加入 VLAN_100，并且为了实现透明桥的功能，需要开启“透明传输”。开启“透明传输”后，VLAN 接口就成为透明桥接口，对于收到的携带各种 Tag 的报文都会进行转发，而不检查本地 VLAN 的 Tag 和报文携带 Tag 的关系。

图 11-6　新建 VLAN 接口

属性说明：

名称：VLAN 名称。

Tag：VLAN 的 ID 号。

静态：通过手工配置的方式设置接口的 IP 地址。

IP 地址/掩码：接口 IP 地址，可选择 IPv4、IPv6，输入 IP 地址并单击“添加”按钮生效。

浮动 IP：是否是浮动 IP。

UID：HA 单元 ID。

DHCP：通过 DHCP 的方式获取接口的 IP 地址。

管理状态：VLAN 启用或关闭，可选 Up、Down。

可选接口：设备中可以加入 VLAN 的物理接口。

UnTagged 接口：以 UnTagged 方式加入 VLAN 的物理接口。

Tagged 接口：以 Tag 方式加入 VLAN 的物理接口，启用 802.1Q 协议。

MTU：VLAN 接口的 MTU 值，范围为 68～1500。

管理访问：配置该接口地址上允许访问的服务类别。

透明传输：开启 VLAN 透明传输 Tag 功能，需要将 VLAN 下的接口以 UnTagged 方式加入 VLAN，然后开启这个选项，这样就可以透明传输所有 VLAN Tag。

创建完成的 VLAN 接口如图 11-7 所示。

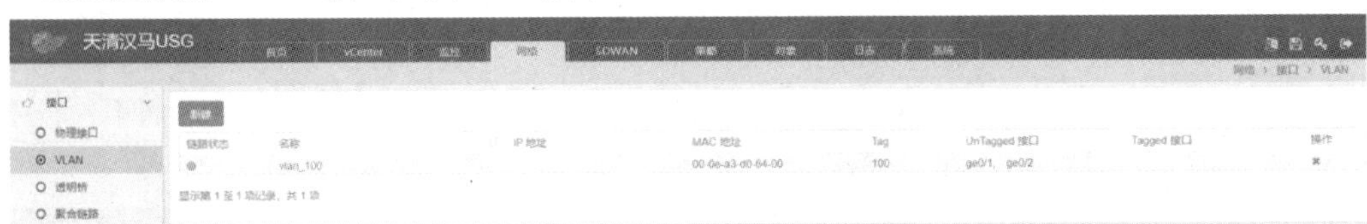

图 11-7　VLAN 接口

11.2.2　配置透明桥接口

选择“网络”→“接口”→“透明桥”→“新建”选项，创建透明桥接口，如图 11-8 所示。创建桥组的名称为 bvi1，桥组号为 1，选择 ge0/1 和 ge0/2 加入桥。

参数说明：

名称：桥接口名称。

桥组号：桥接口组号。

静态：通过手工配置的方式设置桥接口的 IP 地址。

IP 地址/掩码：桥接口 IP 地址，可选择 IPv4/IPv6，输入 IP 地址并单击“添加”按钮生效。

浮动 IP：是否是浮动 IP。

UID：HA 单元 ID。

DHCP（自动获取 IP）：通过 DHCP 的方式获取桥接口的 IP 地址。

管理状态：桥接口启用或关闭，可选 Up、Down。

接口选择：设备中可以加入透明桥的物理接口。

MTU：桥接口的 MTU 值，范围为 68～1500。

管理访问：配置该接口地址上允许访问的服务类别。

VLAN 透明传输：透明桥中允许透明传输报文的 VLAN ID，不配置 VLAN 透明传输功能时，默认允许所有携带 Tag 的流量和不携带 Tag 的报文通过。例如输入 1、100～200、1024，那么透明桥只允许 VLAN Tag 为 1、100～200 和 1024 的报文通过，携带其他 Tag 的报文将被丢弃。无论该功能是否配置，透明桥都允许所有不带 Tag 的报文通过。

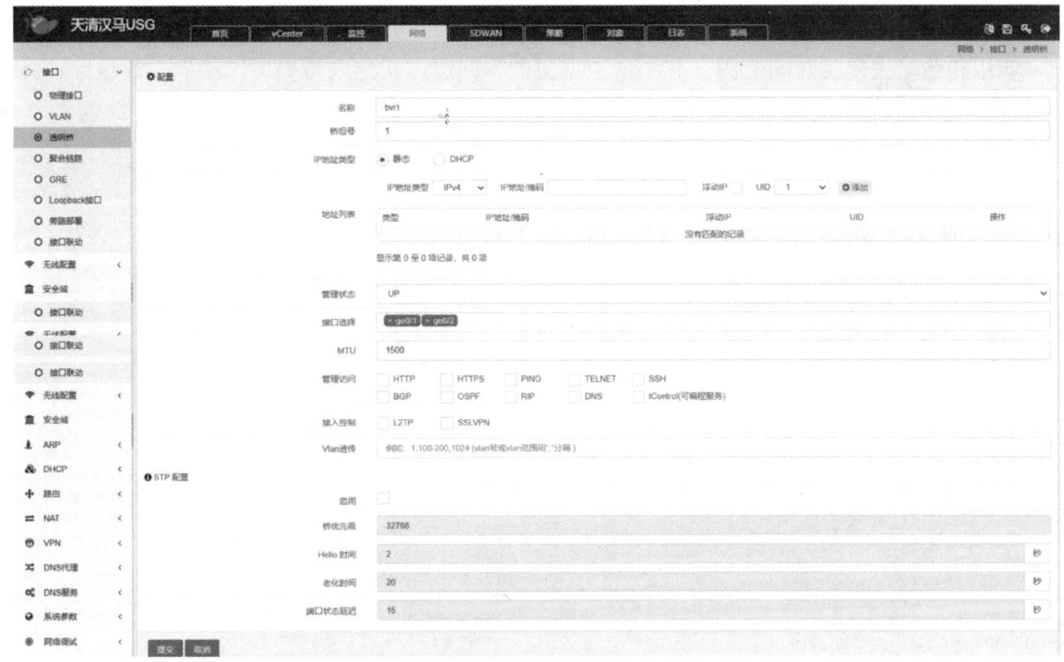

图 11-8　创建透明桥接口

启用：默认关闭，在复杂的网络环境中，为了避免环路，需要开启 STP 功能。

桥优先级：桥接口在 STP 树中的桥优先级，范围为 0～61440。

Hello 时间：桥接口发送 STP BPDU 报文间隔，范围为 1～10 秒。

老化时间：STP 状态超过老化时间未更新，认为拓扑改变，范围为 6～40s。

端口状态延迟：端口状态变换的时延，范围为 4～30s。

配置完成后，查看透明桥的配置，如图 11-9 所示。

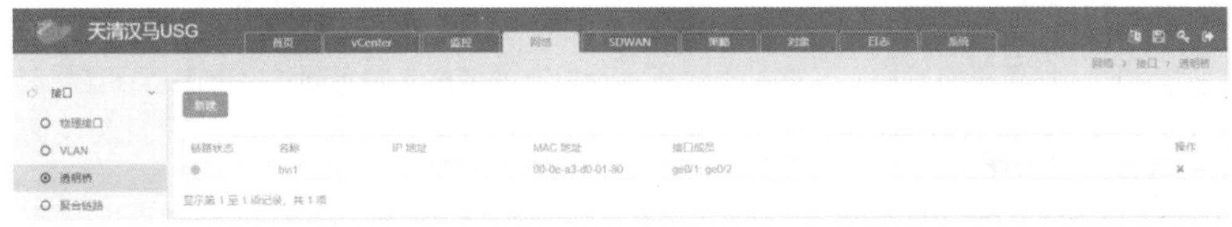

图 11-9　查看透明桥配置

到此，接口部分的配置完成。虽然接口已经加入桥组，但是网络还是无法通信，因为防火墙默认拒绝所有非允许的报文，因此需要根据需求配置安全策略。下节介绍防火墙的安全策略的配置。

11.3　配置安全策略

11.3.1　配置全通策略

为了简单实现两台 PC 通过防火墙的透明桥互相通信，可以配置一条全通策略，选择“策略”→“防火墙”→“策略”→“新建策略”选项，创建安全策略，如图 11-10 所示。防火墙策略的基本要素是匹配条件和动作。匹配条件包括数据流的方向、源地址、目标地址、服务、用户、应用和策略生效的时间范围。其中，数据流的方向通过指定入接口、出接口、源地址、目标地址来确定，服务、用户、应用和时间范围都可以直接引用已定义的对象。策略的动作有PERMIT、DENY，不同的动作下又有不同的可选配置，从而决定对符合匹配条件的数据流实现哪些业务。

因为是全通策略，所以接口、地址对象、服务对象、用户、应用都选择 any。

图 11-10　创建安全策略

参数说明：

名称：防火墙策略的名称，名称可不配置。若指定了名称，则不同策略的名称不能重复。

入接口/安全域：数据流的流入方向，可以指定某个特定接口，也可以指定多个接口，any 表示所有接口。

出接口/安全域：数据流的流出方向，可以指定某个特定接口，也可以指定多个接口，any 表示所有接口。

源地址：数据流的源地址，可以引用已定义的某个或者多个地址对象或地址对象组，any 表示源地址可以匹配所有对象。

目标地址：数据流的目标地址，可以引用已定义的某个或者多个地址对象或地址对象组，any 表示目标地址可以匹配所有对象。

服务：数据流的服务属性，包括协议、源端口和目标端口，可以引用某个或者多个系统预定义服务、自定义的服务对象或服务对象组，any 表示服务可以匹配所有对象。

用户：数据流的用户属性，可以引用某个或者多个已定义的认证用户或用户组，any 表示可以匹配所有用户对象。

应用：数据流的应用属性，可以引用某个或者多个系统预定义应用、自定义的应用对象或应用对象组，any 表示可以匹配所有应用。

时间：策略生效的时间，可以引用某个或者多个已配置的时间对象，always 表示所有时间。

动作：对符合匹配条件的数据流执行的动作，PERMIT 为允许，DENY 为拒绝。

流量统计：只有当策略动作为允许时才可配置，用于统计匹配该策略的流量，可在“监控”→“会话”→“流量统计”→“基于防火墙策略”中进行查看。

日志：启用日志功能。当策略动作为允许时，可以选择记录会话开始和会话结束的日志；当策略动作为拒绝时，可以记录匹配该拒绝动作的日志。

会话超时时间：匹配该策略会话的超时时间。未配置时，会话保持系统默认的协议的超时时间。

策略组：策略所属的策略组。

描述：防火墙策略的描述，长度限制为 127 个字符，可不配置。

需要注意：

创建一条新的防火墙策略时，引用的地址对象类型必须和当前策略协议类型匹配。

防火墙策略的每个匹配都可以引用多个对象，上限为 16 个。

系统会自动生成防火墙策略的 ID 号。策略 ID 是防火墙策略的唯一标识。不同协议类型的防火墙策略的 ID 是相互独立的。

配置完成后，查看新建的全通安全策略，如图 11-11 所示。

图 11-11 查看全通安全策略

11.3.2 配置地址对象

通过本章前面小节内容的配置，两台 PC 已经可以互相通信，但是在实际的网络环境中是不允许这么配置的，因为违背了防火墙安全原则，攻击者会混在正常的流量中通过防火墙，因此需要对安全策略的匹配条件进行细化。首先细化的目标就是源 IP 地址和目标 IP 地址，细化的方法就是配置地址对象。地址对象可以被很多功能引用，如 NAT、安全策略、防护策略等。

选择“对象”→“地址对象”→“地址节点”→“新建”选项，创建地址对象，如图 11-12 所示。创建地址对象时，地址节点类型可以选择 IPv4、IPv6、MAC、IP+MAC 这 4 种，成员可以选择主机、子网、范围和 ISP 地址库（ISP 库是指运营商的地址库，如电信 ISP 地址库、联通 ISP 地址库等）4 种类型。如果想排除某个地址，则可以在排除列表中加入指定的地址。

参数说明：

名称：为新建地址节点设置名称，不得超过 63 个字符。

描述：对新建地址节点做描述，不得超过 127 个字符。

类型：地址节点可分为 IPv4 类型、IPv6 类型、MAC 类型以及 IP+MAC 类型。

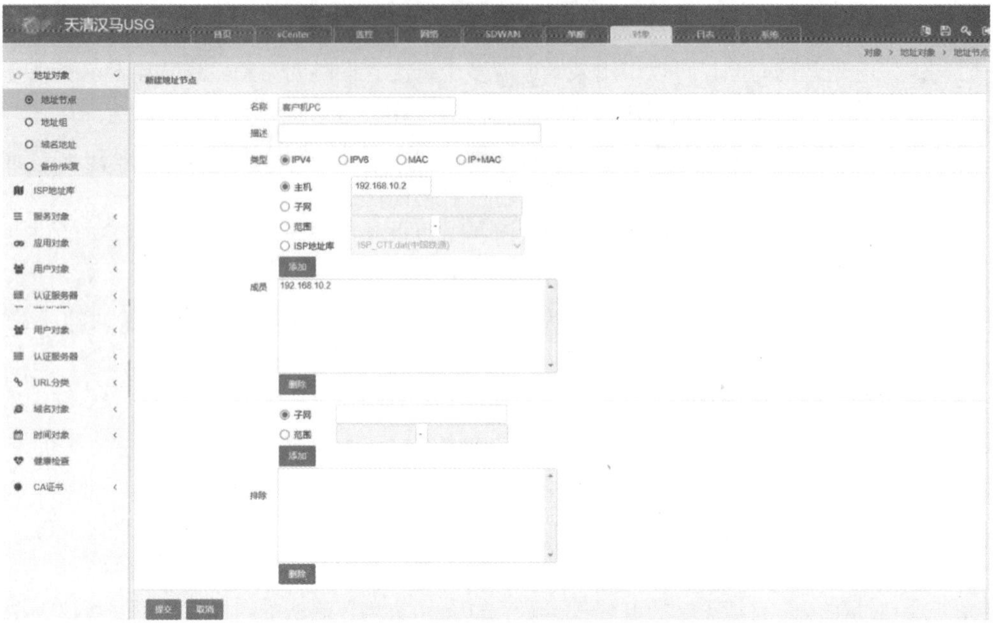

图 11-12　创建 IPv4 地址对象

主机：主机 IPv4 地址。

子网：IPv4 网段地址。

范围：IPv4 地址池范围。

ISP 地址库：IPv4 的 ISP 地址库。

排除：该地址节点中排除的成员。

除了 IPv4 类型的地址对象外，MAC 类型和 IP+MAC 类型也是透明模式常用的地址对象类型。因为透明模式通过 MAC 地址转发，所以控制 MAC 的场景也很常见。创建 MAC 地址对象及 IP+MAC 地址对象如图 11-13 和图 11-14 所示。

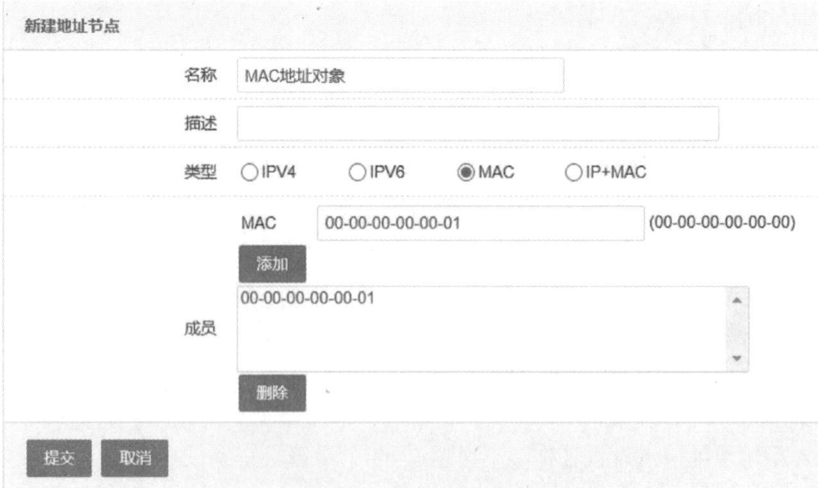

图 11-13　创建 MAC 地址对象

新建地址节点

名称　IPMAC地址对象

描述

类型　○IPV4　○IPV6　○MAC　◉IP+MAC

主机IP　192.168.10.33

MAC　00-00-00-00-00-02　(00-00-00-00-00-00)

添加

成员　192.168.10.33 00-00-00-00-00-02

删除

提交　取消

图 11-14　创建 IP+MAC 地址对象

创建完成后的地址对象如图 11-15 所示。

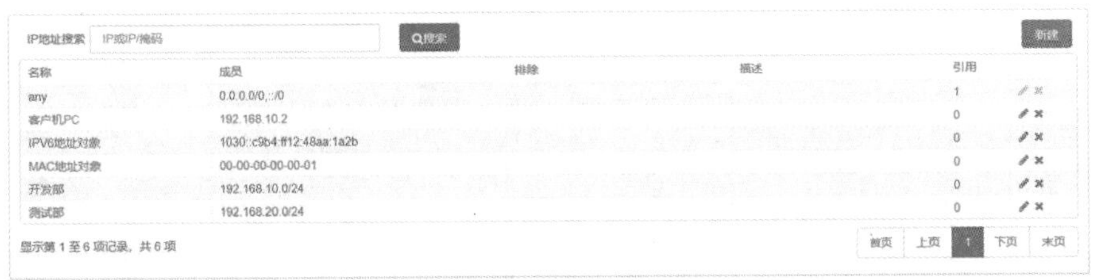

IP地址搜索　IP或IP/掩码　搜索　新建

名称	成员	排除	描述	引用
any	0.0.0.0/0,::/0			1
客户机PC	192.168.10.2			0
IPV6地址对象	1030::c9b4:ff12:48aa:1a2b			0
MAC地址对象	00-00-00-00-00-01			0
开发部	192.168.10.0/24			0
测试部	192.168.20.0/24			0

显示第 1 至 6 项记录，共 6 项　首页　上页　1　下页　末页

图 11-15　地址对象

因为安全策略最大支持配置 16 个地址对象，在某些大型的网络场景下，地址对象无法支撑用户的网络规模，所以需要对地址进行分组，例如，将相同安全属性的“开发部”地址对象和“测试部”地址对象都加入“研发部”地址组。这样就可以只对地址组配置放行策略，而无须重复对两个地址对象分别配置放行策略，如图 11-16 所示。选择“对象”→“地址对象”→“地址组”→“新建”选项，创建地址组，将“测试部”和“开发部”放入“已选”框内，单击“提交”按钮。

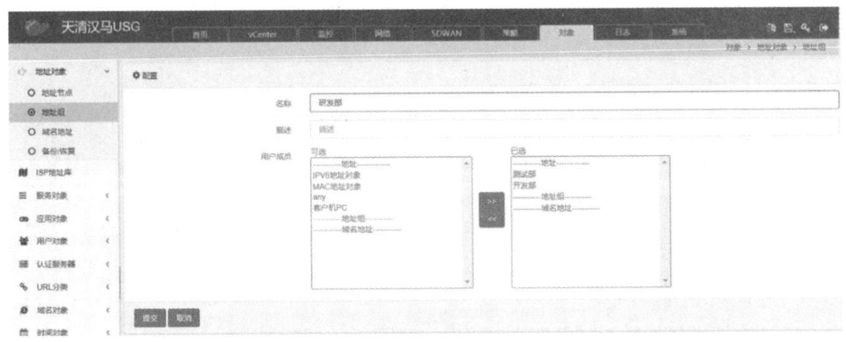

图 11-16　创建地址组

11.3.3　配置服务对象

除了细化地址的匹配条件外，还需要细化服务对象，防火墙内置了大约 89 个预定义服务。如果服务是标准的端口，那么可以直接在安全策略中选择预定义服务。选择“对象”→“服务对

象”→“预定义服务”选项，查看预定义服务，如图 11-17 所示。

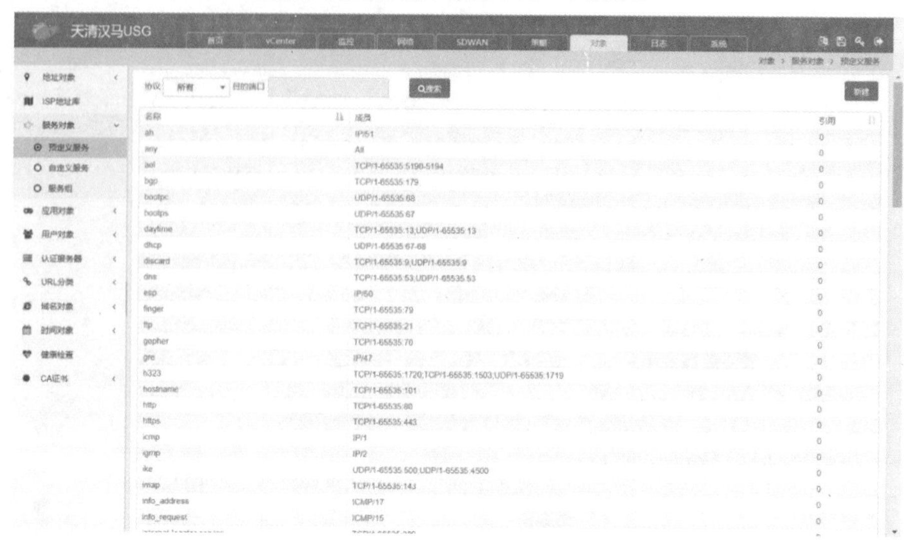

图 11-17　查看预定义服务

如果目标主机开放的服务不是标准端口，则可以创建自定义服务对象，选择“对象”→“服务对象”→“自定义服务”→“新建”选项，创建自定义服务对象，如图 11-18 所示。

图 11-18　创建自定义服务对象

参数说明：

名称：为新建自定义服务设置名称。

描述：对新建自定义服务做描述。

协议：可以自定义的服务协议（TCP、UDP、ICMP、IP）。

源端口：协议源端口号。

目的端口：协议目标端口号。

提交后，可以查看配置的自定义服务对象，如图 11-19 所示。

11.3.4　配置细化策略

已经创建了地址对象和服务对象，就可以对安全策略进行细化。细化的原则在基础篇介绍过，要遵循最小化访问控制的规则细化地址和服务对象。按照透明模式防火墙设计的组网，只允许客户机 PC 访问外部的 HTTP 服务器和 FTP 服务器，阻断这两个服务之外的所有流量。

图 11-19 查看自定义服务对象

选择“策略”→“防火墙”→“策略”→“新建”选项，创建两条细化的安全策略，分别允许客户机 PC 访问 HTTP 服务器和 FTP 服务器，如图 11-20 和图 11-21 所示。在透明模式下，如果透明桥内部只有两个接口，即入接口和出接口，则一般选择桥自身，也可以选择具体的接口。如果选择接口，就要明确流量发起的方向，否则会导致流量中断。相比选择桥自身，选择具体的接口在配置上相对复杂，此处不再赘述。

查看细化的安全策略，如图 11-22 所示。

图 11-20 创建允许访问 HTTP 服务器的细化的安全策略

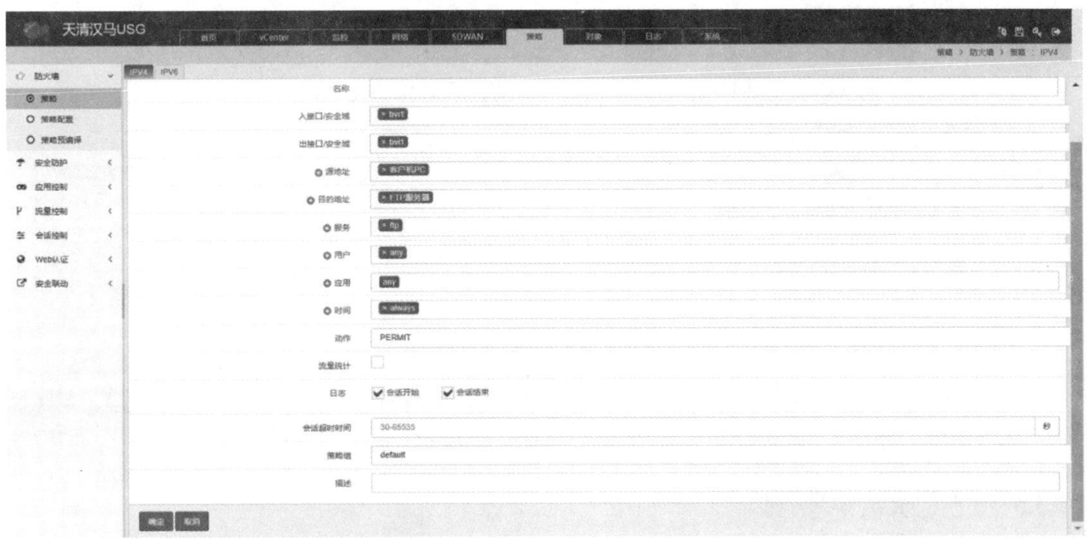

图 11-21 创建允许访问 FTP 服务器的细化的安全策略

IPV4 IPV6

策略组 接口对 条件过滤 全部展开 全部折叠 策略检测 重置命中数 刷新 新建策略 新建策略组

ID	名称	源 接口/安全域	源 地址	源 用户	目的 接口/安全域	目的 地址	服务	应用	时间	动作	启用	命中	当前连接数	操作
default (2)														
1		bvi1	客户机PC	any	bvi1	HTTP服务器	http	any	always			0	0	
2		bvi1	客户机PC	any	bvi1	FTP服务器	ftp	any	always			0	0	

显示第 1 至 2 项记录，共 2 项　首页 上页 1 下页 末页

图 11-22　查看细化的安全策略

安全策略是按照顺序匹配的，因此为了让策略按照需求正确地匹配，需要调整防火墙策略的顺序。以图 11-23 为例，策略 ID 3 是拒绝客户机 PC 访问所有地址的 DENY 策略，按照匹配顺序，策略 ID 1 和策略 ID 2 将无法命中。为了达到放行客户机 PC 访问 HTTP 和 FTP 服务器的目的，需要将策略 ID 3 下移到策略 ID 2 之后，如图 11-24 所示。单击策略最右侧“操作”的“移动”✥按钮，输入希望移动的位置，移动完成后的策略顺序如图 11-25 所示。

天清汉马USG　首页 vCenter 监控 网络 SDWAN 策略 对象 日志 系统

策略 > 防火墙 > 策略 > IPV4

IPV4 IPV6

策略组 接口对 条件过滤 全部展开 全部折叠 策略检测 重置命中数 刷新 新建策略 新建策略组

ID	名称	源 接口/安全域	源 地址	源 用户	目的 接口/安全域	目的 地址	服务	应用	时间	动作	启用	命中	当前连接数	操作
default (3)														
3		bvi1	客户机PC	any	bvi1	any	any	any	always			0	0	
1		bvi1	客户机PC	any	bvi1	HTTP服务器	http	any	always			0	0	
2		bvi1	客户机PC	any	bvi1	FTP服务器	ftp	any	always			0	0	

显示第 1 至 3 项记录，共 3 项　首页 上页 1 下页 末页

图 11-23　错误的策略顺序

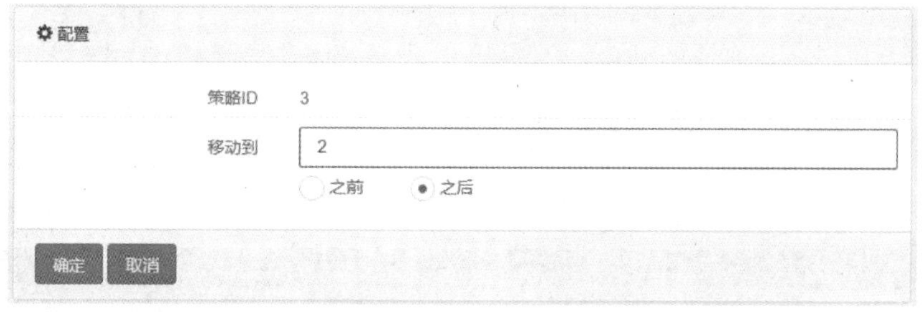

图 11-24　将策略 ID 3 移动到策略 ID 2 之后

IPV4 IPV6

策略组 接口对 条件过滤 全部展开 全部折叠 策略检测 重置命中数 刷新 新建策略 新建策略组

ID	名称	源 接口/安全域	源 地址	源 用户	目的 接口/安全域	目的 地址	服务	应用	时间	动作	启用	命中	当前连接数	操作
default (3)														
1		bvi1	客户机PC	any	bvi1	HTTP服务器	http	any	always			0	0	
2		bvi1	客户机PC	any	bvi1	FTP服务器	ftp	any	always			0	0	
3		bvi1	客户机PC	any	bvi1	any	any	any	always			0	0	

显示第 1 至 3 项记录，共 3 项　首页 上页 1 下页 末页

图 11-25　移动完成的策略顺序

每条策略的“操作”除了✥（移动）外，还支持（编辑）、（重置统计次数）、（插入）、✖（删除）和（会话监控），此处不再赘述，可以自己动手实验。

11.3.5　配置默认策略

到目前为止，细化的策略分别放行了客户机 PC 访问 HTTP 服务器和 FTP 服务器的请求。对

于其他业务流量的处理，可以通过默认策略来进行。

选择“策略”→“防火墙”→“策略配置”选项，如图 11-26 所示。在图 11-26 中，默认开启“策略匹配”，策略的默认动作是 DENY。如果关闭“策略匹配”，那么将放行所有流量。如果选择 PERMIT，那么策略的默认动作将是放行。默认策略的含义是指，当流量抵达防火墙后，防火墙将根据匹配条件从上到下遍历所有的安全策略，如果没有任何一条策略被命中，那么就会匹配默认策略。默认策略在策略列表中最后的位置。

图 11-26　默认策略配置

11.4　配置安全防护策略

介绍入侵防御和病毒防护等安全功能的配置之前先介绍安全防护策略的整体配置框架，如图 11-27 所示。防护策略需要通过五元组进行入侵防护、病毒防护、攻击防护和 Web 防护的对象定义。针对每类防护，在各自的配置页面进行配置，之后防护策略引用相应的配置文件。而 DoS 防护、ARP 防护和黑名单是全局生效，无须和具体的防护策略关联。

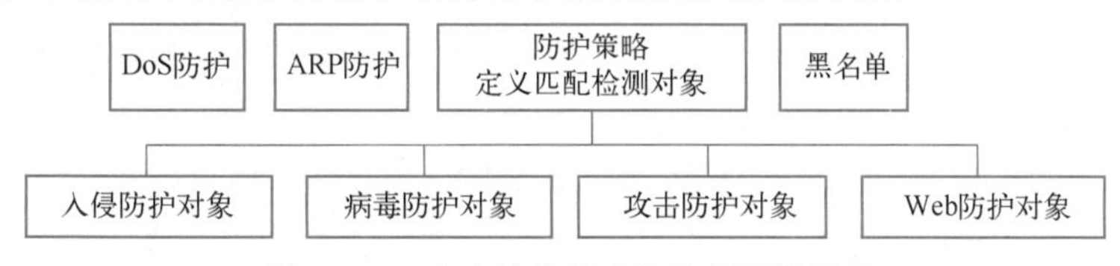

图 11-27　安全防护策略的整体配置框架

11.4.1　配置防护策略

首先介绍防护策略的配置。选择“策略”→“安全防护”→“防护策略”→“新建”选项，如图 11-28 所示。

参数说明：

入接口/安全域：数据流的流入方向，可以指定某个特定接口，any 表示所有接口。

源地址：数据流的源地址，可以引用已定义的某个地址对象或地址对象组，any 表示源地址为任意。

目标地址：数据流的目标地址，可以引用已定义的某个地址对象或地址对象组，any 表示目标地址为任意。

服务：数据流的服务属性，包括协议、源端口和目标端口，可以引用系统预定义服务、自定义的服务对象或服务对象组，any 表示服务为任意。

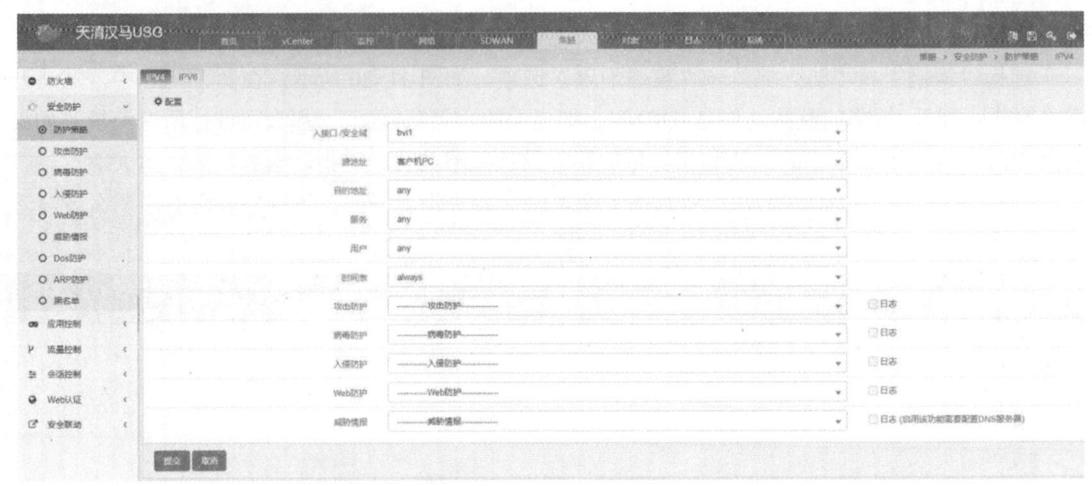

图 11-28　新建防护策略

用户：用户对象，可以引用已定义的某个用户对象，any 表示用户对象为任意。

时间表：策略生效的时间，可以引用已配置的时间对象，always 表示所有时间。

攻击防护：开启攻击防护，对匹配的报文进行控制，防止 Flood 攻击和防止扫描。

病毒防护：针对内外网入口处进行实时的病毒扫描，实现工作站被动防御病毒之外的主动病毒防御，并提供文件扫描目的。

入侵防护：入侵防御可以检测到特定的网络行为，并可以选择放行、阻断、阻断源 IP 等动作，以达到保护网络的目的。

Web 防护：Web 防护主要针对 XSS 攻击和 SQL 注入攻击进行防御，并根据预设的动作进行阻断或者放行。

威胁情报：威胁情报通过云端检查报文的 IP 和域名信息，得到主机的威胁情况，并根据预设的动作进行阻断或者放行。

日志：配置安全防护策略中各防护模块的日志过滤，支持日志信息以本地存储、Syslog 服务器（日志控制中心）及 E-mail 这 3 种方式进行记录，每种方式都可以配置过滤的等级。当产生的日志高于或等于配置的过滤等级时，才会输出日志信息。

11.4.2　配置入侵防护

选择“策略”→“安全防护”→“入侵防护”→“事件集”选项，可以查看系统默认预置的几类事件集，如图 11-29 所示。

参数说明：

All：除网络娱乐类之外的事件。

Mid_high：包含中高级事件。

Zombie_Worm_Trojan：包含僵尸、木马、蠕虫事件。

Web-set：网页相关的攻击事件。

根据用户网络情况的不同，可以直接选择这些预定义的事件集。单击“All”标签右侧操作部分中的☰（详细）按钮，可以查看事件集中具体包含了哪些事件，如图 11-30 所示。事件集的详细内容以目录结构展示，每一类事件都包含若干具体事件。如“木马后门（1796）”，后面的数字代表了包含事件的数量。单击具体的事件名称，可以查看事件的说明，例如查看“穷举探测（3）”下的“TCP_Microsoft_RDP 登录_DuBrute”事件，如图 11-31 所示。

图 11-29　查看系统默认预置的事件集

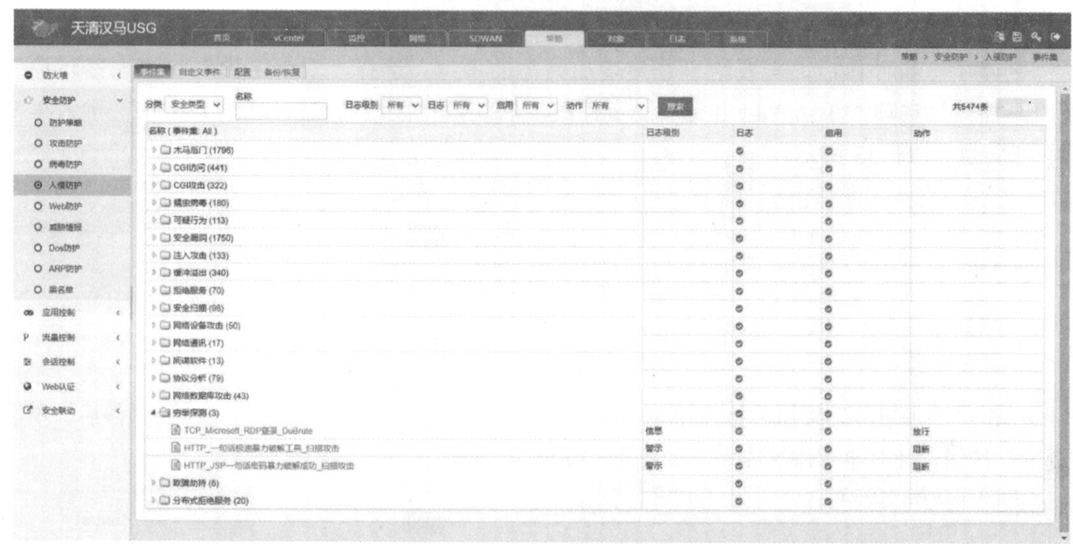

图 11-30　All 事件集中的事件

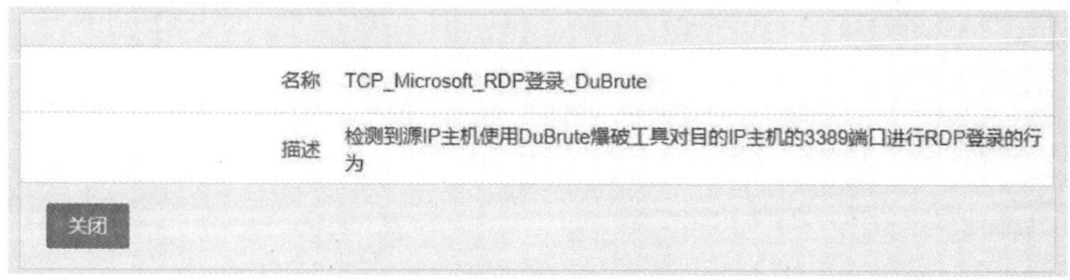

图 11-31　查看事件说明

预定义事件集中的事件不能修改，当需要调整某个事件的动作时，就需要创建自定义事件集，创建的方法有以下两种。

方法 1：

选择“安全防护”→“入侵防护”→“事件集”→“新建”选项，创建自定义事件集，按图 11-32 所示进行配置，单击“提交”按钮，便可创建一个名称为“自定义入侵事件集”的事件集。到目前为止，只创建了一个空的事件集。防护等级可以选择“高”“中”“低”，后续增加的事件会按照相应的防护等级设置处理动作。例如等级为低，某些事件的动作就会设置为“放行”；当等级为高时，动作就为“阻断”。

事件集 自定义事件 配置 备份/恢复

配置

名称 自定义入侵事件集

描述

防护等级 低

每个事件针对不同的防护等级有对应的处理动作

防护等级	描述
高	事件按照"高"防护等级的动作进行处理
中	事件按照"中"防护等级的动作进行处理
低	事件按照"低"防护等级的动作进行处理

提交 取消

图 11-32　创建自定义事件集

创建了空事件集后，需要给事件集增加具体的事件。选择“安全防护”→“入侵防护”→“事件集”选项，单击“自定义入侵事件集”右侧操作区域的（详细）按钮，进入事件集内部，如图 11-33 所示。

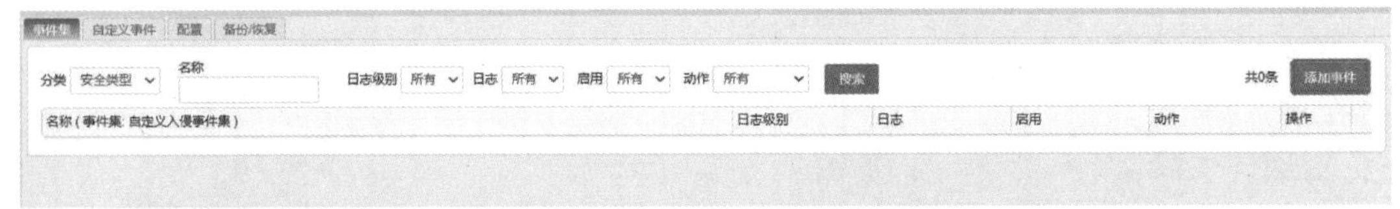

图 11-33　事件集内部

单击“添加事件”按钮，打开图 11-34 所示的界面，在列表中选择希望添加的事件后，单击“提交”按钮，此时事件添加成功，如图 11-35 所示。

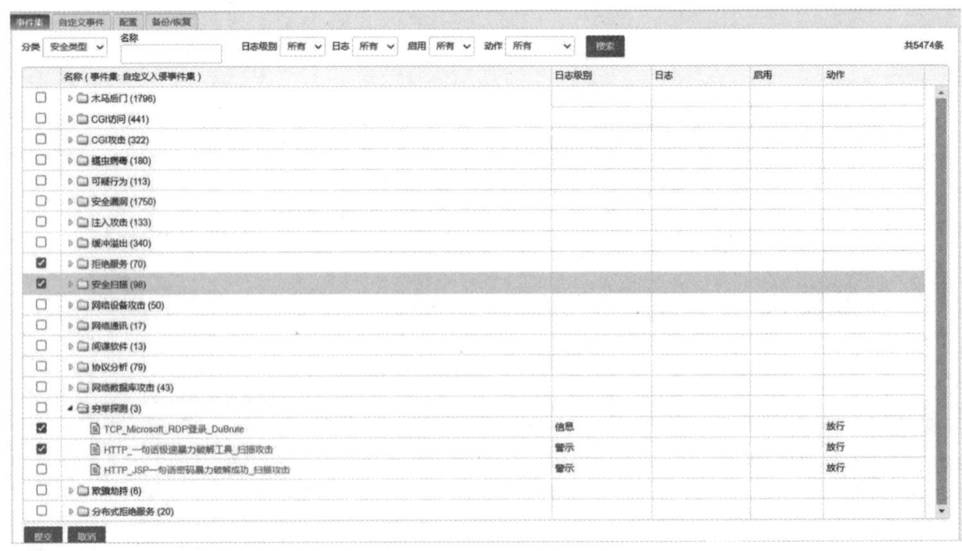

图 11-34　添加事件界面

图 11-35　事件添加成功

方法 2：

选择“安全防护”→“入侵防护”→“事件集”选项，在打开的界面中单击“All”右侧操作区域的（复制）按钮，然后输入新事件集的名称，最后单击“提交”按钮，即可创建新的事件集，如图 11-36 所示。这样新的事件集就继承了预定义的所有事件，省去了人工添加事件的步骤。

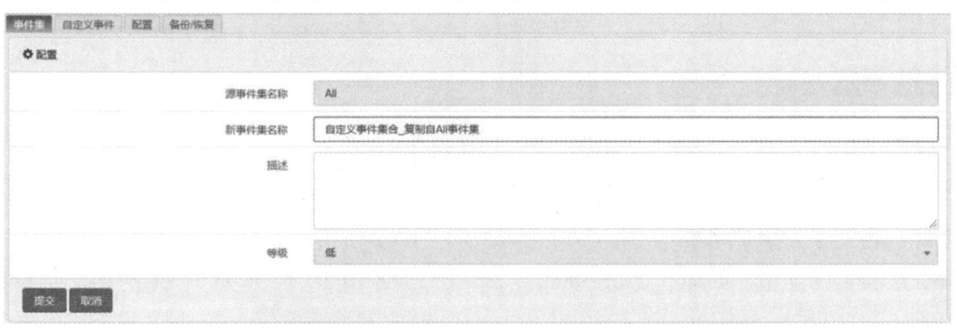

图 11-36　复制预定义事件集

新建完自定义事件集后，就可以修改指定事件的动作，可以通过搜索名称的方法找到指定的事件，然后通过单击右端操作区域的（编辑）或（删除）按钮来修改或删除事件，如图 11-37 和图 11-38 所示。用户可以修改事件的日志级别、日志开关、启用开关和事件动作。当对某一类事件操作时，其下面的所有事件都会改变。

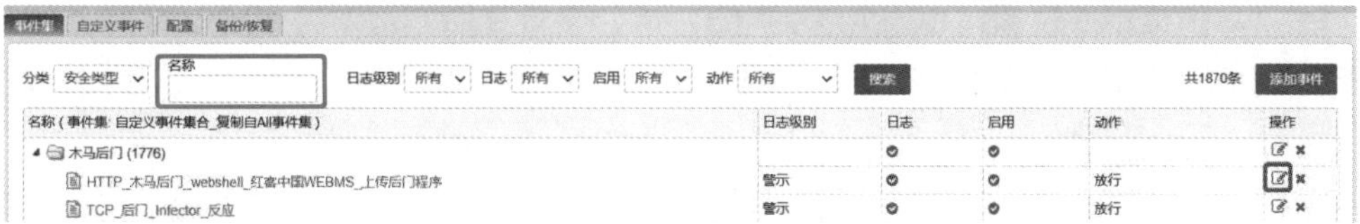

图 11-37　搜索指定事件

图 11-38　修改事件行为

在某些情况下，当系统入侵特征库内置的事件无法支持某些攻击特征识别时，可以通过自定义事件的方式进行设置。自定义事件是指根据防火墙设置的规则自行定义攻击特征的事件。

选择“安全防护”→“入侵防护”→“自定义事件”→“新建”选项，创建自定义事件，如

图 11-39 所示。

事件集 自定义事件 配置 备份/恢复

配置

名称：自定义事件1

协议：tcp

特征：tcp_dport=80&ip_sip=192.168.10.2

日志级别：通知

日志：✔

启用：✔

动作：放行

描述：

提交 取消

图 11-39 创建自定义事件

参数说明：

名称：自定义的事件名称。

特征：特征匹配串，如 tcp_dport=80&ip_sip=192.168.10.2，代表 TCP 目标端口为 80、源地址为 192.168.10.2 的特征。

日志级别：指定该事件的级别。

启用：是否启用该事件。

日志：是否对该特征事件进行日志记录。

动作：数据匹配该事件时的处理方式。

创建完入侵防御对象后，需要在安全防护策略中引用才能生效。选择“策略”→“安全防护”→“防护策略”选项，单击左侧的 ID，进入编辑界面，添加入侵防御对象，单击“提交”按钮即可，如图 11-40 所示。

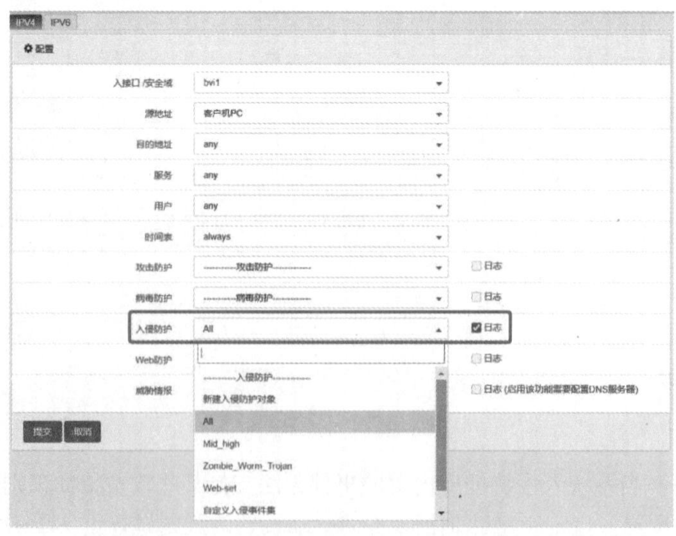

图 11-40 防护策略引用入侵防御对象

11.4.3　配置病毒防护

选择“策略”→“安全防护”→“病毒防护”→“新建”选项，进行病毒防护配置，如图 11-41 所示。

参数说明：

名称：病毒防护模板名称。

协议：数据流的应用协议，至少选择一个。

行为：对符合匹配条件的数据流执行的动作，可选择放行或者阻断。

选择“策略”→“安全防护”→“病毒防护”→“文件类型配置”选项，可以配置病毒扫描的文件类型，如图 11-42 所示。默认支持大约 20 种文件类型的扫描，也可以通过“新增”的方式增加新的文件类型。如果不知道检测哪种文件类型，还可以通过选择“扫描任何文件”来达到检测所有文件的目的。

图 11-41　进行病毒防护配置

图 11-42　配置文件类型

病毒防护配置完成后，需要在安全防护策略中引用才能生效。选择“策略”→“安全防护”→“防护策略”选项，单击左侧的 ID，进入编辑界面，添加病毒防护对象，单击“提交”按钮即可，如图 11-43 所示。

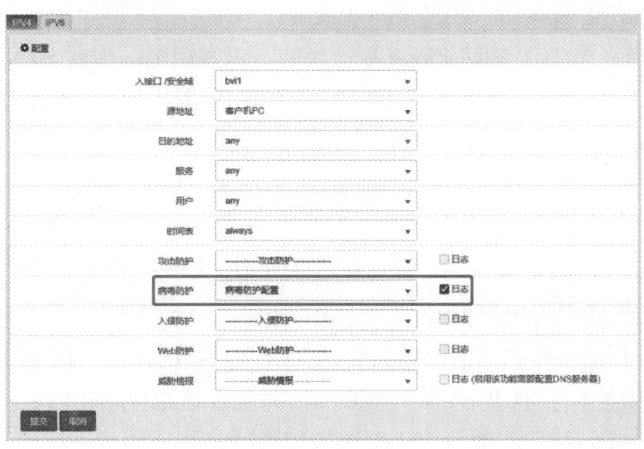

图 11-43　防护策略引用病毒防护对象

11.4.4 配置 Web 防护

选择“策略”→“安全防护”→“Web 防护”→“新建”选项，进行 Web 防护配置，如图 11-44 所示。

参数说明：

名称：该策略的名称。

SQL 注入：SQL 注入攻击防护的开关。

XSS 攻击：XSS 攻击防护的开关。

动作：可选择放行或阻断。

Web 防护配置完成后，需要在安全防护策略中引用才能生效。选择“策略”→“安全防护”→“防护策略”选项，单击左侧的 ID，进入编辑界面，添加 Web 防护对象，单击“提交”按钮即可，如图 11-45 所示。

图 11-44　进行 Web 防护配置

图 11-45　防护策略引用 Web 防护对象

11.4.5 配置攻击防护

选择“策略”→“安全防护”→“攻击防护”→“新建”选项，创建攻击防护，如图 11-46 所示。

参数说明：

名称：攻击防护名称，支持中文名称。

Anti-Flood Attack：配置是否启用防 Flood 攻击。

TCP Flood：选择启用 TCP 的防 Flood 攻击功能。识别门限：配置 SYN 报文个数的阈值，即防 TCP Flood 攻击的启动门限，默认配置为 100。动作：阻断、警告、Syncookie。

UDP Flood：选择启用 UDP 的防 Flood 攻击功能。识别门限：配置 UDP 报文个数的阈值，即防 UDP Flood 攻击的启动门限，默认配置为 100。动作：阻断、警告。

ICMP Flood：选择启用 ICMP 的防 Flood 攻击功能。识别门限：配置 ICMP 报文个数的阈值，即防 ICMP Flood 攻击的启动门限，默认配置为 100。动作：阻断、警告。

防扫描：配置是否启用防扫描攻击。

TCP 协议扫描：根据实际网络情况，当受到 TCP 扫描攻击时，可以配置防 TCP 扫描。当一个源 IP 地址在 1s 内将含有 TCP SYN 片段的 IP 封包发送给位于相同目标 IP 地址的不同端口（或者不同目标地址的相同端口）数量大于配置的阈值时，即认为其进行了一次 TCP 扫描。

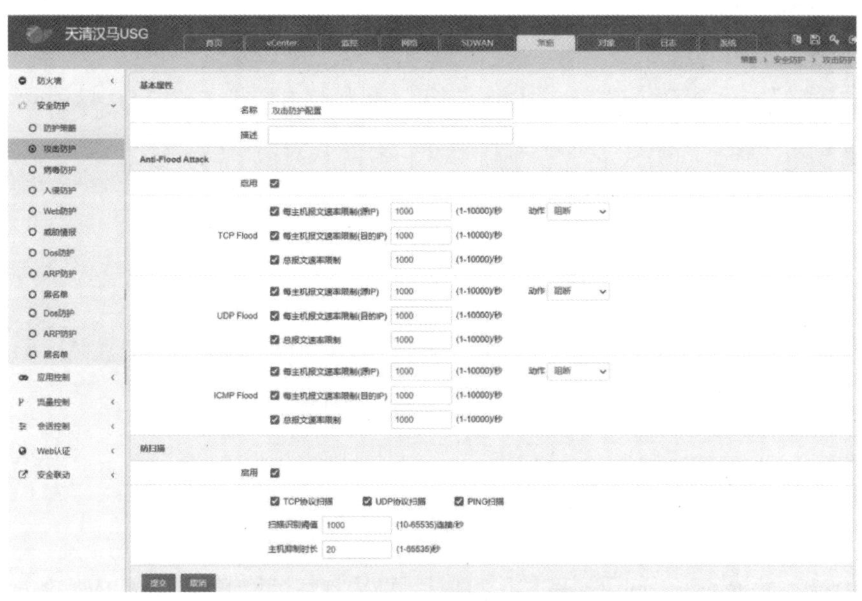

图 11-46　创建攻击防护

UDP 协议扫描：根据实际网络情况，当受到 UDP 扫描攻击时，可以配置防 UDP 扫描。当一个源 IP 地址在 1s 内将含有 UDP 的 IP 封包发送给位于相同目标 IP 地址的不同端口（或者不同目标地址的相同端口）数量大于配置的阈值时，即进行了一次 UDP 扫描。

ping 扫描：根据实际网络情况，当受到 ping 扫描攻击时，可以配置防 ping 扫描。当一个源 IP 地址在 1s 内发送给不同主机的 ICMP 封包超过门限值时，即进行了一次 ping 扫描。

主机抑制时长：设置防扫描功能的阻断时间。当系统检测到扫描攻击时，在配置的时长内拒绝来自该源主机的所有其他攻击包，默认配置为 20s。

扫描识别阈值：防扫描功能的扫描识别门限，超过阈值时，该源 IP 被标记为扫描攻击，来自该源主机的所有其他攻击包都被阻断，默认配置为 1000。

攻击防护配置完成后，需要在安全防护策略中引用才能生效。选择“策略”→“安全防护”→“防护策略”选项，单击左侧的 ID，进入编辑界面，添加攻击防护对象，单击“提交”按钮即可，如图 11-47 所示。

图 11-47　防护策略引用攻击防护对象

11.4.6 配置 DoS 防护

选择“策略”→“安全防护”→“DoS 防护”，配置 DoS 防护，如图 11-48 所示。

图 11-48 配置 DoS 防护

参数说明：

Jolt2： 配置了防 Jolt2 攻击功能后，防火墙可以检测出 Jolt2 攻击。

Land-Base：配置了防 Land-Base 攻击功能后，防火墙可以检测出 Land-Base 攻击。

PING of death：配置了防 PING of death 攻击功能后，防火墙可以检测出 PING of death 攻击。

Syn flag： 配置了防 SYN flag 攻击功能后，防火墙可以检测出 SYN flag 攻击。

Tear drop：配置了防 Tear drop 攻击功能后，防火墙可以检测出 Tear drop 攻击。

Winnuke：配置了防 Winnuke 攻击功能后，防火墙可以检测出 Winnuke 攻击报文。

Smurf：配置了防 Smurf 攻击功能后，防火墙可以检测出 Smurf 攻击报文。

11.4.7 配置 ARP 防护

选择“策略”→“安全防护”→“ARP 防护”→“配置”选项，配置 ARP 防护，如图 11-49 所示。

图 11-49 配置 ARP 防护

防 ARP 欺骗参数说明：

启用：对检测到的 ARP 欺骗攻击告警。

主动保护：启用主动保护发包功能，每隔一定时间发送主动保护列表上的免费 ARP 报文。

时间间隔：发送主动保护列表上的 ARP 的时间间隔，默认配置为 1s。

关闭 ARP 学习：默认启用 ARP 学习，关闭后，只要是不匹配 IP-MAC 绑定表的报文都将被丢弃。

防 ARP Flood 参数说明：

启用：选择该复选框后，可防 ARP Flood 攻击。

ARP 攻击识别阈值：1s 内收到 ARP 报文的数量，默认配置为 300。

攻击主机抑制时长：设置阻断时间，当系统检测到攻击时，在配置时长内拒绝来自该源主机的所有其他报文，默认配置为 60s。

选择“策略”→“安全防护”→“ARP 防护”→“ARP 表”选项，查看 ARP 表，如图 11-50 所示。

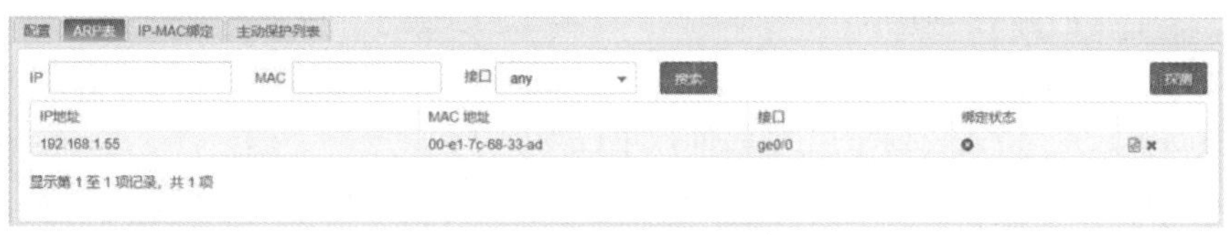

图 11-50　查看 ARP 表

在图 11-50 中单击 （绑定）按钮，可以直接将 ARP 表中的表项进行 IP-MAC 绑定，如图 11-51 所示。唯一性检查是指是否允许一个 MAC 地址对应多个 IP 地址。

配置　ARP表　IP-MAC绑定　主动保护列表

配置

名称

IP地址　192.168.1.55

MAC地址　00-e1-7c-68-33-ad

唯一性检查

提交　取消

图 11-51　IP-MAC 绑定

11.4.8　配置黑名单

黑名单是比较常用的安全功能之一，相比安全策略，它更加简单、方便。黑名单支持批量导入及导出。选择“策略”→“安全防护”→“黑名单”→“新建”选项，创建黑名单，如图 11-52 所示。

图 11-52　创建黑名单

参数说明：

类型：黑名单有 IPv4 和 IPv6 两种类型，选择其一。

源 IP：黑名单的源 IP 地址。

生效时间：配置生效的时间，允许配置范围为 0～9999，单位为分钟（min）。默认为 5min，配置为 “0”表示永久生效。

查看添加的黑名单配置，如图 11-53 所示。

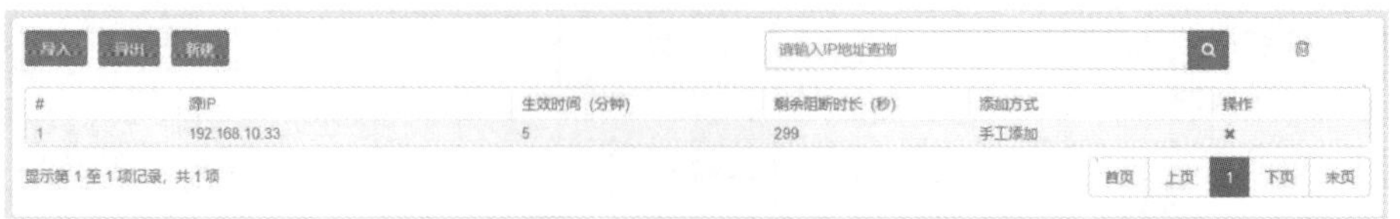

图 11-53　查看添加的黑名单配置

参数说明：

源 IP：黑名单的源 IP 地址。

生效时间：黑名单生效的时间，单位为分钟（min）。

剩余阻断时长：黑名单剩余的生效时间，单位为秒（s）。

添加方式：黑名单的添加方式。从黑名单配置页添加时的添加方式是手工添加，还支持实时添加。

11.5　配置日志

通过日志，管理员可以判断网络中是否存在潜在的风险和攻击行为。防火墙的日志揭示了许多有关外部网络的安全威胁攻击尝试和有关进出防火墙流量的信息。查看和分析防火墙的日志可以给管理员提供网络中安全威胁的实时信息，方便管理员尽快启动补救措施。

11.5.1　配置日志过滤

选择“日志”→“日志管理”→“日志过滤”选项，配置日志过滤，如图 11-54 所示。

图 11-54　配置日志过滤

参数说明：

本地日志：是否启用本地日志及其级别。

Syslog 日志：是否启用 Syslog 日志及其级别。

E-mail 报警：是否启用 E-mail 报警及其级别。

11.5.2　配置防火墙策略日志

选择“策略”→“防火墙”→“策略”选项，编辑策略，同时还需要在日志过滤中开启安全策略的日志，如图 11-55 所示。

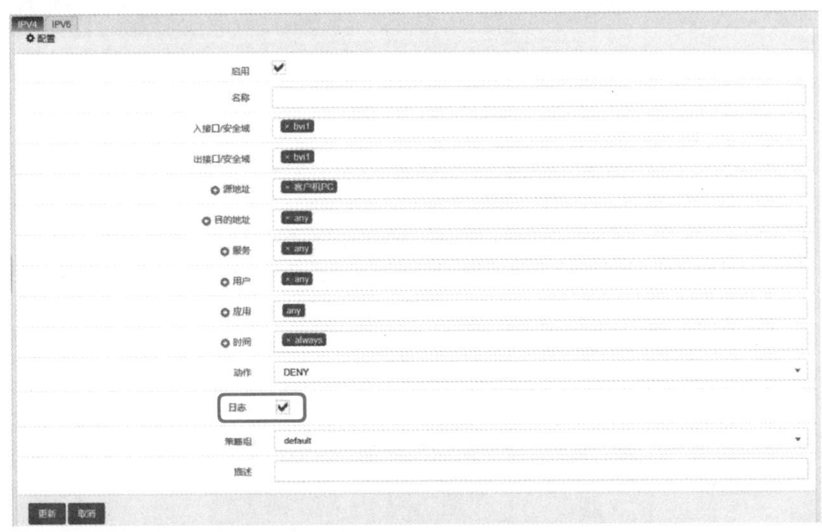

图 11-55　安全策略开启日志

11.5.3　配置安全防护策略日志

选择“策略”→“安全防护”→“防护策略”选项，编辑策略，同时还需要在日志过滤中开启防护策略的日志，如图 11-56 所示。

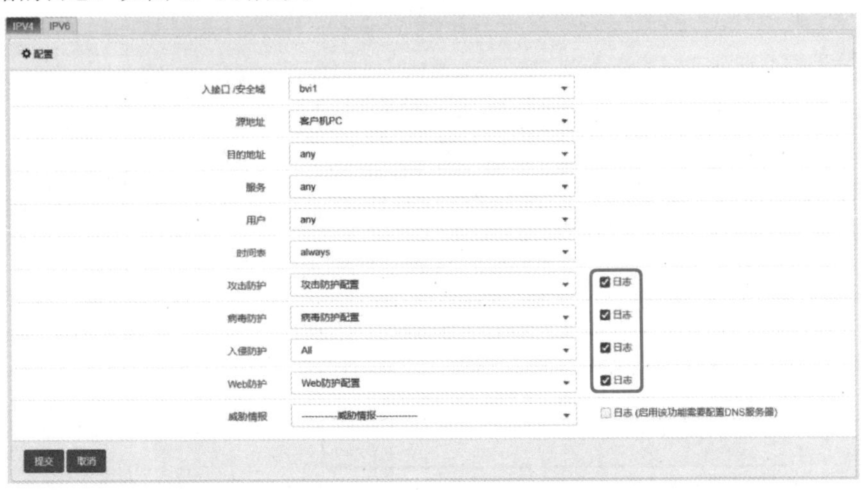

图 11-56　防护策略开启日志

11.6　配置带外管理防火墙

带外管理是指独立于业务网络之外的管理通道。对于有独立 MGT 口的防火墙设备，MGT

口就是带外管理口；对于没有独立 MGT 口的设备，默认 ge0/0 口就是带外管理口。

11.6.1 配置带外管理口 IP 地址

选择“网络”→“接口”→“物理接口”选项，单击 ge0/0 口，配置带外管理口 IP 地址，如图 11-57 所示。

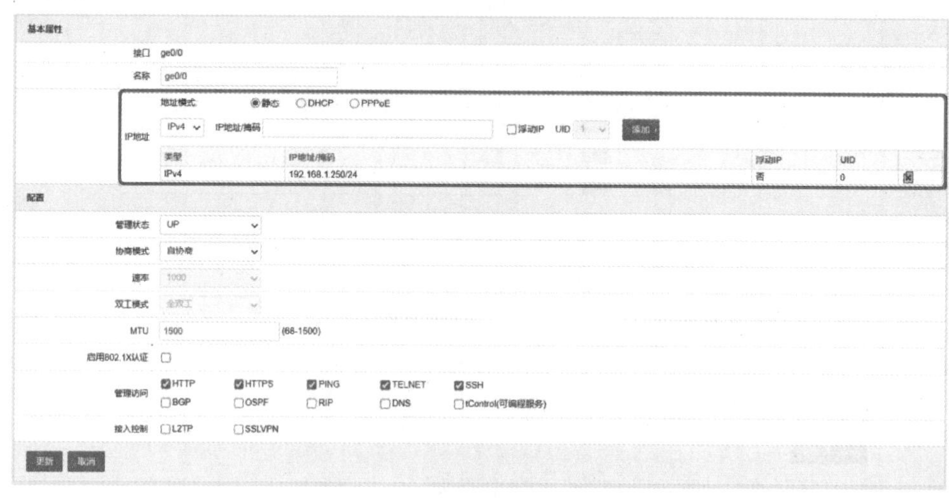

图 11-57 配置带外管理口 IP 地址

11.6.2 配置带外管理口管理方式

选择“网络”→“接口”→“物理接口”选项，单击 ge0/0 口，配置带外管理口管理方式，如图 11-58 所示。

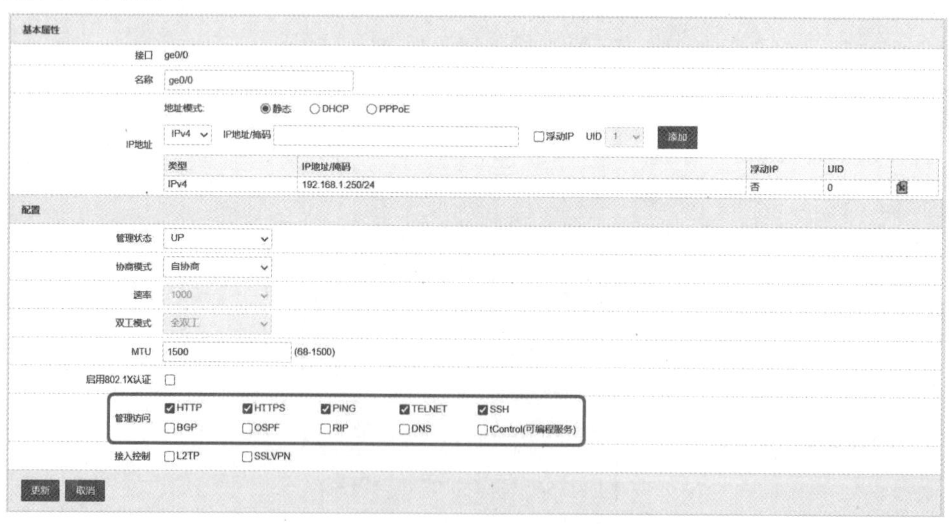

图 11-58 配置带外管理口管理方式

参数说明：

管理访问：配置该接口地址允许访问的服务类别。

HTTP：可通过 HTTP 访问该接口的地址，以便访问管理设备。

HTTPS：可通过 HTTPS 访问该接口的地址，以便访问管理设备。

PING：该接口地址允许响应 ping。

Telnet：可通过 Telnet 协议访问该接口地址，以便访问管理设备。

SSH：可通过 SSH 协议访问该接口地址，以便访问管理设备。

BGP：可通过该接口地址访问设备提供的 BGP 服务。

OSPF：可通过该接口地址访问设备提供的 OSPF 服务。

RIP：可通过该接口地址访问设备提供的 RIP 服务。

DNS：可通过该接口地址访问设备提供的 DNS 服务。

tControl（可编程服务）：可通过该接口地址访问设备提供的可编程服务。

11.7　配置带内管理防火墙

带内管理是指通过透明桥直接管理防火墙，地址直接配置在透明桥上。为了让内部的主机能够通过透明桥管理防火墙，需配置默认路由。

11.7.1　配置带内管理口 IP 地址和管理方式

相比带外管理而言，带内管理的地址直接配置在透明桥上，局域网内的业务主机可以直接访问透明桥的地址，带内管理示意图如图 11-59 所示。

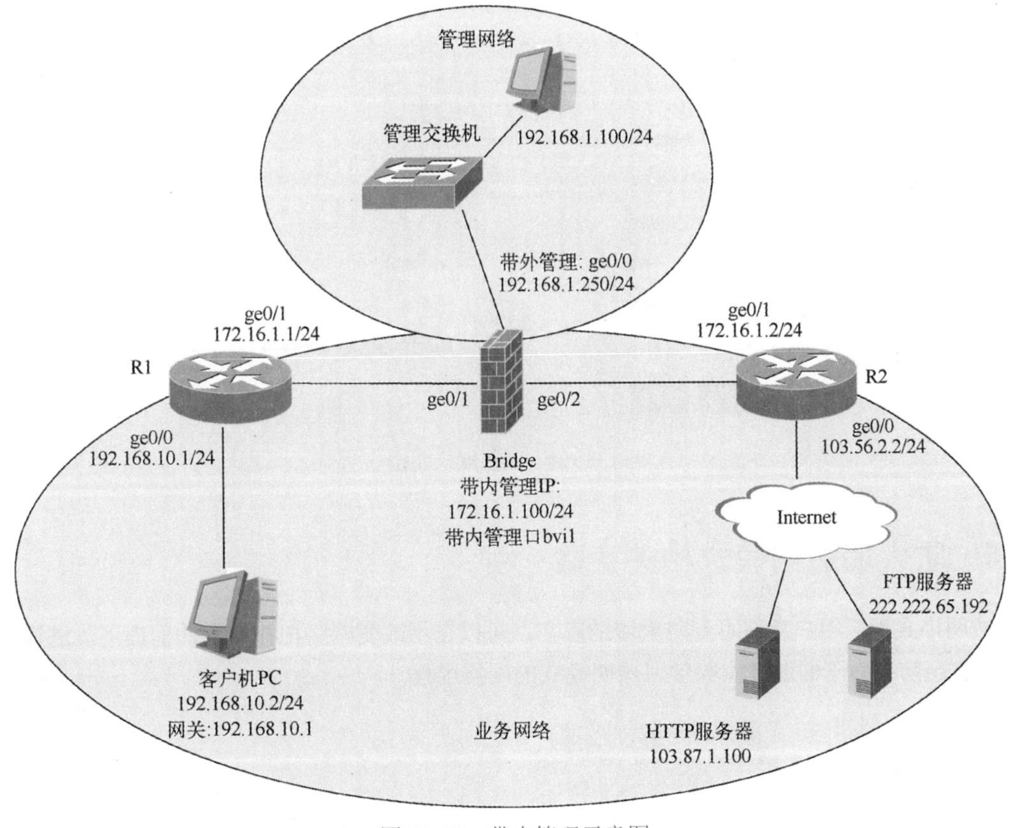

图 11-59　带内管理示意图

选择“网络”→“接口”→“透明桥”选项，单击 bvi1 口，配置带内管理口 IP 地址和管理方式，如图 11-60 所示。

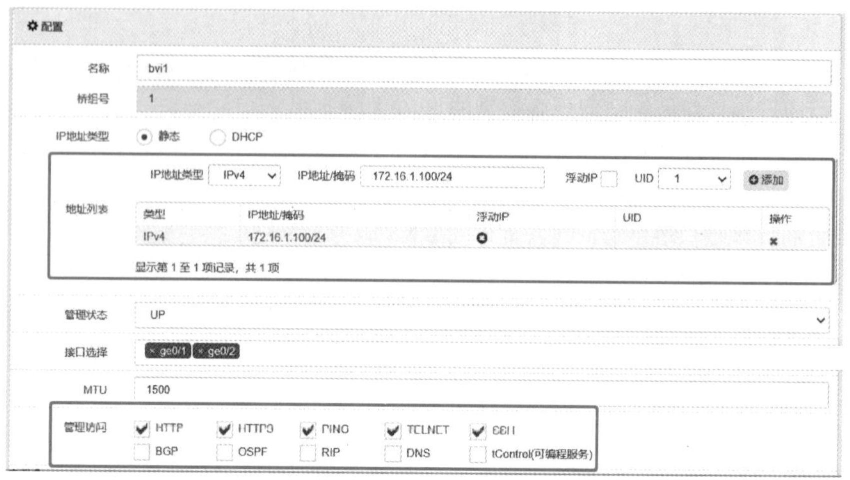

图 11-60　配置带内管理接口 IP 地址和管理方式

11.7.2　配置默认路由

为了让内部的主机能够通过透明桥管理防火墙，透明模式防火墙还需要配置默认路由，如图 11-61 所示。

图 11-61　配置默认路由

11.8　防火墙透明模式相关实验

透明模式下，用户意识不到防火墙的存在，可以在不改变网络拓扑结构的前提下，进行流量过滤和安全防护。下面通过实验学习透明模式的配置过程。

11.8.1　基本透明模式防火墙案例实验

【实验拓扑】

防火墙工作在透明模式，部署在客户端和服务器之间，对客户端和服务器之间的流量进行过滤，基本透明模式防火墙实验拓扑如图 11-62 所示。

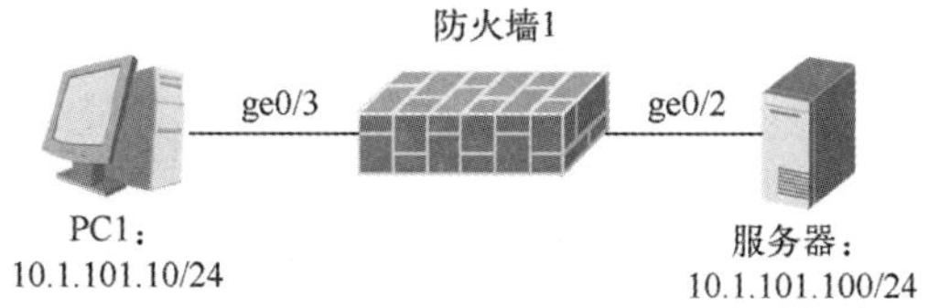

图 11-62　基本透明模式防火墙实验拓扑

【实验目标】

创建透明网桥，并将物理接口加入桥中，配置透明桥相关的参数和安全策略，实现透明桥的转发功能。

【实验步骤】

基本透明模式防火墙案例的实验步骤如下：

1）通过 Console 口登录防火墙 1，按照要求配置带外管理口 IP 地址，开启防火墙 HTTPS 的管理方式。

2）通过 HTTPS 登录防火墙，选择“网络”→“接口”→“透明桥”选项，配置透明桥接口，分别将 ge0/2 和 ge0/3 加入透明桥接口。

3）选择“策略”→“防火墙”→“策略”选项，配置安全策略，放行 PC1 到服务器的 ICMP 服务和 HTTP 服务，阻断其他服务。

4）测试。

PC1 尝试通过 ping 访问服务器，可以 ping 通。

PC1 尝试通过 Telnet 访问服务器的 80 端口，可以访问。

11.8.2　扩展透明模式防火墙案例实验

【实验拓扑】

防火墙工作在透明模式，部署在客户端和服务器之间，对客户端和服务器之间的流量进行过滤，扩展透明模式防火墙实验拓扑如图 11-63 所示。

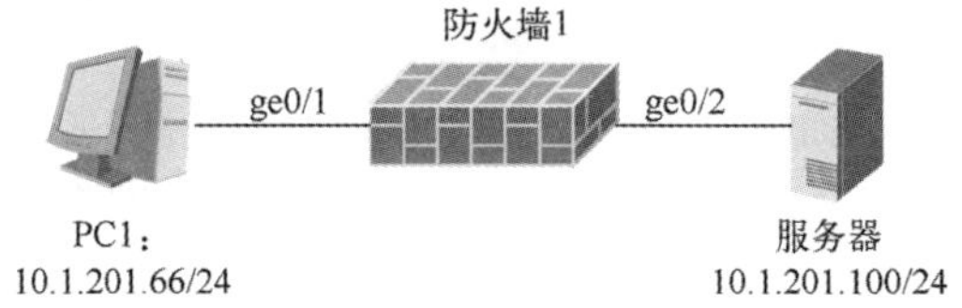

图 11-63　扩展透明模式防火墙实验拓扑

【实验目标】

创建透明网桥，并将物理接口加入桥中，配置透明桥带内管理地址和安全策略，开启防护策略的防病毒、入侵防护功能，并测试触发安全功能，上报本地日志。

【实验步骤】

扩展透明模式防火墙案例的实验步骤如下：

1）通过 Console 口登录防火墙 1，按照要求配置带外管理口 IP 地址，开启防火墙 HTTPS 的管理方式。

2）通过 HTTPS 登录防火墙，选择“网络”→“接口”→“透明桥”选项，配置透明桥接口。分别将 ge0/1 和 ge0/2 加入透明桥接口，并在透明桥上配置带内管理地址，开放 HTTPS 和 Telnet、ping 的访问权限。

3）PC1 通过带内管理地址，使用浏览器通过 HTTPS 方式登录防火墙。

4）选择“策略”→“防火墙”→“策略”选项，配置安全策略，放行 PC1 到服务器的所有流量。

5）选择“策略”→“安全防护”→“病毒防护”选项，配置防病毒模板，开启 HTTP 和 FTP 的病毒防护，动作为阻断，过滤的文件类型为默认支持的所有文件类型。

6）选择“策略”→“安全防护”→“入侵防护”选项，配置入侵防御事件集，创建自定义事件集，并添加所有事件到自定义事件集。

7）搜索并修改事件集中的“ICMP_PING_事件”日志级别为“告警”，动作为“放行”。

8）选择“日志”→“日志管理”→“日志过滤”选项，开启本地日志的防病毒、入侵防御功能，级别选择为“信息”。

9）选择“策略”→“安全防护”→“安全防护策略”选项，配置安全防护策略，引用步骤 5）和步骤 6）配置的防病毒及入侵防御模板，并开启日志。

10）测试。

PC1 ping 服务器，可以 ping 通。

PC1 通过浏览器访问服务器的 HTTP 服务，可以访问并浏览目录。

PC1 访问 HTTP 服务器预置的病毒目录，并尝试下载病毒文件，下载失败。

PC1 使用攻击工具对服务器的 HTTP 服务进行攻击。

PC1 通过 FTP 客户端访问服务器的 FTP 服务，可以访问并浏览目录。

PC1 访问 FTP 服务器预置的病毒目录，并尝试下载病毒文件，下载失败。

PC1 登录防火墙，查看“本地日志”→“安全日志”→“病毒防护”，可以看到病毒日志。

PC1 登录防火墙，查看“本地日志”→“安全日志”→“入侵防护”，可以看到入侵日志。

本章小结

本章对防火墙的接口配置、透明桥配置、安全策略配置、安全防护策略配置、日志、带外和带内管理配置的过程做了介绍。防火墙透明模式实验需要根据组网图将接口配置为透明桥接口，然后根据源和目标地址、服务等匹配条件开通允许流量通过的规则。除允许通过的流量外，其余流量被默认策略丢弃。配置安全策略后，在安全防护策略中配置入侵防护、病毒防护、Web 防护、攻击防护等安全防护功能，并开启对应日志。通过以上配置，防火墙在检测到网络攻击、病毒文件等攻击事件时，将对流量进行阻断并记录安全日志。

第 12 章 防火墙路由模式实验

在前面章节中，我们学习过防火墙路由模式的基本知识和使用的场景，以及 VPN 和日志等内容，本章以启明星辰天清汉马防火墙为例，介绍防火墙路由模式下的配置，包括接口、静态路由和默认路由、动态路由、NAT、IPSec VPN、SSL VPN、L2TP VPN、GRE VPN、日志、Syslog、SNMP 等相关内容。

12.1 配置接口

配置接口包括配置接口 IP 地址和配置聚合接口。接口可以配置接口的名称、IP 地址、速率、双工模式、管理状态等。配置聚合接口可将选定的物理接口加入链路聚合组。

12.1.1 配置接口 IP 地址

通过计算机的 Web 浏览器以 HTTPS 方式进入防火墙管理界面，选择“网络”→“接口”→“物理接口”选项，物理接口如图 12-1 所示，可以看到接口的链路状态，接口的名称、IP 地址、MAC 地址、速率、双工模式、管理状态、VLAN 数量、链路聚合。

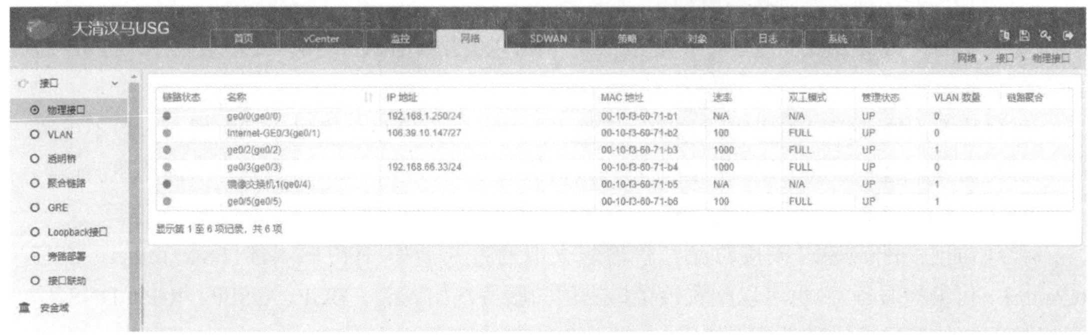

图 12-1 物理接口

参数说明：

名称：物理接口名称。

IP 地址：物理接口的 IP 地址/掩码，可以进行配置。

MAC 地址：物理接口的 MAC 地址，不可以配置。

速率：物理接口的速率，单位为 Mbit/s。

双工模式：物理接口双工模式，分为全双工、半双工两种。

管理状态：管理员手工配置端口状态，有 Up、Down 两种状态。

VLAN 数量：物理接口所属于的 VLAN 数量。

链路聚合：物理接口所属的链路聚合。

单击要配置的接口名，进入配置特定接口的界面，配置接口的参数，如图 12-2 所示。

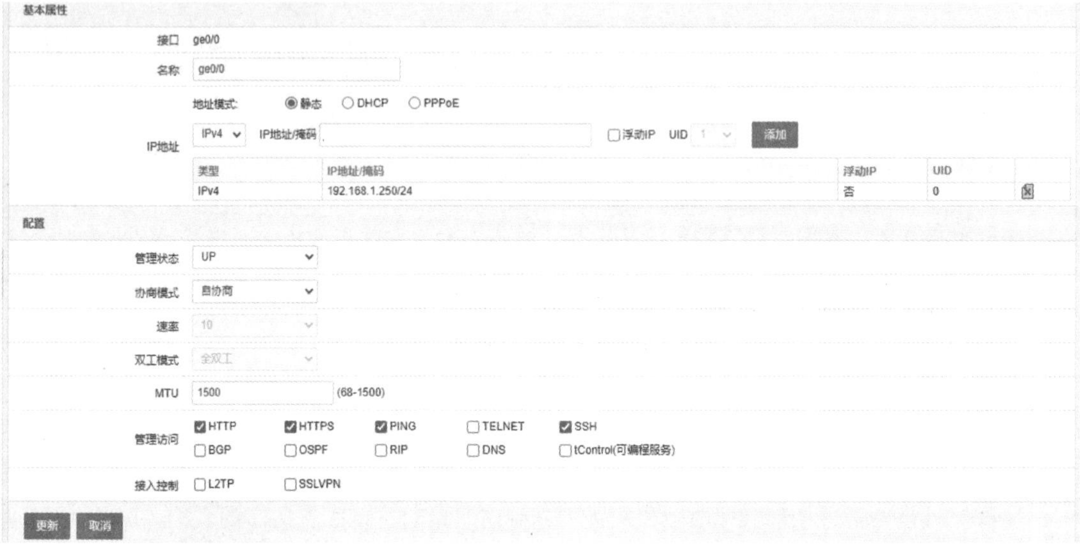

图 12-2　接口配置

路由模式常配置的参数有：

地址模式：多用静态。

静态：通过手工配置的方式设置接口的 IP 地址，以 IP 地址/掩码的格式配置物理接口的 IP 地址，可选择 IPv4、IPv6，输入 IP 地址/掩码并单击“添加”按钮，更新后才会生效。

浮动 IP：此选项在双机热备时使用。

防火墙的接口 IP 地址可以使用静态配置，也可以使用 DHCP 获得，还可以使用 PPPoE 通过 PPPoE 服务器获取。

管理状态：物理接口的启用或关闭，可选 Up、Down，管理员可以手动配置，一般不更改。

协商模式、速率和双工模式：指定物理接口协商模式、速率和双工模式，一般不更改。

MTU：最大传输单元，范围为 68～1500，一般不更改。

管理访问：配置通过该接口允许管理防火墙的方式，如 HTTP、HTTPS、Telnet、SSH、tControl（可编程服务）。也可以配置该接口提供的服务，如 ping、BGP、OSPF、RIP、DNS。

接入控制：配置此接口是否使用 L2TP、SSL VPN。

12.1.2　配置聚合接口

通过计算机的 Web 浏览器以 HTTPS 方式进入防火墙管理界面，选择“网络”→“接口”→“聚合接口”选项，打开图 12-3 所示的聚合接口界面，可以看到接口的链路状态、名称、IP 地址、MAC 地址、当前带宽。

单击“新建”按钮，可以新建聚合接口，配置聚合接口如图 12-4 所示。

共2条　新建

链路状态	名称	IP 地址	MAC 地址	当前带宽	
●	tvi1	192.168.100.1/24	00-e0-4c-08-31-31	0	
●	tvi2	192.168.200.1/24	00-e0-4c-08-31-32	1000	

图 12-3　聚合接口界面

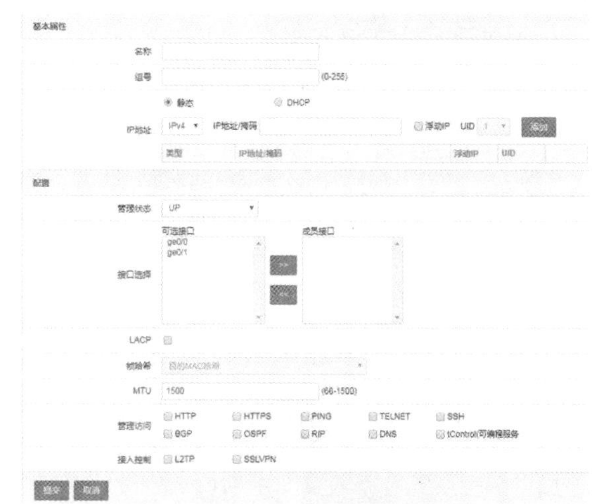

图 12-4　配置聚合接口

与物理接口不同的是，聚合接口有几个特有选项。

可选接口：防火墙可以加入链路聚合组的物理接口。

成员接口：已经加入链路聚合组中的物理接口。

LACP：是否开启 LACP。

帧哈希：LACP 发送数据哈希方法，可选目标 MAC 哈希、源/目标 IP 和端口哈希。

一般配置聚合接口的名称、IP 地址、聚合接口的成员，以及是否启用 LACP，配置完成后单击“提交”按钮即可。

12.2　配置静态路由和默认路由

静态路由是指管理员手工配置的路由信息，默认路由是一种特殊的静态路由，没有匹配的路由表项时，数据报将根据默认路由转发。

12.2.1　配置静态路由

在数据经过路由模式的防火墙时，如果防火墙没有该数据的路由，就会将数据丢弃。如图 12-5 所示的静态路由拓扑，默认情况下，防火墙没有到 192.168.0.0/24 和 192.168.1.0/24 的路由。

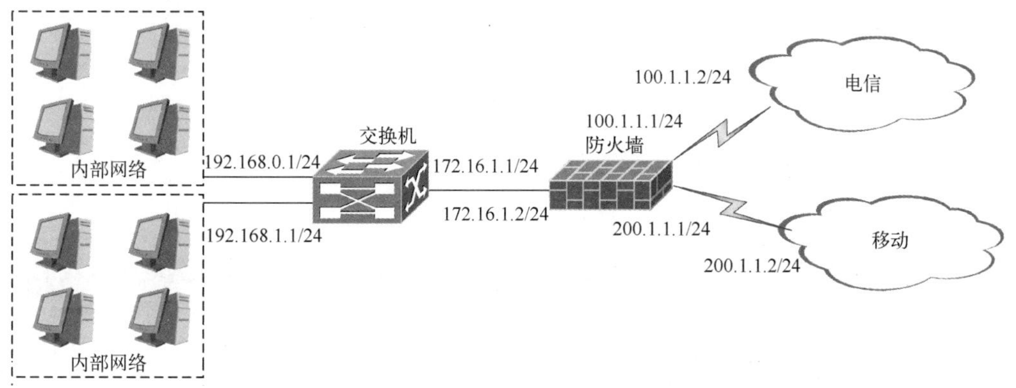

图 12-5　静态路由拓扑

通过计算机的 Web 浏览器以 HTTPS 方式进入防火墙管理界面，选择“网络”→“路由”→“静态路由”选项，配置去往 192.168.1.0/24 的路由，静态路由配置如图 12-6 所示。

配置

IP地址/掩码 192.168.1.0/24

◉ 下一跳地址 172.16.1.1

○ 出接口 ge0/0

权重 1 (1-100)

距离 1 (1-255)

健康检查 无 不能引用配置覆盖IP的健康检查

提交 取消

图 12-6　静态路由配置

参数说明：

IP 地址/掩码：非直连的目的网段。

下一跳地址：与防火墙直连的能正确转发数据到目标地址的对端设备的接口 IP 地址。

权重：多链路负载时使用，数值越大，该路由线路所承载的负载越多。

距离：路由的管理距离，越小越优先。

12.2.2　配置默认路由

对于路由模式防火墙，当部署在互联网边界时，必须配置默认路由，内部用户才能上网。

通过计算机的 Web 浏览器以 HTTPS 方式进入防火墙管理界面，选择“网络”→“路由”→“静态路由”选项，分别配置通过电信和移动上网的路由，默认路由配置如图 12-7 所示。

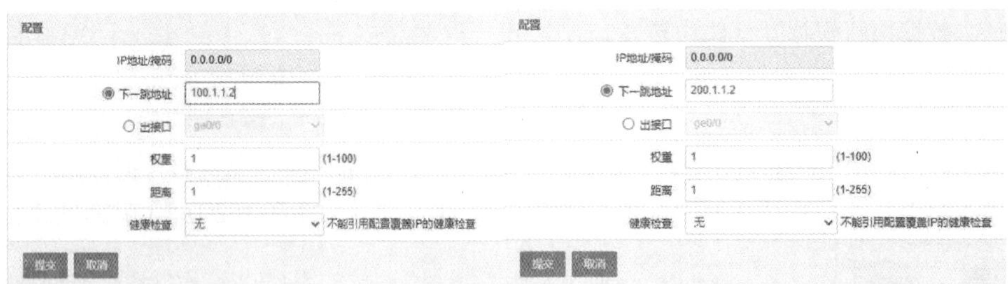

图 12-7　默认路由配置

12.3　配置动态路由

在数据经过路由模式的防火墙时，如果防火墙没有该数据的路由，就会将数据丢弃。如图 12-8 所示的 OSPF 拓扑，可以配置防火墙以 OSPF 的方式学习到防火墙非直连网段 192.168.0.0/24 和 192.168.1.0/24 的路由。

通过计算机的 Web 浏览器以 HTTPS 方式进入防火墙管理界面，选择“网络”→“路由”→“动态路由”→“OSPF”选项，为防火墙配置动态路由，OSPF 配置如图 12-9 所示。

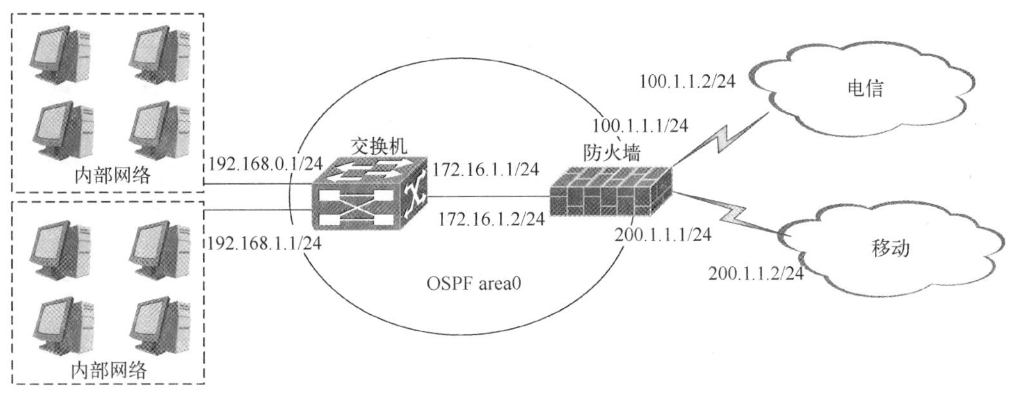

图 12-8　OSPF 拓扑

RIP　OSPF　BGP4　OSPF监视器

配置

路由器ID　192.168.66.33　(如未指定，系统将自动选取路由器ID)

缺省路由　不发布　发布　强制发布

路由重发布　直连路由 权重 20 (1-16777214)　RIP 权重 20 (1-16777214)　静态路由 权重 20 (1-16777214)

提交

各个区　各个区　认证算法

各个网络　新增　网络　区

各个接口　新增　接口　认证算法

图 12-9　OSPF 配置

参数说明：

路由器 ID：在路由器 ID 文本框中输入路由器 ID。如果不输入，那么系统会自动选取路由器 ID。

缺省路由：设置是否发布默认路由。路由表中没有默认路由时，如果要发布默认路由，应选择强制发布选项。

重发布：是否重发布直连路由、静态路由、RIP 路由，并设置重发布的权重。

在各个网络处单击“新增”按钮，可以配置 OSPF 区域，如图 12-10 所示，单击“提交”按钮，就可以将 172.16.1.0/24 加入区域 0。

在各个接口处单击“新增”按钮，可以配置 OSPF 接口参数，如图 12-11 所示，可以指定 DR/BDR 选举的优先级、发送开销、网络类型、Hello 及 Dead 间隔、认证算法等，单击“提交”按钮生效。

配置完 OSPF 后，需要在接口下开启 OSPF 的管理方式，如图 12-12 所示，在管理访问区域选择“OSPF”复选框即可。

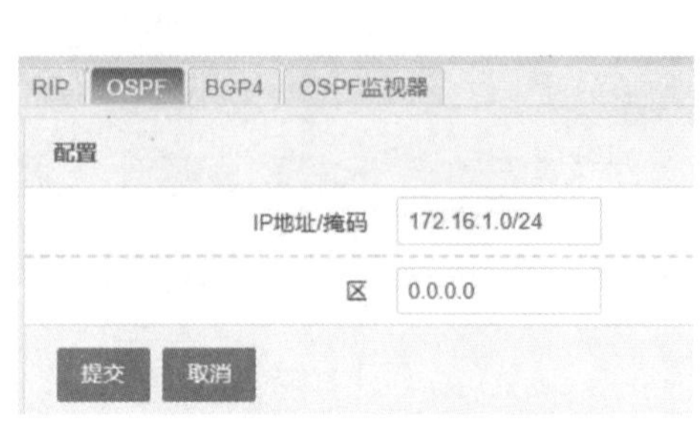

图 12-10　配置 OSPF 区域

图 12-11　配置 OSPF 接口

图 12-12　接口启用 OSPF

12.4　配置 NAT

有的企业内网使用的是私网地址，如果要访问 Internet，就需要防火墙做网络地址转换。NAT 拓扑如图 12-13 所示。

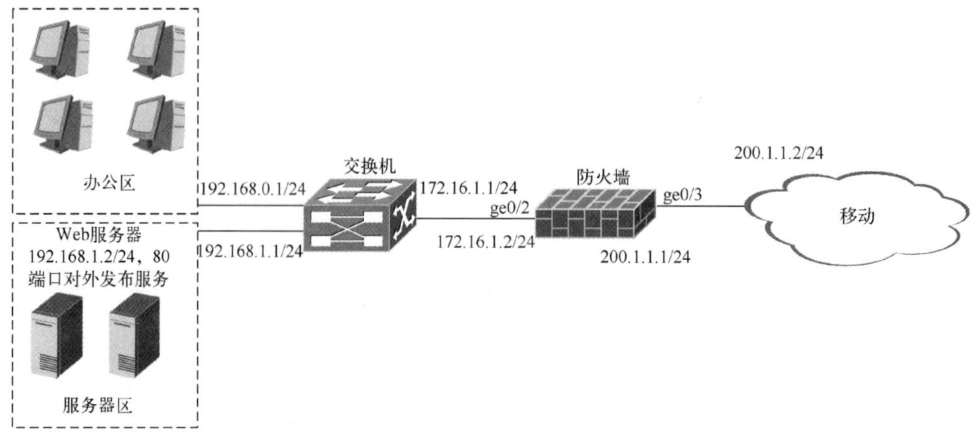

图 12-13　NAT 拓扑

12.4.1　配置地址对象

选择“对象”→“地址对象”→“地址节点”选项，在弹出的界面中单击“新建”按钮，配置要上网用户的 IP 地址，如图 12-14 所示。

图 12-14　配置地址对象

12.4.2　配置服务对象

如果内部用户要访问 Internet，那么服务对象可以使用 any；如果是内部服务器对外提供服务，那么在防火墙预定义服务对象没有的情况下，需要配置服务对象。选择“对象”→“服务对象”→“自定义服务”选项，在弹出的界面中单击“新建”按钮，配置服务器要对外公开的服务，如图 12-15 所示。

图 12-15　配置服务对象

12.4.3　配置地址池

地址池中存放供动态 NAT 使用的地址范围的集合。地址池的使用支持轮询方式、源地址保持方式及默认方式，同时支持地址池分段。选择“网络”→“NAT”→“NAT 地址池”选项，在弹出的界面中单击“新建”按钮，配置服务器的真实地址如图 12-16 所示。

图 12-16　配置地址池

12.4.4　配置源 NAT

源 NAT 即源地址转换，针对源地址的映射，主要用于内网访问外网，减少公网地址的数目，隐藏内部地址。选择“网络”→“NAT”→“NAT 规则”→“源地址转换”选项，在弹出的界面中单击“新建”按钮，配置源 NAT 如图 12-17 所示。

参数说明：

不转换：匹配这条 NAT 规则，不进行地址转换。

转换类型：防火墙支持 IPv4 to IPv4、IPv6 to IPv6 互转。

源地址：NAT 规则匹配的源地址，可以是地址对象或地址组，any 代表所有。

目标地址：NAT 规则匹配的目标地址，可以是地址对象或地址组，访问 Internet 一般选择 any。

服务：NAT 规则匹配的服务名，可以是服务对象或服务组，访问 Internet 一般选择 any。

出接口：NAT 规则匹配的出接口名，连接 Internet 的接口。

转换后源地址：转换后的源 IP 地址，可以选择出接口的地址、地址池或者 IP 地址，此处为企业的公网 IP 地址。

单元 ID：与 HA 相关，默认为 1。

日志：是否需要对该源 NAT 规则启用日志。

单击“提交”按钮，配置生效。

12.4.5　配置目标 NAT

目标 NAT 即目标地址转换，是一种单向的针对目标地址的映射，主要用于外网访问内网时内部服务器向外部提供服务的情况。

选择“网络”→“NAT”→“NAT 规则”→“目标地址转换”选项，在弹出的界面中单击“新建”按钮，配置目标 NAT，如图 12-18 所示。

配置
不转换
转换类型　IPv4 to IPv4
源地址　any
目标地址　any
服务　any
出接口　ge0/3
转换后源地址　出接口地址
单元 ID　1
描述
日志
提交　取消

图 12-17　配置源 NAT

图 12-18　配置目标 NAT

参数说明：

不转换：匹配这条 NAT 规则，不进行地址转换。

转换类型：防火墙支持 IPv4 to IPv4、IPv6 to IPv6 互转。

源地址：NAT 规则匹配的源地址，可以是地址对象或地址组，外网的 IP 地址不能确定，一般选择 any。

目标地址：NAT 规则匹配的目标地址，可以是地址对象或地址组，需要指定公网 IP 地址。

服务：NAT 规则匹配的服务名，可以是服务对象或服务组，需要指定服务器对外提供的服务。

入接口：NAT 规则匹配的入接口名，连接 Internet 的接口。

转换后目的地址：转换后的目标 IP 地址，可以选择地址池或者 IP 地址，这里是服务器的真实地址。

单元 ID：与 HA 相关，默认为 1。

日志：是否需要对该目标 NAT 规则启用日志。

单击“提交”按钮，配置生效。

12.4.6　配置静态 NAT

静态 NAT 即静态地址转换，等于源地址转换加目标地址转换，是一对一的地址映射，不是一对多的地址转换。当企业公网 IP 地址充足时，可以使用静态地址转换。

选择“网络”→“NAT”→“NAT 规则”→“静态地址转换”选项，在弹出的界面中单击“新建”按钮，配置静态 NAT，如图 12-19 所示。

参数说明：

转换类型：防火墙支持 IPv4 to IPv4、IPv6 to IPv6 互转。

外部地址：需要转换的外部地址。

内部地址：需要转换成的内部地址。

图 12-19　配置静态 NAT

外部接口：和外部网络相连的接口名。

单元 ID：与 HA 相关，默认为 1。

日志：是否需要对该静态 NAT 规则启用日志。

单击“提交”按钮，配置生效。

配置 NAT 会对 IP 地址进行转换，安全策略应遵循：

1）源 NAT，数据在出接口时会将源 IP 地址进行转换，安全策略放行转换前的地址。

2）目标 NAT，数据在入接口时会将目标 IP 地址进行转换，安全策略放行转换后的地址。

3）静态 NAT，数据在出接口时会将源 IP 地址进行转换、入接口时会将目标 IP 地址进行转换，安全策略放行源转换前的地址、目标转换后的地址。

12.4.7　配置跨协议转换

跨协议转换，即 IPv4 地址与 IPv6 地址的相互转换，实现两种协议栈无缝对接，满足用户从 IPv4 地址网络环境逐步向 IPv6 地址网络环境的过渡。

防火墙可以实现 NAT46，即 IPv4 地址端发起请求，将其转换为 IPv6 地址；以及 NAT64，即 IPv6 地址端发起请求，将其转换为 IPv4 地址。

跨协议转换分为 NAT46 和 NAT64 两种转换类型，防火墙提供 3 种转换方式：IVI 转换、嵌入地址转换及地址池转换。IVI 转换指定前缀，可实现 IPv4 与 IPv6 地址之间的互相转换，IVI 转换方式支持 NAT46 和 NAT64；嵌入地址转换方式只能用在 NAT64 的情形，转换后的目标地址是根据 IPv6 地址的前缀取后 32 位地址作为转换后的地址；对于地址池转换方式，NAT64 和 NAT46 都可以使用，指转换后的目标地址从指定的地址池中选取，源地址也从指定的地址池中选取，此方式目前用得相对较多。

选择“网络”→“NAT”→“NAT 规则”→“跨协议转换”选项，在弹出的界面中单击“新建”按钮，配置跨协议转换，如图 12-20 所示。

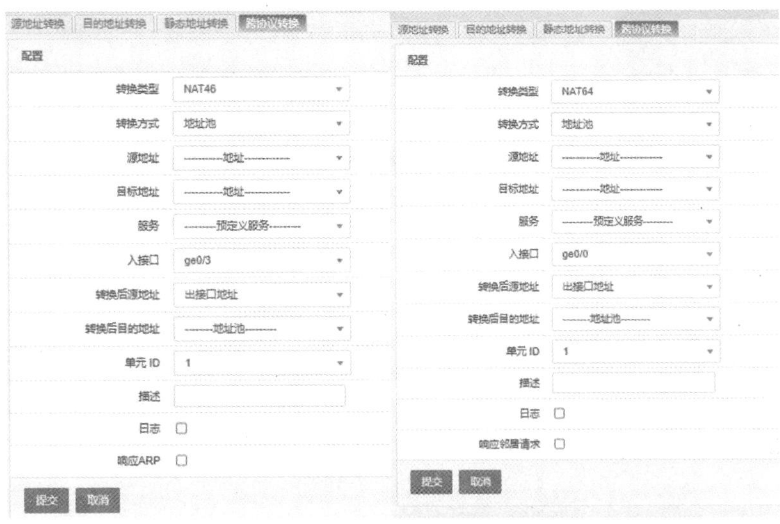

图 12-20　配置跨协议转换

参数说明：

转换类型：可选择此规则是 NAT46 还是 NAT64。

转换方式：包括 IVI、嵌入地址和地址池 3 种转换方式，这里选择地址池。

源地址：选择要转换的源地址对象或地址组。

目标地址：选择目标地址对象或地址组。

服务：选择服务对象。

入接口：匹配该规则的数据入接口。

转换后源地址：可以选择地址池或者出接口地址。

转换后目的地址：选择指定的地址池。

单元 ID：与 HA 相关，默认为 1。

日志：是否需要对该跨协议转换规则启用日志。

响应 ARP：是否响应对应的 ARP 请求，对于 NAT46，一般需要勾选该复选框。

响应邻居请求：是否响应对应的邻居请求。对于 NAT64，一般需要勾选该复选框。

单击“提交”按钮，配置生效。

12.5　IPSec VPN 配置

IPSec VPN 提供了网关到网关和远程接入的安全服务功能，并支持隧道模式、传输模式两种封装模式。身份认证支持证书认证、预共享密钥。

配置 IPSec VPN 的基本过程如下：

1）配置 IKE 协商策略，主要配置对端地址、认证方式、协商参数等。

2）配置 IPSec 协商策略，主要配置 IPSec 加密算法、封装模式等。

3）配置 IPSec 策略，通过配置 IPSec 策略来指定需要加密数据的网络范围。

12.5.1　配置 IKE 协商策略

选择“网络”→“VPN”→“IPSec”→“IPSec”选项，在弹出的界面中单击“新建”按钮，配置 IKE 协商策略，如图 12-21 所示。

图 12-21　配置 IKE 协商策略

参数说明：

网关名称：为此 IKE 协商策略命名。

类型：可以选择 IKEv1、IKEv2 和国密，要求两端保持一致。

本地网关：选择“IP 地址”选项，可指定本地 IP 地址；当防火墙没有固定公网 IP 地址，使用 PPPoE 拨号等方式接入公网时，可以选择“接口”选项，指定本地接口。

对端网关：选择“静态 IP”，可指定对端的 IP 地址；对端没有固定公网 IP 地址时，可选择“动态 IP”。

模式：可以选择“野蛮模式”或者“主模式”。

认证方式：可选“预共享密钥”或“证书”。如果是“证书”，需要预先导入证书。预共享密钥方式需要和 IPSec VPN 对端一致。如果采用“证书”认证方式，则要在“对象”→“CA 证书”→“本地证书”页面导入证书。

高级选项使用默认，可以不配置，如果要修改，需要和 IPSec VPN 对端一致。

IKE 协商交互方案：在协商过程中所采用的加密算法和验证算法。

DH 组：在协商过程中做 DH 交换时采用的 group 值。

密钥周期：阶段 1 的 SA 的生存时间。

NAT 穿越连接频率：设置 NAT 穿越的保活时间。

本地 ID：设置本地 ID（可选项），主要用于 NAT 穿越中已经做静态 NAT 的情况。

对端 ID：设置对端 ID（可选项），主要用于 NAT 穿越中已经做静态 NAT 的情况。

对等体状态监测：是否启用 DPD 功能。

DPD 超时时间：设置对等体检测时间。

单击“提交”按钮，完成配置。

12.5.2　配置 IPSec 协商策略

配置完成 IKE 协商策略后，单击 IKE 策略右侧的 + 按钮，IKE 协商策略如图 12-22 所示。

图 12-22　IKE 协商策略

配置 IPSec 协商策略如图 12-23 所示。

图 12-23　配置 IPSec 协商策略

参数说明：

通道名称：配置 IPSec 协商的通道名称。

高级选项使用默认，可以不配置，如果修改，需要和 IPSec VPN 对端一致。

IPSec 协商交互方案：协商 IPSec 的封装方式以及算法，可以选择 ESP 封装算法或 AH 封装算法，和 IPSec 对端要保持一致。在 NAT 穿越的情况下，不能使用 AH 封装。

完美向前保密（PFS）：是否需要在 IPSec 协商过程中采用 DH 交换。

工作模式：可以选择“隧道模式”和“传输模式”，网络到网络的 IPSec 传输使用隧道模式，L2TP 远程接入使用传输模式，与 IPSec 对端需要保持一致。

超时时间：可以以秒数或者字节数决定 IPSec SA 的生存时间。

单击“提交”按钮，完成配置。

12.5.3　配置 IPSec 策略

在防火墙的定义中，IPSec 策略又称感兴趣流量。

配置完成 IKE 协商策略和 IPSec 协商策略之后，再配置 IPSec 策略。

选择“网络”→“VPN”→“IPSec”→“IPSec 策略”选项，在弹出的界面中单击“新建”按钮，配置 IPSec 策略，如图 12-24 所示。

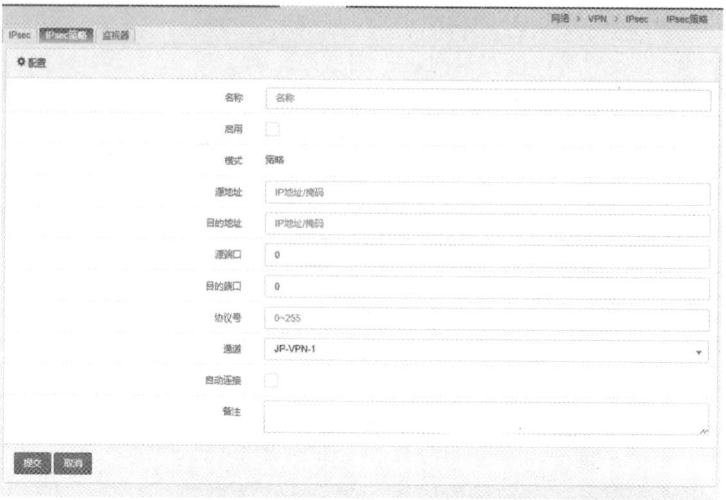

图 12-24　配置 IPSec 策略

参数说明：

名称：IPSec 策略的名称。

启用：是否启用当前策略。

模式：IPSec 策略的模式，有策略、路由两种模式。

源地址：需要保护的本地子网的地址。

目的地址：需要保护的对端子网的地址。

源端口：需要保护的本地发出流量的源端口。

目的端口：需要保护的本地发出流量的目标端口。

协议号：需要保护的本地发出流量的目的协议号。

通道：选择保护 IPSec 策略流量的 IPSec 协商策略。

自动连接：启用后立即主动发起连接。

备注：IPSec 策略的备注。

单击“提交”按钮，完成配置。

注意：IPSec 策略配置与对端防火墙必须是成对的关系，网络号和掩码必须保持一致；IPSec 策略的网段需要防火墙策略允许通过；需要两端设备有到对端的路由。

12.6　SSL VPN 配置

SSL VPN 为远程接入式 VPN，用户使用 Web 浏览器便可以登录，以访问自己账户的 VPN 资源。

防火墙上的 SSL VPN 分为以下两种工作模式：

Web 模式：也叫作代理 Web 页面，它将来自远端浏览器的页面请求（采用 HTTPS 协议）转发给 Web 服务器，然后将服务器的响应回传给终端用户，支持 Web 服务、FTP 服务、文件共享服务及 OWA。

Tunnel 模式：需要下载客户端软件。客户端和防火墙设备建立 SSL 隧道后，防火墙为客户端分配 IP，客户端通过建立的虚接口直接通过 SSL 隧道连接到内部网络。这种方式可支持各种应用。

12.6.1　配置用户和 SSL VPN 用户组

选择“对象”→“用户对象”→“用户”选项，在弹出的界面中单击“新建”按钮，配置用户对象，如图 12-25 所示。

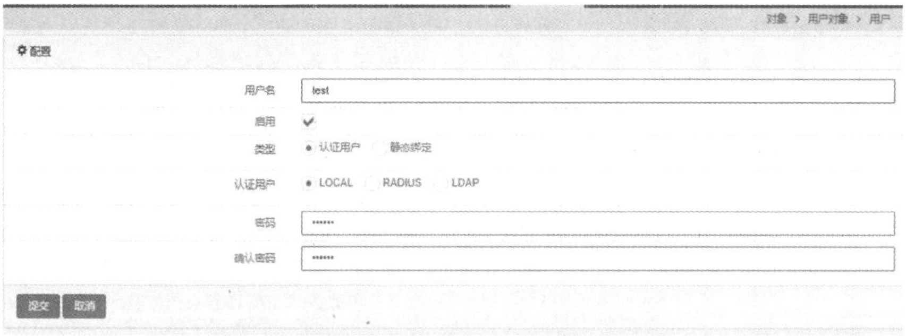

图 12-25　配置用户对象

参数说明：

用户名：为不同的用户命名。

启用：是否启用此用户。

类型：包括“认证用户”“静态绑定”选项。

认证用户：LOCAL，本地密码验证，需要输入密码和确认密码；RADIUS，选择指定的 RADIUS 服务器；LDAP 认证，选择指定的 LDAP 服务器。

单击“提交”按钮，完成创建用户。

重复以上过程，可以添加多个远程用户。

用户配置完成后，需要将刚刚配置的用户加入 SSL VPN 用户组中。

选择“对象”→“用户对象”→“用户组”选项，在弹出的界面中单击“新建”按钮，配置用户组，如图 12-26 所示。

图 12-26　配置用户组

参数说明：

名称：SSL VPN 用户组名。

类型：这里选择 SSL-VPN。

用户成员：将要使用 SSL VPN 的用户加入该组中，从“可选”列表中选择用户，然后单击右箭头或双击用户名称，将该用户添加到“已选”列表中。

开启 SSL VPN 通道服务：该组用户可以使用 SSL VPN 隧道模式。

开启代理服务：该组用户可以使用 Web 代理模式（可选）。

单击“提交”按钮，完成创建用户组。

12.6.2 配置 SSL VPN

SSL VPN 的基本功能包括如何启用 SSL VPN 服务，设置登录端口、用户超时时间等。

选择“网络”→“VPN”→“SSL 远程接入”选项，配置 SSL VPN，如图 12-27 所示。

图 12-27 配置 SSL VPN

参数说明：

启用 SSL VPN：用于启用/关闭 SSL VPN 服务功能。

登录端口：用于设置 SSL VPN 的服务端口，是客户端登录 SSL VPN 页面时采用的端口号，客户端通过此端口和防火墙设备建立 SSL VPN 连接，默认端口为 10443。用户登录地址可表述为“https://开启 SSL VPN 服务的端口 IP 地址:登录端口号”。

空闲超时时间：设置一段时间来控制用户超时。用户在登录 SSL VPN 后，如果在设定的时间内没有使用 SSL VPN 传输数据，那么用户将自动退出。如果用户需要再次使用 SSL VPN，则需要重新登录。

数据压缩：设置是否启用数据压缩。

用户唯一性检查：如果选定，则检查是否存在已登录的同名用户，同名禁止登录。

联系人：定制 SSL 客户端页面的联系人的信息。

联系电话：定制 SSL 客户端页面的联系人的电话。

E-mail：定制 SSL 客户端页面的联系人的 E-mail。

门户信息：用户自定义的 SSL VPN 门户信息。用户配置门户信息将显示在用户登录后的 SSL VPN PORTAL 页面上。

通道 IP 范围：指客户端通过隧道方式连接后分配到的 IP 地址范围。指定为 SSL VPN 隧道模式时客户端分配的 IP 地址范围，输入 IP 地址范围的起始和结束地址即可。

拨号用户 DNS：指定客户端通过隧道方式连接后使用的域名服务器，如果访问的资源均通过 IP 地址直接访问，则可不填。

拨号用户 WINS：指定客户端使用的 WINS 服务器。

隧道路由/掩码：配置隧道模式用户可以访问的私有网络，指客户端通过隧道方式连接后，在客户端 PC 上设定的访问路由，可配置多条。

单击“提交”按钮，完成 SSL VPN 配置。

12.6.3　配置资源

配置可用的资源，只有代理模式才需要配置资源，隧道模式可以不用配置资源。

选择“网络”→“VPN”→“SSL 远程接入”→“资源”选项，在弹出的界面中单击“新建”按钮，配置 SSL VPN 代理模式资源，如图 12-28 所示。

参数说明：

名称：输入资源名称。

访问方式：如果该资源为 Web Server，则采用 Web 方式。

URL：该资源的 IP 地址，如果该资源采用 Web 方式访问，则可输入域名。

端口：该资源所提供服务的对应端口号。

描述：资源描述（可选）。

启用：选择该复选框，激活该资源。

单击“提交”按钮，完成资源配置。

重复以上过程，可以添加多个资源。

资源配置完成后，选择“网络”→“VPN”→“SSL 远程接入”→“资源组”选项，在弹出的界面中单击“新建”按钮，创建资源组，将资源与用户关联上。配置 SSL VPN 资源组如图 12-29 所示。

参数说明：

名称：输入资源组名称。

描述：资源组描述（可选）。

资源：选择资源。

限定用户组访问：可设置是否启用。如果需要限定该资源组仅供某个用户组使用，则可选择“被限定用户组”。

单击“提交”按钮，完成资源组配置。

图 12-28　配置 SSL VPN 资源

图 12-29　配置 SSL VPN 资源组

重复以上过程，可以添加多个资源组。通过新建、编辑或删除资源组，可以很方便地将 SSL VPN 用户组与特定的内部资源联系起来。

12.6.4　接口下启用 SSL VPN

必须在指定的 SSL VPN 接入接口上启用 SSL VPN 选项，才可在该接口上进行 SSL VPN 认证。该接口一般为防火墙的外网口，同时该接口必须配置正确的 IP 地址。

选择“网络”→“接口”选项，选择要开启 SSL VPN 的接口，接口开启 SSL VPN 如图 12-30 所示。

图 12-30　接口开启 SSL VPN

在“接入控制”选项处，选择“SSL VPN”复选框。默认情况下，所有接口的 SSL VPN 选项都没有启用。要使用 SSL VPN 功能，需要在接口上启用该选项。

隧道模式下，需要配置安全策略放行隧道 IP 段到内网的流量。

12.6.5　SSL VPN 登录

很多业务模式较为复杂，无法以单纯的 Web 方式或 TCP 单连接方式运行，此时 SSL VPN 可采用隧道方式运行。在 Web 登录成功页面中，可下载 SSL VPN 瘦客户端（Thin Client）以支持 Tunnel 模式登录。

瘦客户端指无须用户配置与管理的客户端，它通过一些协议和服务器通信，进而接入局域网。使用网页浏览器打开“https://开启 SSL VPN 服务的端口 IP 地址:登录端口号”格式的链接，如 https://192.168.66.33:10443。SSL VPN 登录界面如图 12-31 所示。

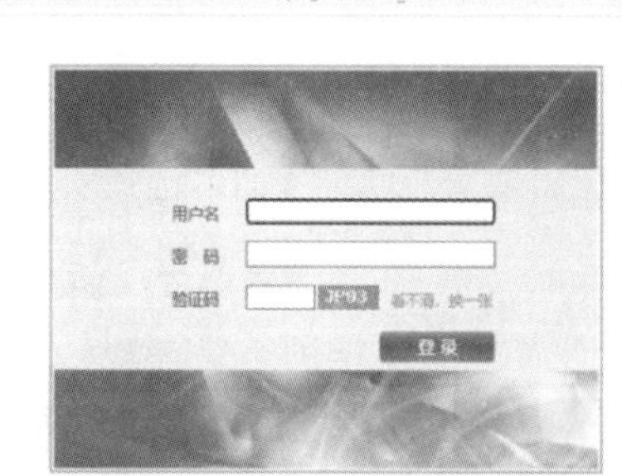

图 12-31　SSL VPN 登录界面

输入用户名和密码，登录 SSL VPN。

在 Web 的登录成功页面中，单击“隧道访问”选项，界面如图 12-32 所示。

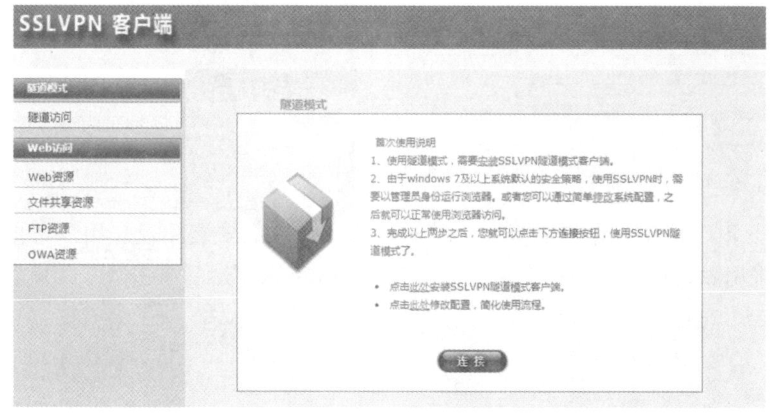

图 12-32　隧道访问界面

单击“点击此处安装 SSL VPN 隧道模式客户端”中的“此处”可下载一个 SSL VPN 客户端。单击“点击此处修改配置，简化使用流程”中的“此处”，可以避免使用证书登录或者连接隧道时浏览器弹出很多需要确认的提示信息，简化使用操作。

单击“点击此处安装 SSL VPN 隧道模式客户端”中的“此处”后浏览器会弹出文件下载提示，安装 SSLVPN_Client.exe 提示界面如图 12-33 所示。

单击“保存文件”按钮，将 SSLVPN_Client.exe 文件下载至本机，然后双击来运行该程序。某些浏览器由于捆绑了下载工具（如迅雷、FlashGet），也可用这些下载工具将 SSLVPN_Client.exe 文件下载至本地以管理员方式运行。

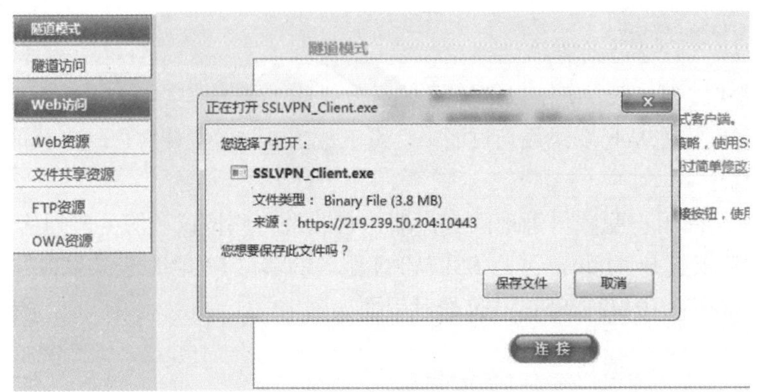

图 12-33　安装 SSLVPN_Client.exe 提示界面

选择运行或双击该文件后，会出现安装向导界面，选择安装语言如图 12-34 所示。选择相应的语言后，单击“下一步”按钮。

安装 SSL VPN 欢迎界面如图 12-35 所示。

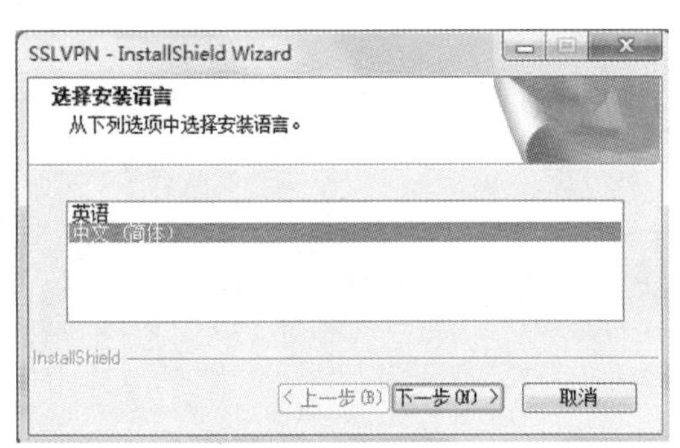

图 12-34　选择安装语言

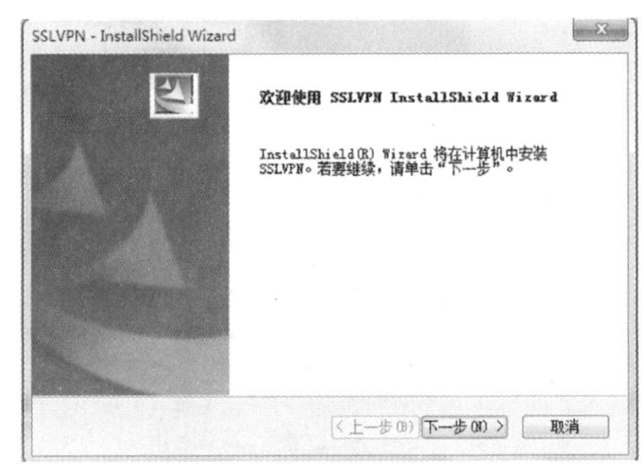

图 12-35　安装 SSL VPN 欢迎界面

单击“下一步”按钮，弹出的界面会显示该瘦客户端的安装路径。用户可自行选择安装目录，也可直接采用默认设置。选择安装位置如图 12-36 所示，然后单击“下一步”按钮。

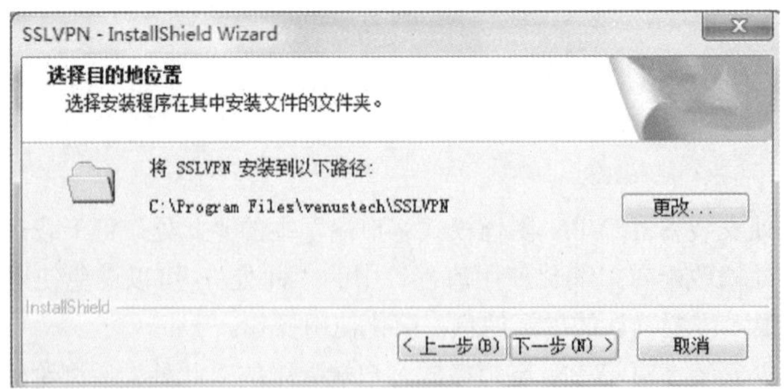

图 12-36　选择安装位置

此时弹出的界面提示用户安装程序所需的配置信息已经就绪，单击“安装”按钮，界面如图 12-37 所示。

此时安装程序会自动进行相关设置，当程序安装完成后，会出现图 12-38 所示的界面。单击“完成”按钮，SSL VPN 瘦客户端安装完毕。

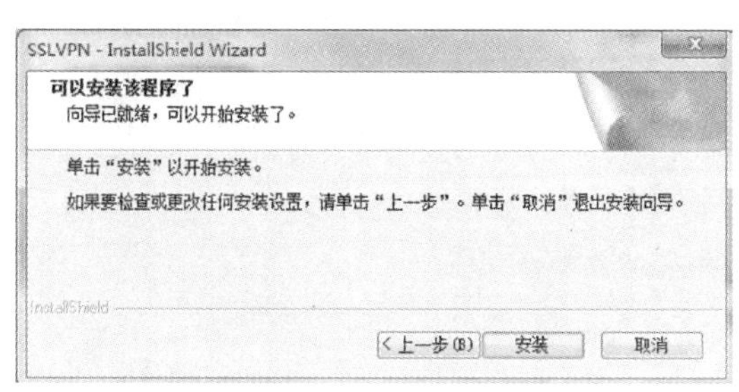

图 12-37　安装程序已就绪界面

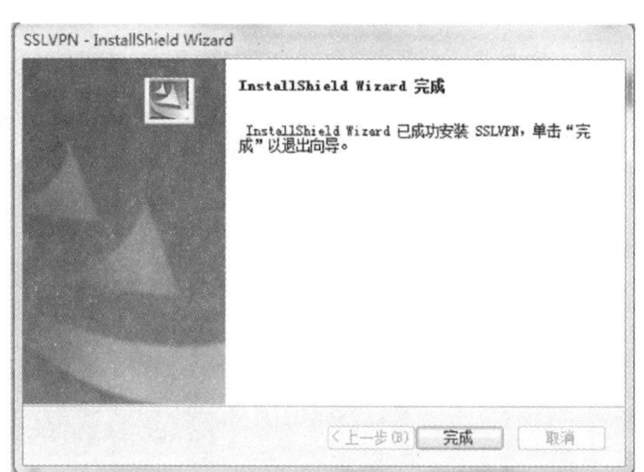

图 12-38　安装完成界面

瘦客户端安装完成后，打开 Web 访问界面，如图 12-39 所示。

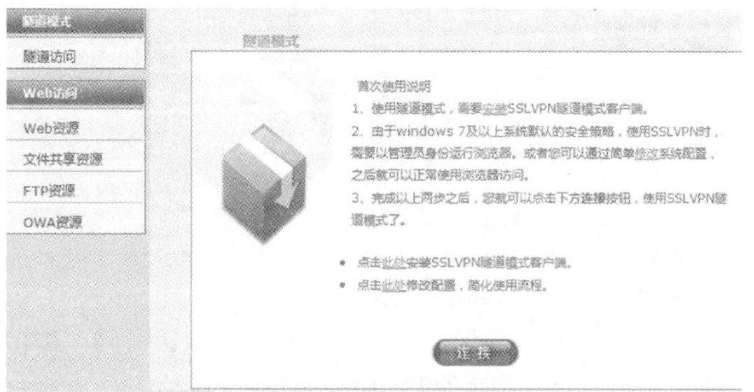

图 12-39　Web 访问界面

单击“连接”按钮后，会出现一个一闪而过的连接信息，之后就自动缩小至系统右下角的图标栏内，双击这个小图标可以看到具体的隧道连接信息，SSL VPN 控制器如图 12-40 所示。

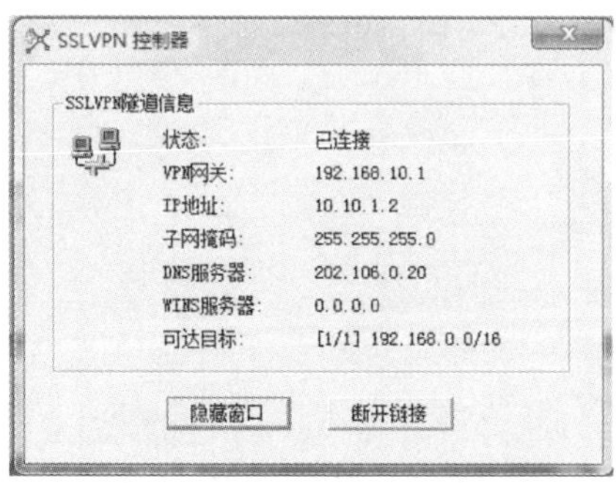

图 12-40　SSL VPN 控制器

此时，即可通过 SSL VPN 访问所需的相关资源。

12.7　L2TP VPN 配置

防火墙设备出厂时默认是没有配置 L2TP 的，配置 L2TP 时，需要进行地址池、认证用户组等配置。

12.7.1 配置 L2TP 用户和用户组

L2TP 用户与 SSL VPN 配置用户方式相同。

选择“对象”→“用户对象”→“用户”选项，在弹出的界面中单击“新建”按钮，配置用户对象，如图 12-41 所示。

配置
用户名 test
启用
类型 认证用户 静态绑定
认证用户 LOCAL RADIUS LDAP
密码 ••••••
确认密码 ••••••
提交 取消

图 12-41 配置用户对象

参数说明：

用户名：为不同的用户命名。

启用：是否启用此用户。

类型：可选择“认证用户”“静态绑定”选项。

认证用户：LOCAL，本地密码验证，需要输入密码和确认密码；RADIUS，选择指定的 RADIUS 服务器；LDAP 认证，选择指定的 LDAP 服务器。

单击“提交”按钮，完成创建用户。

重复以上过程，可以添加多个远程用户。

用户配置完成后，需要将刚刚配置的用户加入用户组中。

选择“对象”→“用户对象”→“用户组”选项，在弹出的界面中单击“新建”按钮，配置用户组，如图 12-42 所示。

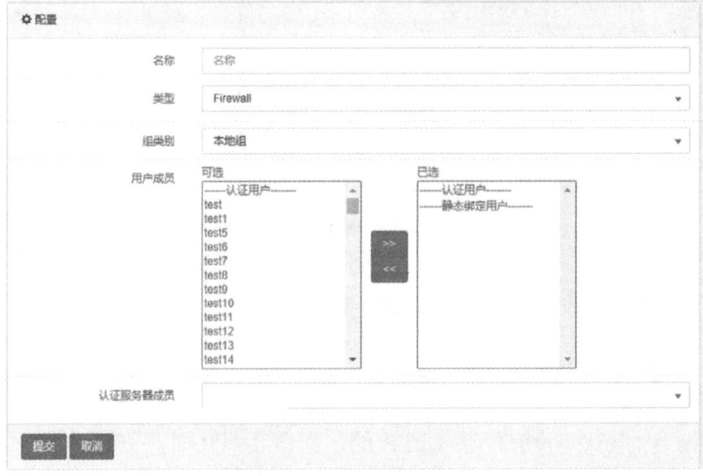

图 12-42 配置用户组

参数说明：

名称：用户组名。

类型：这里选择 Firewall。

用户成员：将要使用 L2TP VPN 的用户加入该组中，从“可选”列表中选择用户，然后单击右箭头或双击用户名称，将该用户添加到“已选”列表中。

单击“提交”按钮，完成创建用户组。

12.7.2　配置 L2TP VPN

L2TP VPN 的基本功能包括启用 L2TP 服务、分配地址、用户组等。

选择“网络”→“VPN”→“L2TP”选项，配置 L2TP VPN，如图 12-43 所示。

图 12-43　配置 L2TP

参数说明：

启用：选中该复选框表示启用 L2TP 功能，否则停止 L2TP 功能。

起始 IP 和结束 IP：用来进行地址分配的起始地址和终止地址。

用户组：通过选中的用户组来对拨号客户端身份进行验证。

用户唯一性检查：约束同一用户是否可以同时多次登入。

拨号用户 DNS 和拨号用户 WINS：在客户端拨号成功后，用于为用户拨号连接设置 DNS 和 WINS 地址（可选）。

单击“提交”按钮，完成 L2TP 配置。

12.7.3　接口下启用 L2TP VPN

必须在指定的 L2TP VPN 接入接口上启用 L2TP VPN 选项，才可在该接口上进行 L2TP VPN 认证。该接口一般为防火墙的外网口，同时必须配置正确的 IP 地址。

选择“网络”→“接口”选项，选择要开启 L2TP VPN 的接口，接口开启 L2TP VPN 如图 12-44 所示。

在“接入控制”选项处，选择“L2TP”复选框。默认情况下，所有接口的 L2TP VPN 选项都没有启用。要使用 L2TP VPN 功能，需要手动在接口上启用该选项。

基本属性

接口 ge0/0

名称 ge0/0

IP地址 地址模式: ◉静态 ○DHCP ○PPPoE

IPv4 IP地址/掩码 □浮动IP UID 1 添加

类型	IP地址/掩码	浮动IP	UID
IPv4	192.168.1.250/24	否	0

配置

管理状态 UP

协商模式 自协商

速率 10

双工模式 全双工

MTU 1500 (68-1500)

管理访问 □HTTP ☑HTTPS ☑PING □TELNET ☑SSH □BGP □OSPF □RIP □DNS □tControl(可编程服务)

接入控制 ☑L2TP □SSLVPN

更新 取消

图 12-44 接口开启 L2TP VPN

12.7.4 L2TP VPN 登录

使用 Windows 登录 L2TP VPN，打开“网络和共享中心”，如图 12-45 所示。

图 12-45 网络和共享中心

选择“设置新的连接或网络”，弹出的设置连接或网络界面如图 12-46 所示。

选择“连接到工作区”，单击“下一步”按钮，连接到工作区界面如图 12-47 所示。

选择“否，创建新连接”，单击“下一步”按钮，弹出的界面如图 12-48 所示。

选择“使用我的 Internet 连接（VPN）”，弹出的界面如图 12-49 所示。

输入防火墙的 IP 地址和目标名称，单击“创建”按钮，创建 VPN 成功。

单击 VPN，选择“连接”，L2TP 登录界面如图 12-50 所示。

输入用户名和密码后，单击“确定”按钮，VPN 连接成功，L2TP VPN 网络连接如图 12-51 所示。

图 12-46　设置连接或网络界面

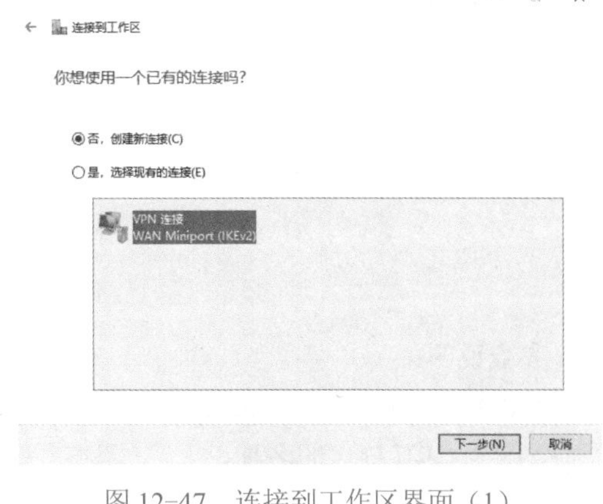

图 12-47　连接到工作区界面（1）

图 12-48　连接到工作区界面（2）

图 12-49　连接到工作区界面（3）

图 12-50　L2TP 登录界面

图 12-51　L2TP VPN 网络连接

12.8　GRE VPN 配置

GRE 是对网络层协议的数据报文进行封装，使这些被封装的数据报文能够在另一个网络层协议中传输。GRE 采用了隧道技术，是三层隧道协议。GRE 接口配合路由配置，可以将流量引入 GRE 隧道传输。

12.8.1 查看 GRE

选择“网络”→“接口”→“GRE”选项可以查看 GRE 列表，如图 12-52 所示。

图 12-52 查看 GRE 列表

参数说明：

链路状态：GRE 接口的状态。

名称：GRE 接口的名称。

IP 地址：GRE 接口的 IP 地址。

隧道源地址：GRE 隧道的源地址。

隧道对端地址：GRE 隧道的对端地址。

12.8.2 配置 GRE

选择“网络”→“接口”→“GRE”选项，在弹出的界面中单击“新建”按钮，配置 GRE 如图 12-53 所示。

图 12-53 配置 GRE

参数说明：

名称：GRE 接口名称。

组号：GRE 接口组号。

地址列表：GRE 接口 IP 地址。

管理状态：GRE 接口启用或关闭，可选 Up 或 Down。

隧道源地址：GRE 隧道的源地址。

隧道对端地址：GRE 隧道的对端地址。

隧道标示：GRE 隧道标示 key，范围为 1～9999。

Keep alive：GRE 隧道启用保活机制。

间隔：保活报文发送间隔，范围为 1～86400s。

重试次数：保活报文重发次数，范围为 1～1000 次。

TTL：GRE 隧道 IP 报文的 TTL 值，范围为 0～255。

管理访问：配置通过该接口允许管理防火墙的方式，如 HTTP、HTTPS、Telnet、SSH、tControl，也可以配置该接口提供的服务，如 ping、BGP、OSPF、RIP、DNS。

12.9　配置日志、Syslog、SNMP

启明星辰防火墙设备支持标准的 Syslog 格式，包括本地日志及 E-mail 日志，可为用户提供掌握系统运行状况的多种方法。

12.9.1　配置日志过滤

默认情况下，防火墙多数功能的日志需要手动开启。

选择“日志”→“日志管理”→“日志过滤”选项，要开启什么类型的日志，可以选择相应的日志类型，如图 12-54 所示。

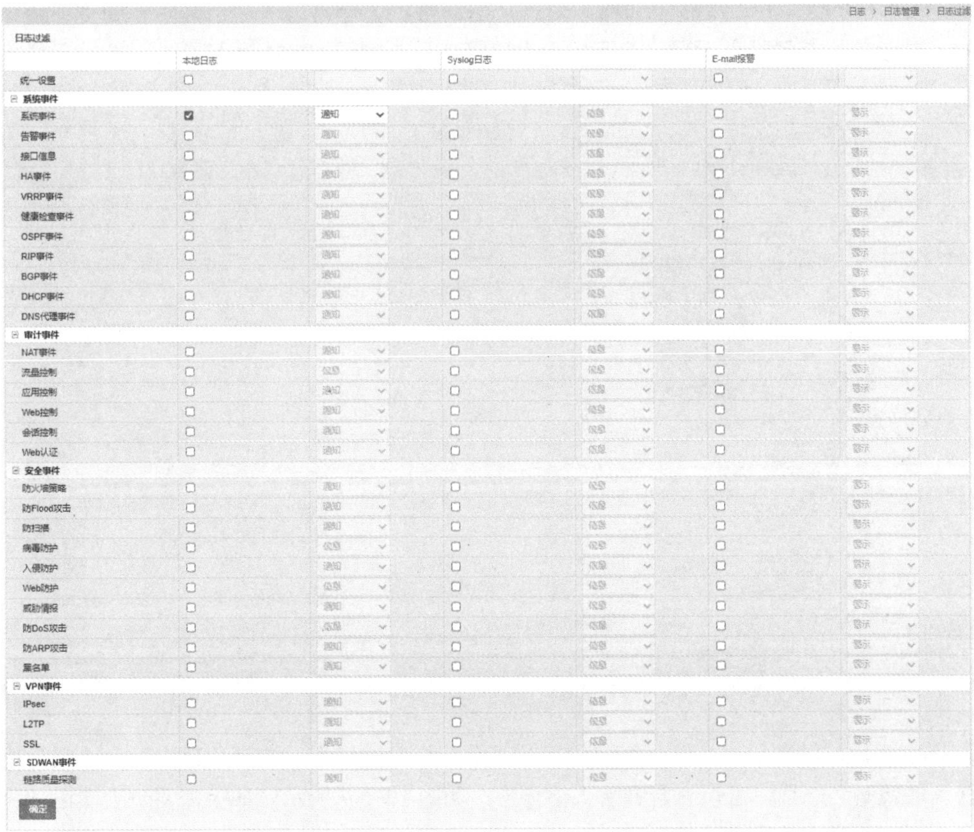

图 12-54　日志过滤

参数说明：

本地日志：是否启用本地日志及其级别。

Syslog 日志：是否启用 Syslog 日志及其级别。

E-mail 报警：是否启用 E-mail 日志及其级别。

单击“确定”按钮完成配置。

日志级别包括信息、通知、警示、错误、严重、告警、紧急。如果选择信息级，则会记录所有级别的日志；如果选择警示级，则会记录警示、错误、严重、告警、紧急的日志。日志过滤中只对大于或等于该级别的日志有效。日志级别如图 12-55 所示。

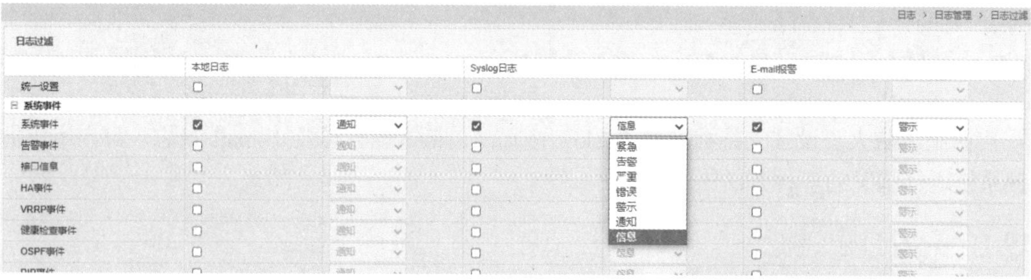

图 12-55　日志级别

开启日志过滤之后，还需要去相应的功能下开启日志，例如要开启防火墙策略日志，需选择“策略”→“防火墙”→“策略”选项，编辑某条策略，选择日志“会话开始”和“会话结束”复选框，防火墙将会记录会话日志。开启防火墙策略日志如图 12-56 所示。

图 12-56　开启防火墙策略日志

配置完成后，触发日志，可以在防火墙中查看到相应的日志，选择“日志”→“安全日志”→“防火墙策略”选项，可以查看到防火墙日志，如图 12-57 所示。如果需要防火墙记录防火墙策略日志，则需要在日志过滤处选择过滤级别为信息级。

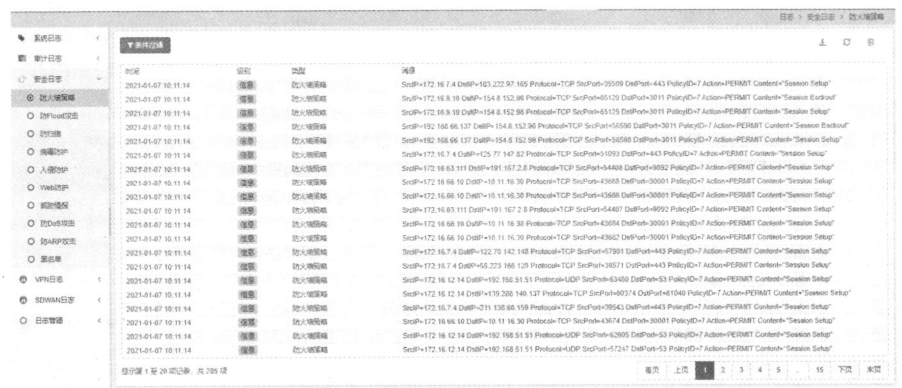

图 12-57　防火墙日志

12.9.2　配置 Syslog

由于防火墙本地可存储的日志有限，因此多数时候用户需要将日志发送到统一的日志服务器进行保存和分析，防火墙支持将日志发给 Syslog 服务器。

选择“日志”→“日志管理”→“日志服务器”选项，配置 Syslog 服务器，如图 12-58 所示。

配置

启用Syslog服务器 ☑

服务器1

IP地址 192.168.66.254

端口 514 (1-65535)

服务器2

IP地址

端口 514 (1-65535)

服务器3

IP地址

端口 514 (1-65535)

确定

图 12-58　配置 Syslog 服务器

参数说明：

启用 Syslog 服务器：选中代表启用，不选中代表关闭。

服务器 1、服务器 2 和服务器 3：表示可以同时将日志发送到不同的 Syslog 服务器，并且之间互不影响。

IP 地址：Syslog 服务器地址。

端口：Syslog 服务器端口，默认为 UDP 514。

开启了 Syslog 的防火墙会将日志发往指定的服务器。

12.9.3　日志审计

只有 audit 账户才能对管理防火墙的日志进行审计。

使用默认账户 audit 登录防火墙，选择“日志”→“日志管理”→“日志过滤”选项，配置审计日志过滤，如图 12-59 所示。

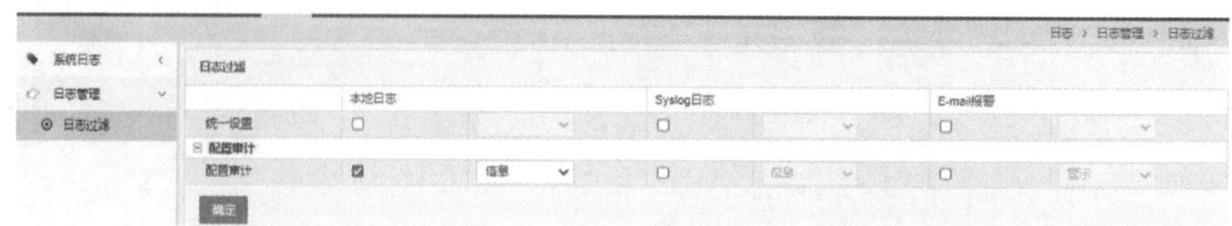

图 12-59　配置审计日志过滤

开启配置审计日志过滤后，选择“日志”→“系统日志”→“配置管理”选项，可以查看到配置日志，如图 12-60 所示。

图 12-60　查看配置日志

12.9.4　配置 SNMP

简单网络管理协议（SNMP）由一组网络管理的标准组成。该协议能够支持网络管理系统，用于监测连接到网络上的设备是否有任何需要引起管理上关注的情况。

选择“系统”→“SNMP”选项，配置 SNMP，如图 12-61 所示。

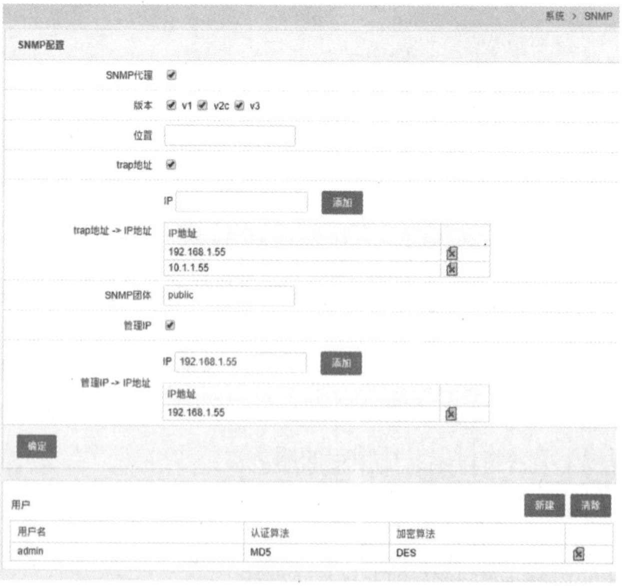

图 12-61　配置 SNMP

参数说明：

SNMP 代理：选中为启动 SNMP 代理。

版本：选择是否启用 v1、v2c、v3 版本的 SNMP。

位置：用于输入系统所在的物理位置。

Trap 地址：添加 Trap 信息接收端 IP 地址。

SNMP 团体：输入 SNMP 代理认证口令，默认为 public。

管理 IP：选中并添加 IP 地址，则启动管理 IP 过滤。

IP 地址：添加管理 IP 地址，用于对管理 IP 过滤。

用户：建立管理用户，用于对 v3 版本的权限设置。

单击“确定”按钮可完成配置。

配置了 SNMP 的防火墙会将 SNMP 信息发往指定的 SNMP 服务器。

12.10　防火墙路由模式相关实验

防火墙路由模式实验包括静态路由实验、OSPF 实验、边界防火墙实验、多出口防火墙实验、双向 NAT 实验、IPSec VPN 实验、SSL VPN 实验。

12.10.1　静态路由实验

【实验拓扑】

防火墙使用路由模式部署在用户网络不同的安全域之间，静态路由实验拓扑如图 12-62 所示。

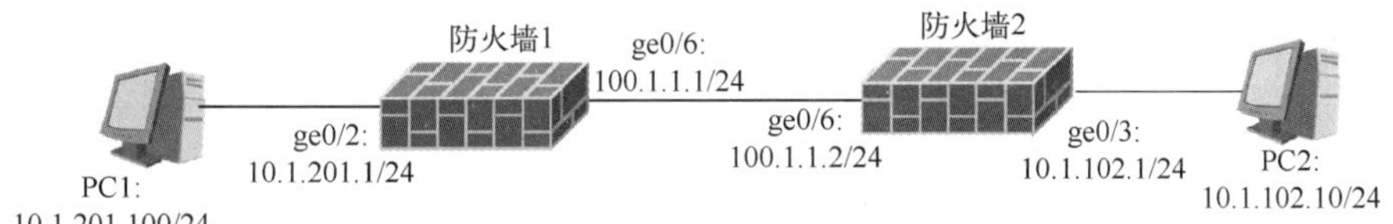

图 12-62　静态路由实验拓扑

【实验目标】

配置防火墙静态路由，实现 PC1 和 PC2 通信。

【实验步骤】

静态路由实验的步骤如下：

1）通过 Console 口登录防火墙 1，按照要求配置带外管理 IP 地址，开启防火墙 HTTPS 的管理方式。

2）通过 Console 口登录防火墙 2，按照要求配置带外管理 IP 地址，开启防火墙 HTTPS 的管理方式。

3）通过 HTTPS 登录防火墙 1，选择“网络”→“接口”→“物理接口”选项，按照要求配置防火墙 1 的 ge0/2 口、ge0/6 口 IP 地址。

4）选择“对象”→“地址对象”→“地址节点”选项，在弹出的界面中单击“新建”按钮，分别配置地址对象 PC1 和 PC2。

5）选择“策略”→“防火墙”→“策略”选项，在弹出的界面中单击“新建”按钮，配置防火墙策略，放行 PC1 到 PC2 的 ICMP 流量。

6）通过 HTTPS 登录防火墙 2，重复步骤 3）～5）的操作[修改步骤 3）中 ge0/2 的 IP 地址为 ge0/3 的 IP 地址]。

7）测试。

PC1 ping PC2，结果不通。

PC1 可以 ping 通自己的网关，可以 ping 通防火墙 1 ge0/6 的 IP 地址，但是 ping 不通防火墙 2 的所有地址，因为防火墙 2 没有到 PC1 网段的路由。

防火墙 1 ping PC1 通，ping PC2 不通。

防火墙 1 与 PC1 直连时通，防火墙 1 与 PC2 非直连时不通，需要配置路由。

防火墙 2 ping PC2 通，ping PC1 不通。

防火墙 2 与 PC2 直连时通，防火墙 2 与 PC1 非直连时不通，需要配置路由。

8）登录防火墙 1，选择“网络”→“路由”→“静态路由”选项，在弹出的界面中单击“新建”按钮，配置去往 PC2 网段的静态路由，下一跳地址为防火墙 2 互联防火墙 1 的 IP 地址。

9）登录防火墙 2，选择“网络”→“路由”→“静态路由”选项，在弹出的界面中单击“新建”按钮，配置去往 PC1 网段的静态路由，下一跳地址为防火墙 1 互联防火墙 2 的 IP 地址。

10）查看防火墙 1 和防火墙 2 的路由表，可以看到配置的静态路由有效。

11）测试。

PC1 可以 ping 通 PC2。

防火墙 1 可以 ping 通 PC1 和 PC2。

防火墙 2 可以 ping 通 PC1 和 PC2。

12.10.2 OSPF 实验

【实验拓扑】

防火墙使用路由模式部署在用户网络不同的安全域之间，OSPF 实验拓扑如图 12-63 所示。

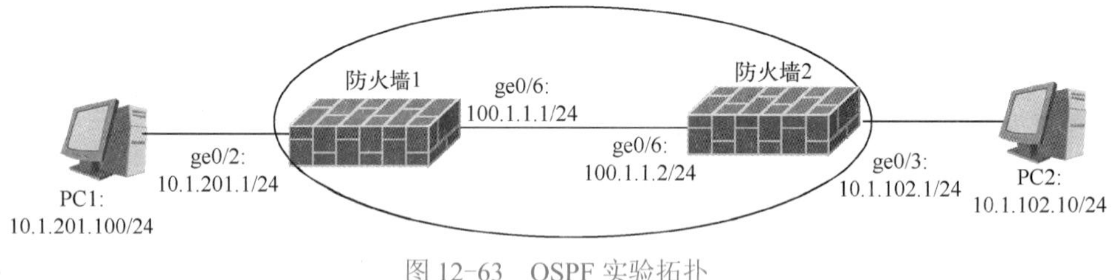

图 12-63 OSPF 实验拓扑

【实验目标】

配置防火墙动态路由 OSPF，实现 PC1 和 PC2 通信。

【实验步骤】

OSPF 实验的步骤如下：

1）通过 Console 口登录防火墙 1，按照要求配置带外管理 IP 地址，开启防火墙 HTTPS 的管理方式。

2）通过 Console 口登录防火墙 2，按照要求配置带外管理 IP 地址，开启防火墙 HTTPS 的管理方式。

3）通过 HTTPS 登录防火墙 1，选择“网络”→“接口”→“物理接口”选项，按照要求配置防火墙 1 的 ge0/2 口、ge0/6 口 IP 地址。

4）选择“对象”→“地址对象”→“地址节点”选项，在弹出的界面中单击“新建”按钮，分别配置地址对象 PC1 和 PC2。

5）选择“策略”→“防火墙”→“策略”选项，在弹出的界面中单击“新建”按钮，配置防火墙策略，放行 PC1 到 PC2 的 ICMP 流量。

6）通过 HTTPS 登录防火墙 2，重复步骤 3）～5）的操作[修改步骤 3）中 ge0/2 的 IP 地址为 ge0/3 的 IP 地址]。

7）测试。

PC1 ping PC2，结果不通。

PC1 可以 ping 通自己的网关，可以 ping 通防火墙 1 ge0/6 的 IP 地址，但是 ping 不通防火墙 2 的所有地址，因为防火墙 2 没有到 PC1 网段的路由。

防火墙 1 ping PC1 通，ping PC2 不通。

防火墙 1 与 PC1 直连时通，防火墙 1 与 PC2 非直连时不通，需要配置路由。

防火墙 2 ping PC2 通，ping PC1 不通。

防火墙 2 与 PC2 直连时通，防火墙 2 与 PC1 非直连时不通，需要配置路由。

8）登录防火墙 1，选择“网络”→“路由”→“动态路由”→“OSPF”选项，配置 OSPF 的区域和接口。

9）选择“网络”→“接口”→“物理接口”选项，在弹出的界面中单击相应的物理接口，在管理方式下选择“OSPF”复选框。

10）登录防火墙 2，重复步骤 8）、9）的操作。

11）查看防火墙 1 和防火墙 2 的 OSPF 监控器，可以看到 OSPF 邻居；查看防火墙 1 和防火墙 2 的路由表，可以看到学习到了 OSPF 路由。

12）测试：

PC1 可以 ping 通 PC2。

防火墙 1 可以 ping 通 PC1 和 PC2。

防火墙 2 可以 ping 通 PC1 和 PC2。

12.10.3　边界防火墙实验 1

【实验拓扑】

防火墙使用路由模式部署在用户网络边界，内部计算机上公网实验拓扑如图 12-64 所示。

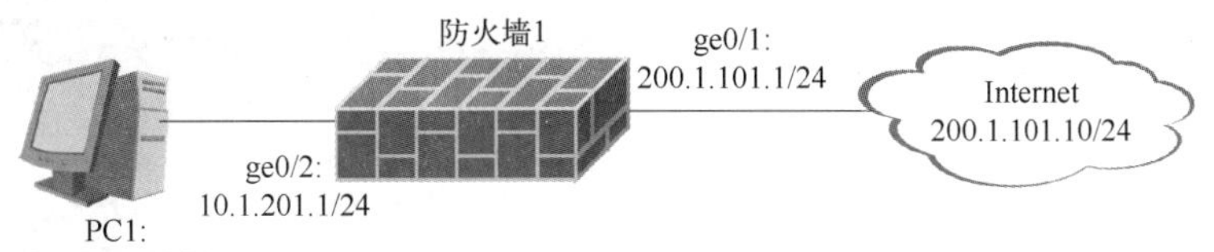

图 12-64　内部计算机上公网实验拓扑

【实验目标】

配置源 NAT，实现 PC1 访问 Internet。

【实验步骤】

边界防火墙实验 1 的步骤如下：

1）通过 Console 口登录防火墙 1，按照要求配置带外管理 IP 地址，开启防火墙 HTTPS 的管理方式。

2）通过 HTTPS 登录防火墙 1，选择“网络”→“接口”→“物理接口”选项，按照要求配置防火墙 1 的 ge0/1 口、ge0/2 口 IP 地址。

3）选择“对象”→“地址对象”→“地址节点”选项，在弹出的界面中单击“新建”按钮，配置地址对象 PC1。

4）选择“策略”→“防火墙”→“策略”选项，在弹出的界面中单击“新建”按钮，配置防火墙策略，放行 PC1 到 any 的 ICMP 流量。

5）测试。

PC1 ping Internet 上的 IP 地址，结果不通。

PC1 私网 IP 地址不能上公网。

6）选择“网络”→“路由”→“静态路由”选项，在弹出的界面中单击“新建”按钮，配置默认路由，下一跳地址为 Internet 的 IP 地址。

7）选择“网络”→“NAT”→“NAT 规则”→“源地址转换”选项，在弹出的界面中单击“新建”按钮，配置源地址转换。

8）测试。

PC1 ping 通 Internet 上的 IP 地址。

选择“网络”→“调试”→“Web 调试”选项，输入过滤条件，查看输出的 Web 调试信息。

12.10.4 边界防火墙实验 2

【实验拓扑】

防火墙使用路由模式部署在用户网络边界，内部服务器对外提供服务实验拓扑如图 12-65 所示。

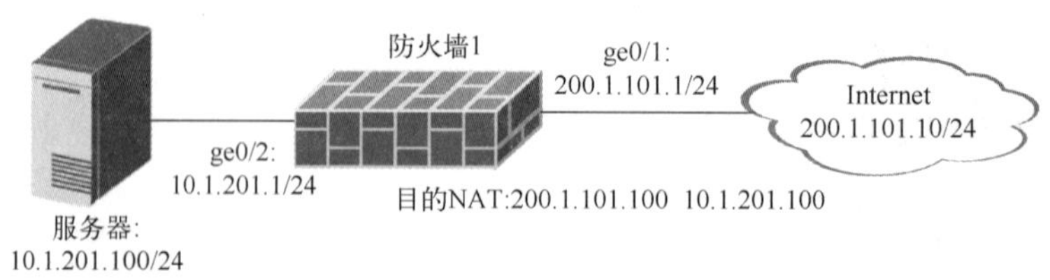

图 12-65 内部服务器对外提供服务实验拓扑

【实验目标】

配置目标 NAT，实现 Internet 能够通过公网地址访问服务器。

【实验步骤】

边界防火墙实验 2 的步骤如下：

1）通过 Console 口登录防火墙 1，按照要求配置带外管理 IP 地址，开启防火墙 HTTPS 的管理方式。

2）通过 HTTPS 登录防火墙 1，选择“网络”→“接口”→“物理接口”选项，按照要求配置防火墙 1 的 ge0/1 口、ge0/2 口 IP 地址。

3）选择“对象”→“地址对象”→“地址节点”选项，在弹出的界面中单击“新建”按钮，配置地址对象服务器。

4）选择“策略”→“防火墙”→“策略”选项，在弹出的界面中单击“新建”按钮，配置防火墙策略，放行 any 到服务器的 ICMP 流量。

5）测试。

Internet ping 服务器对外发布的公网 IP 地址，结果不通。

6）选择“网络”→“路由”→“静态路由”选项，在弹出的界面中单击“新建”按钮，配置默认路由，下一跳地址为 Internet 的 IP 地址。

7）选择“网络”→“NAT”→“NAT 规则”→“目标地址转换”选项，在弹出的界面中单击“新建”按钮，配置目标地址转换。

8）测试：

Internet ping 服务器对外发布的公网 IP 地址，结果可通。

选择“网络”→“调试”→“Web 调试”选项，输入过滤条件，查看输出的 Web 调试信息。

12.10.5　多出口防火墙实验

【实验拓扑】

防火墙使用路由模式部署在用户网络边界，拥有多出口，用户需要通过多出口实现主备或者负载上网，多出口实验拓扑如图 12-66 所示。

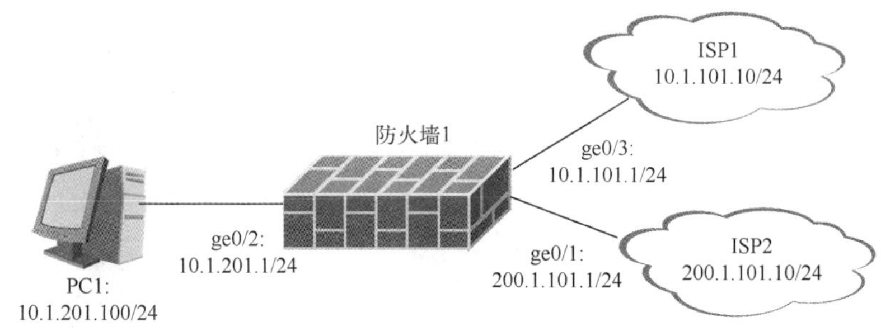

图 12-66　多出口实验拓扑

【实验目标】

配置路由和 NAT，实现内网多出口上公网。

【实验步骤】

多出口防火墙实验的步骤如下：

1）通过 Console 口登录防火墙 1，按照要求配置带外管理 IP 地址，开启防火墙 HTTPS 的管理方式。

2）通过 HTTPS 登录防火墙 1，选择“网络”→“接口”→“物理接口”选项，按照要求配置防火墙 1 的 ge0/1 口、ge0/2 和 ge0/3 口 IP 地址。

3）选择“对象”→“地址对象”→“地址节点”选项，在弹出的界面中单击“新建”按钮，配置地址对象 PC1。

4）选择“策略”→“防火墙”→“策略”选项，在弹出的界面中单击“新建”按钮，配置防火墙策略，放行 PC1 到 any 的 ICMP 流量。

5）测试：

PC1 ping Internet 上的 IP 地址，结果不通。

PC1 私网 IP 地址不能上公网。

6）选择“网络”→“路由”→“静态路由”选项，在弹出的界面中单击“新建”按钮，配置默认路由，下一跳地址为 Internet 的 ISP1 和 ISP2 地址，两条默认路由。通过距离实现主备或者负载，查看路由表验证。

7）选择“网络”→“NAT”→“NAT 规则”→“源地址转换”选项，在弹出的界面中单击“新建”按钮，配置源地址转换。配置两条源地址转换，转换后的源地址分别为连接 ISP1 和 ISP2 的接口互联地址。

8）测试：

PC1 ping 通 Internet 上的 IP 地址。

选择“网络”→“调试”→“Web 调试”选项，输入过滤条件，查看输出的 Web 调试信息。

12.10.6　双向 NAT 实验

【实验拓扑】

防火墙部署在两家公司的边界，为了安全，对外公开的源地址、目标地址使用的都是虚拟 IP 地址，源地址和目标地址需要同时进行转换，需要用到双向地址转换，双向 NAT 实验拓扑如图 12-67 所示。

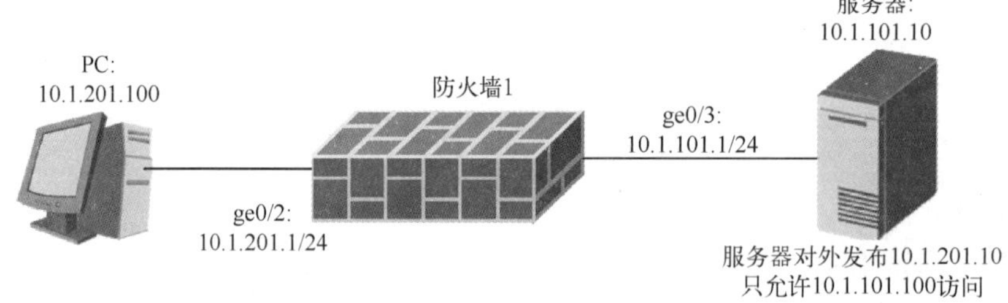

图 12-67　双向 NAT 实验拓扑

【实验目标】

配置双向 NAT，实现源和目标转换。

【实验步骤】

双向 NAT 实验的步骤如下：

1）通过 Console 口登录防火墙 1，按照要求配置带外管理 IP 地址，开启防火墙 HTTPS 的管理方式。

2）通过 HTTPS 登录防火墙 1，选择“网络”→“接口”→“物理接口”选项，按照要求配置防火墙 1 的 ge0/2 口和 ge0/3 口 IP 地址。

3）选择“对象”→“地址对象”→“地址节点”选项，在弹出的界面中单击“新建”按钮，配置地址对象 PC 和服务器。

4）选择“策略”→“防火墙”→“策略”选项，在弹出的界面中单击“新建”按钮，配置防火墙策略，放行 PC 到服务器的 ICMP 流量。

5）测试。

PC ping 服务器对外发布的公网 IP 地址，结果不通。

6）选择“网络”→“NAT”→“NAT 规则”→“目标地址转换”选项，配置双向 NAT。

7）测试。

PC ping 通服务器对外发布的公网 IP 地址。

选择“网络”→“调试”→“Web 调试”选项，输入过滤条件，查看输出的 Web 调试信息。

12.10.7　IPSec VPN 实验

【实验拓扑】

总公司和分公司都有防火墙，分别部署在用户网络边界，要求使用 IPSec VPN，IPSec VPN 实验拓扑如图 12-68 所示。

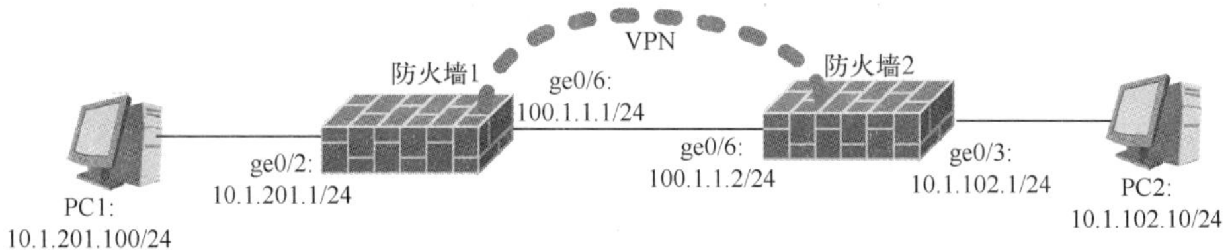

图 12-68　IPSec VPN 实验拓扑

【实验目标】

在防火墙 1 和防火墙 2 之间建立 IPSec VPN，PC1 和 PC2 通过 IPSec VPN 进行通信。

【实验步骤】

IPSec VPN 实验的实验步骤如下：

1）通过 Console 口登录防火墙 1，按照要求配置带外管理 IP 地址，开启防火墙 HTTPS 的管理方式。

2）通过 Console 口登录防火墙 2，按照要求配置带外管理 IP 地址，开启防火墙 HTTPS 的管理方式。

3）通过 HTTPS 登录防火墙 1，选择“网络”→“接口”→“物理接口”选项，按照要求配置防火墙 1 的 ge0/2 口、ge0/6 口 IP 地址。

4）选择“对象”→“地址对象”→“地址节点”选项，在弹出的界面中单击“新建”按钮，分别配置地址对象 PC1 和 PC2。

5）选择“策略”→“防火墙”→“策略”选项，在弹出的界面中单击“新建”按钮，配置防火墙策略，放行 PC1 到 PC2 的 ICMP 流量。

6）选择“网络”→“路由”→“静态路由”选项，在弹出的界面中单击“新建”按钮，配置默认路由。

7）选择“网络”→“VPN”→“IPSec”选项，配置防火墙 1 和防火墙 2 的 IKE、IPSec 和 IPSec 策略。

8）通过 HTTPS 登录防火墙 2，重复步骤 3）~7）的操作，根据本案例实验拓扑，配置防火墙 2 的接口 IP 地址、地址节点、防火墙策略、静态路由和 IPSec 策略。

9）测试。

PC1 可以 ping 通 PC2。

选择“网络”→“VPN”→“IPSec”→“监视器”选项，可以看到 VPN 的状态。

12.10.8 SSL VPN 实验

【实验拓扑】

防火墙部署在用户网络边界，外部 PC 想要安全访问用户内网，可使用 SSL VPN，SSL VPN 实验拓扑如图 12-69 所示。

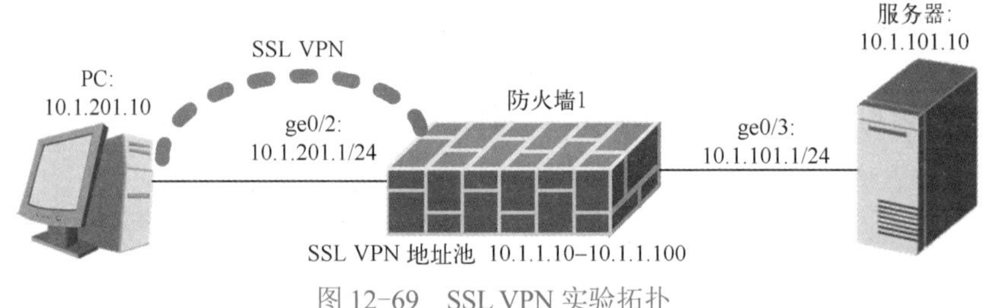

图 12-69 SSL VPN 实验拓扑

【实验目标】

在 PC 和防火墙 1 之间建立 SSL VPN，实现 PC 到服务器的安全通信。

【实验步骤】

SSL VPN 实验的步骤如下：

1）通过 Console 口登录防火墙 1，按照要求配置带外管理 IP 地址，开启防火墙 HTTPS 的管理方式。

2）通过 HTTPS 登录防火墙 1，选择“网络”→“接口”→“物理接口”选项，按照要求配置防火墙 1 的 ge0/2 口、ge0/3 口 IP 地址。

3）选择“对象”→“地址对象”→“地址节点”选项，在弹出的界面中单击“新建”按钮，配置地址对象 SSL 地址池。

4）选择“策略”→“防火墙”→“策略”选项，在弹出的界面中单击“新建”按钮，配置防火墙策略，放行 SSL 地址池到服务器的 ICMP 流量。

5）选择“对象”→“用户对象”→“用户”选项，在弹出的界面中单击“新建”按钮，配置防火墙 1 的用户。

6）选择“对象”→“用户对象”→“用户组”选项，在弹出的界面中单击“新建”按钮，配置防火墙 1 的 SSL VPN 用户组。

7）选择“网络”→“VPN”→“SSL 远程接入”选项，配置 SSL VPN 的参数。

8）选择“网络”→“接口”→“物理接口”选项，在弹出的界面中单击 ge0/2，选择管理方式为 SSL VPN。

9）测试。

PC 可以通过浏览器登录 SSL VPN，得到 IP 地址。

PC 可以通过 SSL VPN 访问服务器。

选择“网络”→“VPN”→“SSL 远程接入”→“监视器”选项，可以看到 VPN 的状态。

本章小结

本章详细介绍了防火墙接口、静态路由和默认路由、动态路由、NAT 等的配置过程，各种常见 VPN 的配置和应用场景，以及日志信息获取及推送的配置方法。防火墙工作在路由模式时，需要配置接口 IP 地址、静态路由或动态路由，用于建立路由表并进行数据转发，当企业内网使用私网地址时，还需要配置 NAT 功能，进行网络地址转换。另外，本章还对 IPSec VPN、SSL VPN、L2TP VPN 和 GRE VPN 的配置过程进行了介绍。

第 13 章 防火墙双机热备实验

防火墙通常部署在企业网络的出口位置，一旦出现故障，可能造成网络中断，将对企业的业务造成严重影响。因此，在进行企业网络架构设计时，关键位置通常会部署两台防火墙，以提升网络的可靠性，保证业务不中断。本章主要介绍双机热备功能的配置步骤和方法，包括配置双机热备的模式、配置同步、连接同步、故障检测和状态监控，最后介绍双机热备的实验。

13.1 配置双机热备模式

进行具体的双机热备配置之前先熟悉一下双机热备的常见组网。这里以经典的主备组网来介绍 HA 的配置。常见组网如图 13-1 所示。防火墙 A 和防火墙 B 进行双机热备组网，两台防火墙的 ge0/3 和 ge0/4 分别连接上下游交换机，心跳口通过 ge0/5 相连。两台设备配置全通的安全策略。

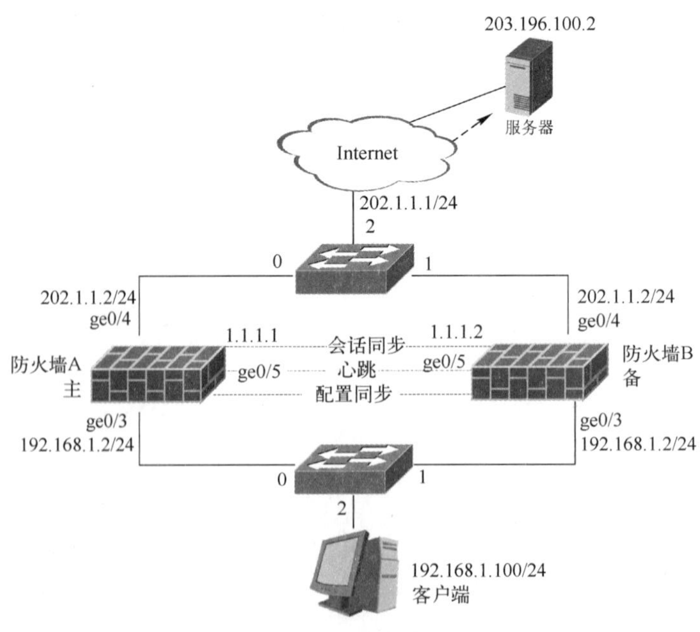

图 13-1　双机热备常用组网

13.1.1　配置 HA 接口

配置心跳接口：

通过浏览器 HTTPS 方式登录防火墙 A，选择“网络”→“接口”→“物理接口”→“ge0/5”选项，配置 HA 接口的地址和访问方式，如图 13-2 所示。定义 ge0/5 为 HA 接口，配置地址为 1.1.1.1/24。

使用同样的方式访问防火墙 B，定义 ge0/5 为 HA 接口，配置地址为 1.1.1.2/24。

图 13-2　配置 HA 接口

配置业务口（主备模式下）：

通过浏览器 HTTPS 方式登录防火墙 A，选择“网络”→“接口”→“物理接口”→“ge0/4”选项，配置接口的地址，如图 13-3 所示。配置浮动地址为 202.1.1.2/24（添加地址时，选择“浮动 IP”复选框），配置接口静态地址为 202.1.1.3/24。

图 13-3　配置防火墙 A 上行业务接口

选择“网络”→“接口”→“物理接口”→“ge0/3”选项，配置接口的地址，如图 13-4 所示。配置浮动地址为 192.168.1.2/24（添加地址时，选择“浮动 IP”复选框），配置接口静态地址为 192.168.1.3/24。

图 13-4　配置防火墙 A 下行业务接口

通过浏览器 HTTPS 方式登录防火墙 B，选择“网络”→“接口”→“物理接口”→“ge0/4”选项，配置接口的地址，如图 13-5 所示。配置浮动地址为 202.1.1.2/24（添加地址时，选择“浮动 IP”复选框），配置接口静态地址为 202.1.1.4/24。

基本属性

接口 ge0/4

名称 ge0/4

地址模式: 静态 DHCP PPPoE

IP地址：IPv4 IP地址/掩码 浮动IP UID 1 添加

类型	IP地址/掩码	浮动IP	UID
IPv4	202.1.1.2/24	是	1
IPv4	202.1.1.4/24	否	0

图 13-5　配置防火墙 B 上行业务接口

通过浏览器 HTTPS 方式登录防火墙 B，选择“网络”→“接口”→“物理接口”→“ge0/3”选项，配置接口的地址，如图 13-6 所示。配置浮动地址为 192.168.1.2/24（添加地址时，选择“浮动 IP”复选框），配置接口静态地址为 192.168.1.4/24。

基本属性

接口 ge0/3

名称 ge0/3

地址模式: 静态 DHCP PPPoE

IP地址：IPv4 IP地址/掩码 浮动IP UID 1 添加

类型	IP地址/掩码	浮动IP	UID
IPv4	192.168.1.2/24	是	1
IPv4	192.168.1.4/24	否	0

图 13-6　配置防火墙 B 下行业务接口

配置业务口（主主模式下）：

主主模式和主备模式下的接口配置略有不同，主备模式的配置逻辑是配置一样的浮动地址，不一样的物理地址，而主主模式的要求是配置的浮动地址通过 UID 区分。主防火墙 A 是 UID 1，主防火墙 B 是 UID 2。

通过浏览器 HTTPS 方式登录防火墙 A，选择“网络”→“接口”→“物理接口”→“ge0/4”选项，配置接口的地址，如图 13-7 所示。配置浮动地址为 202.1.1.33/24（选择“浮动 IP”复选框，UID=1），配置浮动地址为 202.1.1.44/24（选择“浮动 IP”复选框，UID=2），配置接口静态地址为 202.1.1.3/24。

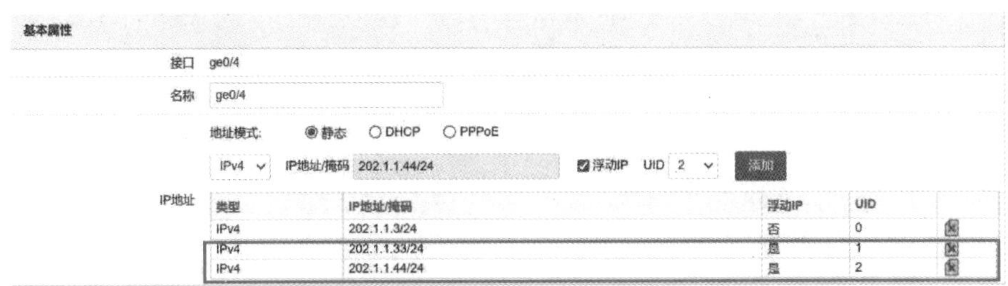

图 13-7　配置防火墙 A 上行业务接口（主主）

选择“网络”→“接口”→“物理接口”→“ge0/3”选项，配置接口的地址，如图 13-8 所示。配置浮动地址为 192.168.1.33/24（选择“浮动 IP”复选框，UID=1），配置浮动地址为 192.168.1.44/24（选择“浮动 IP”复选框，UID=2），配置接口静态地址为 192.168.1.3/24。

基本属性
接口 ge0/3
名称 ge0/3
地址模式: 静态 DHCP PPPoE
IPv4 IP地址/掩码 192.168.1.44/24 浮动IP UID 2 添加
IP地址

类型	IP地址/掩码	浮动IP	UID
IPv4	192.168.1.3/24	否	0
IPv4	192.168.1.33/24	是	1
IPv4	192.168.1.44/24	是	2

图 13-8　配置防火墙 A 下行业务接口（主主）

通过浏览器 HTTPS 方式登录防火墙 B，选择“网络”→“接口”→“物理接口”→“ge0/4”选项，如图 13-9 所示。配置浮动地址为 202.1.1.33/24（选择“浮动 IP”复选框，UID=1），配置浮动地址为 202.1.1.44/24（选择“浮动 IP”复选框，UID=2），配置接口静态地址为 202.1.1.4/24。

基本属性
接口 ge0/4
名称 ge0/4
地址模式: 静态 DHCP PPPoE
IPv4 IP地址/掩码 202.1.1.44/24 浮动IP UID 2 添加
IP地址

类型	IP地址/掩码	浮动IP	UID
IPv4	202.1.1.4/24	否	0
IPv4	202.1.1.33/24	是	1
IPv4	202.1.1.44/24	是	2

图 13-9　配置防火墙 B 上行业务接口（主主）

选择“网络”→“接口”→“物理接口”→“ge0/3”选项，如图 13-10 所示。配置浮动地址为 192.168.1.33/24（选择“浮动 IP”复选框，UID=1），配置浮动地址为 192.168.1.44/24（选择“浮动 IP.”复选框，UID=2），配置接口静态地址为 192.168.1.4/24。

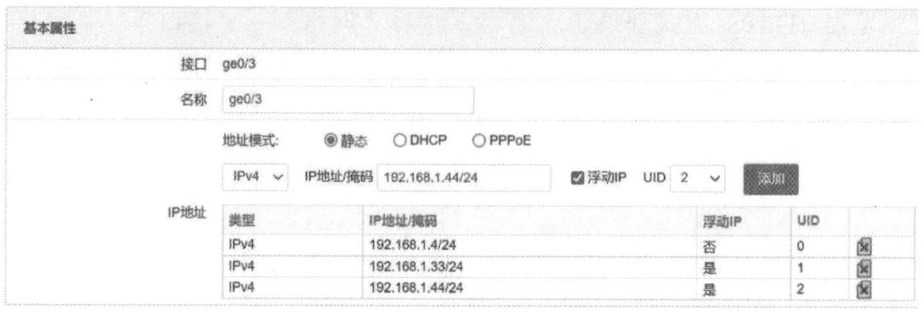

图 13-10 配置防火墙 B 下行业务接口（主主）

13.1.2 配置 HA 模式

通过浏览器 HTTPS 方式登录防火墙 A，选择“系统”→“高可用性”→“配置”→“工作模式”选项，配置主备模式或主主模式，如图 13-11 所示。将“首选通信地址”的“本地”配置为 1.1.1.1，配置“对端”为 1.1.1.2。对于防火墙 B，相对应地配置“本地”地址和“对端”地址，将防火墙 A 和防火墙 B 的“工作模式”都配置为主备模式。

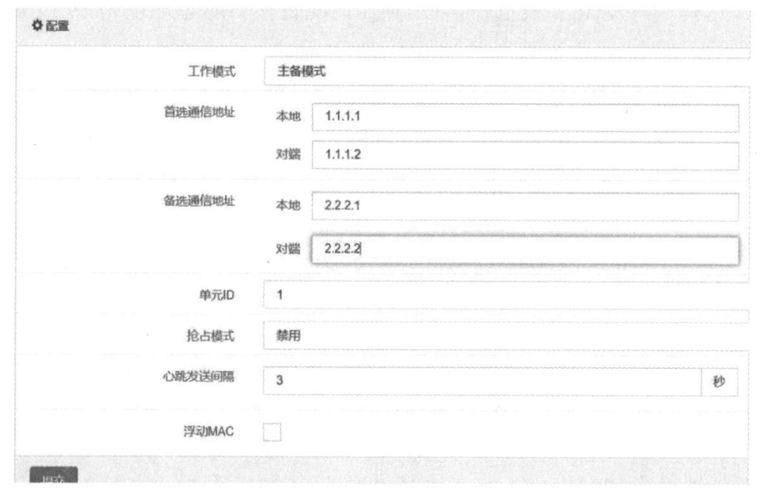

图 13-11 高可用性配置

参数说明：

工作模式：HA 工作模式，支持主备模式、主主模式。

首选通信地址：HA 心跳通信地址，用于发送和接收心跳报文。“本地”地址必须指定为设备本地的接口地址，推荐使用非业务口地址。

备选通信地址：HA 心跳备用通信地址，可选配置。指定备选通信地址后，首选地址和备选地址同时发送和接收心跳报文，为设备间的通信提供保证。

单元 ID：设备的 ID 号，用于标识双机模式下的两台设备。取值为 1、2，默认设备 ID 为 1。该选项只有在主主模式下才生效。

抢占模式：HA 主备模式下的抢占状态。启用后，可选择抢占主或抢占备。在监控对象的状态完全正常的情况下，由该选项决定设备的主备状态。默认禁用。

心跳发送间隔：两台设备的心跳发送间隔。取值范围为 1～3s，默认配置为 3s。

📖 注意事项：

- 两台设备的通信地址必须成对配置，并且不能指定为接口的浮动 IP。
- 主主模式下，两台设备的单元 ID 必须指定为不同。
- 主备模式下，两台设备的抢占模式必须成对配置。
- 两台设备的心跳发送间隔必须配置为相同。

防火墙 B 的配置要和防火墙 A 的配置对应，不再赘述。

当工作在主主模式下时，主设备 A 的“单元 ID”配置为“1”，主设备 B 的“单元 ID”配置为“2”。

13.1.3　配置抢占模式

登录防火墙 A，选择“系统”→“高可用性”→“配置”→“抢占模式”选项，将抢占模式配置为“抢占主”，如图 13-12 所示。

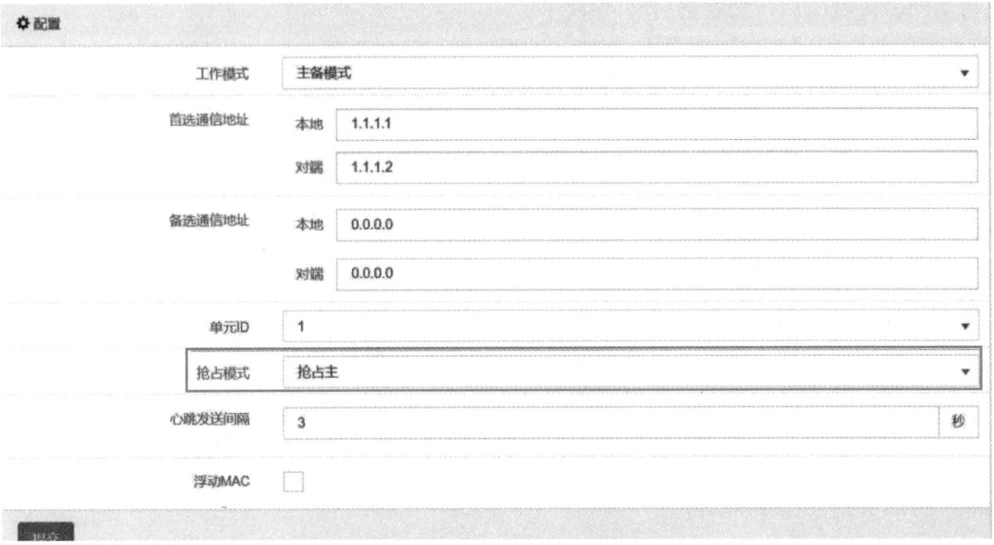

图 13-12　配置抢占模式

登录防火墙 B，以同样的方式配置抢占模式为“抢占备”。

13.2　双机配置同步

双机配置同步指两台设备之间进行实时或人工配置的同步。

13.2.1　配置自动同步

如果接口较多，那么可以用独立的接口做配置同步，大部分使用与心跳相同的接口对做配置同步。因为配置同步的消息较少，因此不会占用心跳报文的发送带宽。

登录防火墙 A，选择“系统”→“高可用性”→“配置同步”选项，如图 13-13 所示。

登录防火墙 B，选择“系统”→“高可用性”→“配置同步”选项，如图 13-14 所示。

图 13-13　防火墙 A 配置同步

图 13-14　防火墙 B 配置同步

参数说明：

本地地址：配置接收的本地地址，设备会在该地址上监听，用于接收配置。

对端地址：配置发送的对端地址，设备会向该地址发送本地配置。

实时监测同步状态：启用后，设备定时探测对端配置和本地配置是否相同。默认的探测间隔为 1min。

自动同步：启用后，配置会自动同步到对端。

“自动同步”和“实时监测同步状态”两者互斥，只能选择一种方式进行配置同步。如果选择了“自动同步”复选框，在主设备上的配置行为会立刻同步给备机，例如配置了一条安全策略，备机也会出现同样的安全策略。如果选择了“实时监测同步状态”复选框，主设备的操作并不会立刻同步，而是通过监测发现配置不同，提示管理员手工同步配置。

注意

- 本地地址和对端地址可以与 HA 通信地址相同，不能指定为接口的浮动 IP。
- 指定本地地址和对端地址后，可以在 HA 监控页面进行手动同步配置。
- 启用实时监测同步状态后，可以在 HA 监控页面查看监测结果。
- 两台设备中，只要有一台启用实时监测即可。
- 配置同步功能，不会同步 HA 本身的配置、动态路由、CA 证书、VRRP、网络接口配置。

13.2.2　测试自动同步效果

确认两台防火墙同步开启“自动同步”，尝试在防火墙 A（主）上新增安全策略，选择“策略”→“防火墙”→“策略”→“新建策略”选项，如图 13-15 所示。

图 13-15　主防火墙安全策略配置

在防火墙 B（备）查看安全策略配置，选择“策略”→“防火墙”→“策略”选项，如图 13-16 所示。

图 13-16　备防火墙安全策略配置

13.3　连接同步

数据同步包括连接同步和 FDB 表项同步。

13.3.1　配置连接同步

配置连接同步，目的是为了保证故障切换时，已经建立的连接不中断。在桥模式下，为了保证故障切换时上下游交换机的 FDB 表项也及时切换，可以进行 FDB 表项同步。

因为连接同步可能会挤占带宽，所以建议数据同步接口和心跳口区分开，使用独立的物理口或 VLAN 接口来做数据同步。登录防火墙 A，选择“系统”→“高可用性”→“数据同步”选项，配置数据同步如图 13-17 所示。

图 13-17　配置数据同步

参数说明：

本地：发送连接同步报文时的源地址。

对端：发送连接同步报文时的目标地址。

备选通信地址：为了增加可靠性，可以配置两组地址。当主地址失效后，启用备选通信地址。

连接同步：开启连接同步。注意，同步的连接数量非常大时，会影响设备的性能。

FDB 表项同步：仅在透明模式下根据需求开启，路由模式下不应该启用。

防火墙 B 和防火墙 A 对称配置，不再赘述。

13.3.2　测试连接同步效果

确认两台防火墙数据同步开启“连接同步”，尝试使用客户端 192.168.1.100 访问上游服务器 202.1.1.100 的 HTTP 服务，在防火墙 A（主）上查看会话信息，选择“监控”→“会话”→“标准会话”→“条件设置”选项，输入过滤条件后单击“搜索”按钮，如图 13-18 所示。

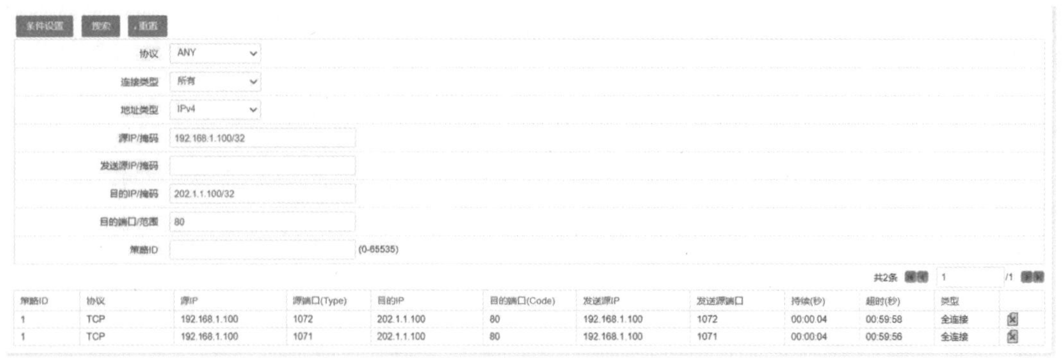

图 13-18　主防火墙会话信息

在防火墙 B（备）上查看会话信息，选择“监控”→“会话”→“标准会话”→“条件设置”选项，输入过滤条件后单击“搜索”按钮，如图 13-19 所示。可以发现，防火墙 B 上被同步过来的会话的策略 ID 为“-”，说明不是本机自己创建的，而是同步过来的。

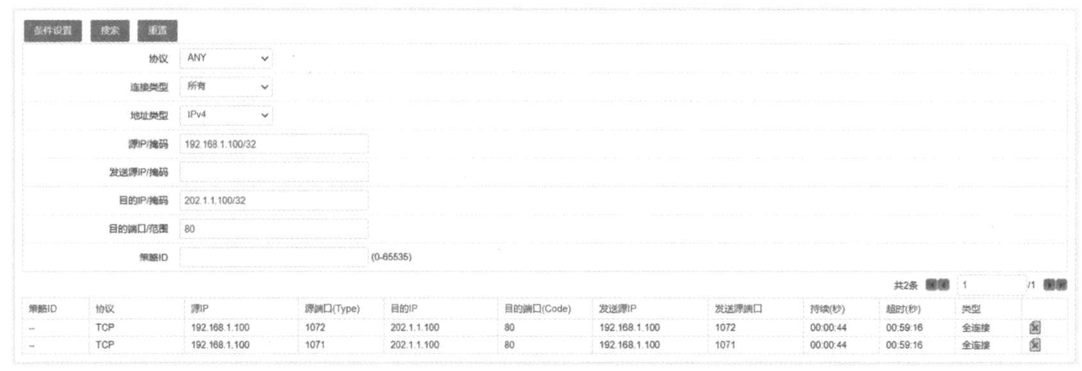

图 13-19　备防火墙会话信息

13.4　故障检测

当设备不是整机故障（断电或异常）只是某个接口故障或地址不可达时，就需要用故障检测功能来实现 HA 的切换。故障检测支持物理接口监控、聚合接口监控和网关监控。

13.4.1　配置物理接口监控

登录防火墙 A，选择“系统”→“高可用性”→“故障检测”→“接口监控”→“新建”选项，监控接口 ge0/3 和 ge0/4，如图 13-20 所示。

参数说明：

接口：需要监控的物理接口或 VLAN 名称，可以监控用户认为重要的所有 VLAN 和除了管理口之外的物理接口，监控基于物理接口或 VLAN 的 Up 和 Down。建议监控设备上下游直连的接口，这些接口的故障会造成业务的中断，必须进行故障切换。

超时时间：监控故障后等待的超时时间，避免接口短时间内多次 Up、Down，从而引起 HA 状态频繁切换，造成设备不稳定。

创建完成后可以查看接口监控的配置，如图 13-21 所示。

接口监控　链路聚合监控　网关监控

配置

接口　ge0/3

超时时间　3　秒

提交　取消

图 13-20　创建接口监控

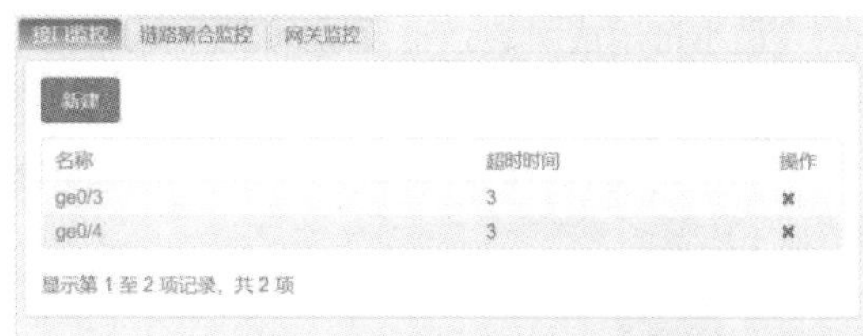

图 13-21　查看接口监控配置

可以通过状态监控查看接口的状态。选择“系统”→“高可用性”→“监控”选项，查看被监控接口 ge0/3 和 ge0/4 的状态，如图 13-22 所示。

同步配置到对端　主备切换　检测配置

HA状态信息

	本地	对端
设备名称	21-10021	21-10018
设备状态	主状态	备状态
故障统计	0	0
系统配置	N/A	
软件版本	N/A	

网关监控

监控地址	健康检查	单元ID	监控状态

接口监控

接口名称	超时时间	监控状态
ge0/3	3	UP
ge0/4	3	UP

链路聚合监控

链路聚合名称	成员数	最小可用成员数	活动成员数	监控状态

图 13-22　查看接口状态

防火墙 B 和防火墙 A 配置相同，不再赘述。

13.4.2　配置聚合口监控

登录防火墙 A，选择“系统”→“高可用性”→“故障检测”→“链路聚合监控”→“新建”选项，创建聚合接口 tvi100（需要提前创建聚合接口 tvi100）监控，如图 13-23 所示。

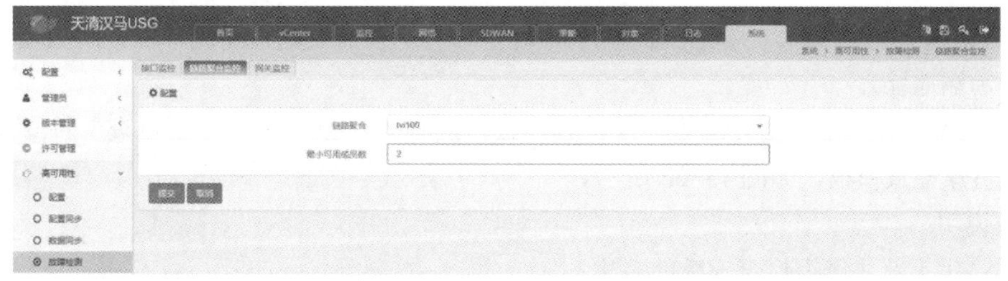

图 13-23　创建聚合接口监控

参数说明：

链路聚合：需要监控的链路聚合名称。

最小可用成员数：设置链路聚合接口中最小可用成员数。当可用成员数小于该值时，链路聚合接口故障。

创建完成后可以查看链路聚合监控的配置，如图 13-24 所示。

图 13-24　查看链路聚合监控配置

可以通过状态监控查看接口的状态。选择“系统”→“高可用性”→“监控”选项，查看被监控聚合接口 tvi100 的状态，如图 13-25 所示。

同步配置到对端　检测配置

HA状态信息

	本地	对端
设备名称	21-10021	21-10018
设备状态	主状态	备状态
故障统计	1	0
系统配置	N/A	
软件版本	N/A	

网关监控

监控地址	健康检查	单元ID	监控状态

接口监控

接口名称	超时时间	监控状态
ge0/3	3	UP
ge0/4	3	UP

链路聚合监控

链路聚合名称	成员数	最小可用成员数	活动成员数	监控状态
tvi100	2	2	0	DOWN

图 13-25　查看聚合接口状态

防火墙 B 和防火墙 A 配置相同，不再赘述。

13.4.3　配置网关监控

网关监控常用来对防火墙上下游的网关地址进行监控，当监控到地址不可达时，就进行 HA 切换，在某些情况下也可以用来监控远端的地址是否可达（需要配置路由，保证防火墙可以访问被监控的远端地址）。

为了实现网关监控，要先配置健康检查模板。选择“对象”→“健康检查”→“新建”选项，创建健康检查模板，如图 13-26 所示。

参数说明：

名称：指定新建健康检查模板的名称。

类型：指定新建健康检查模板的协议类型。这里选择 ICMP。

图 13-26　创建健康检查模板

间隔：健康检查发送状态探测包的间隔时间，单位为秒。

最大重试次数：健康检查探测包探测失败后的重试次数。例如，默认参数 3 次，如果发送 3 个健康检查状态包都没收到回应或者 3 次都探测失败，则健康检查返回状态为失败的最终结果。

超时时间：发送的健康检查探测包在此时间内如果没收到回应包，则此次健康检查探测失败，单位为秒。

源 IP：指定发送健康检查探测包的源 IP 地址，当健康检查源 IP 地址需要指定时填写此项。

覆盖 IP 地址类型：选择覆盖 IP 的地址类型，可选 IPv4 或 IPv6。

覆盖 IP：用于配置模板检查时探测的真实 IP 地址。当引用对象的健康状况依赖于其他 IP 的主机或链路时填写此项。

创建完健康检查模板后，就可以创建网关监控了。选择“系统”→“高可用性”→“故障检测”→“网关监控”→“新建”选项，创建网关监控，如图 13-27 所示。

图 13-27　创建网关监控

参数说明：

网关地址：要监控的网关地址。

单元 ID：单元 ID 在主主模式下使用，标识网关监控所属的设备 ID，当该 ID 与设备的 ID 相同时，监控生效；当该 ID 与设备 ID 不相同时，只在主状态下生效。

健康检查：选择要配置的健康检查模板。

创建完成后可以查看网关监控的配置，如图 13-28 所示。

可以通过状态监控查看接口的状态。选择“系统”→“高可用性”→“监控”选项，查看网关监控状态，如图 13-29 所示。

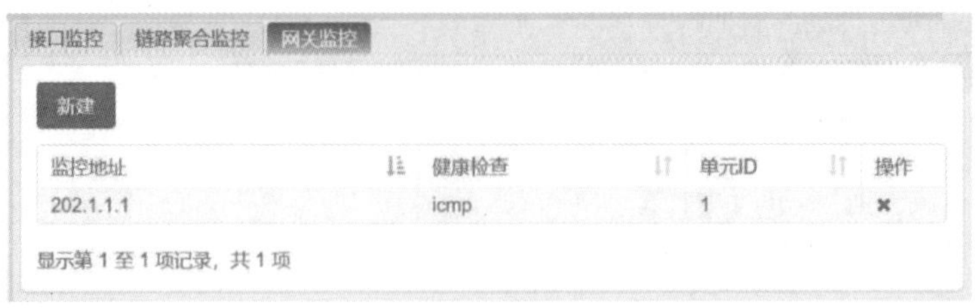

图 13-28　查看网关监控配置

图 13-29　查看网关监控状态

13.5　双机状态监控

两台设备运行一段时间后，为了防止配置不同步，会选用监控来查看两端配置及版本是否同步。如果发现了不同步，则通过“导出 HA 差异配置”的方式查看配置的不同。如果发现了部分配置不同步，则可以通过“同步配置到对端”的方式进行配置同步。

13.5.1　检测配置

当两台设备运行了一段时间后，为了避免配置不同步，可以进行配置检查。选择“系统”→“高可用性”→“监控”→“检测配置”选项，查看两端配置和版本是否同步，如图 13-30 所示。发现两台设备的配置不同，这时可以通过“导出 HA 差异配置”的方式查看配置的不同。

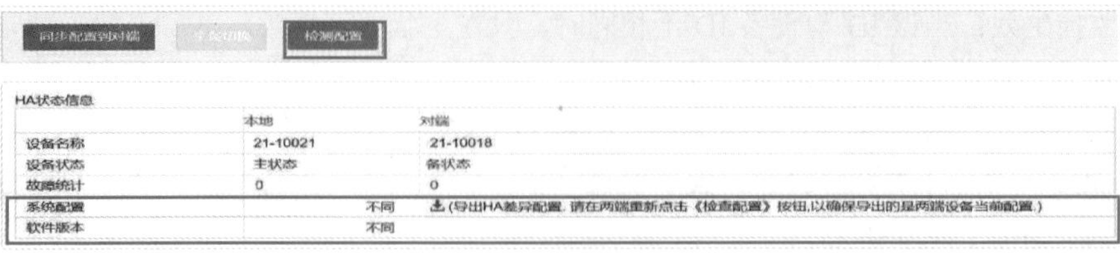

图 13-30　检查配置

单击（导出）按钮可以导出差异配置文件——“HA_DIFF.rar”，里面含有两个文件，分别是 local_hadiff_config 和 peer_hadiff_config，可以使用专业的文件比较工具进行比较，如 Beyond Compare，如图 13-31 所示。

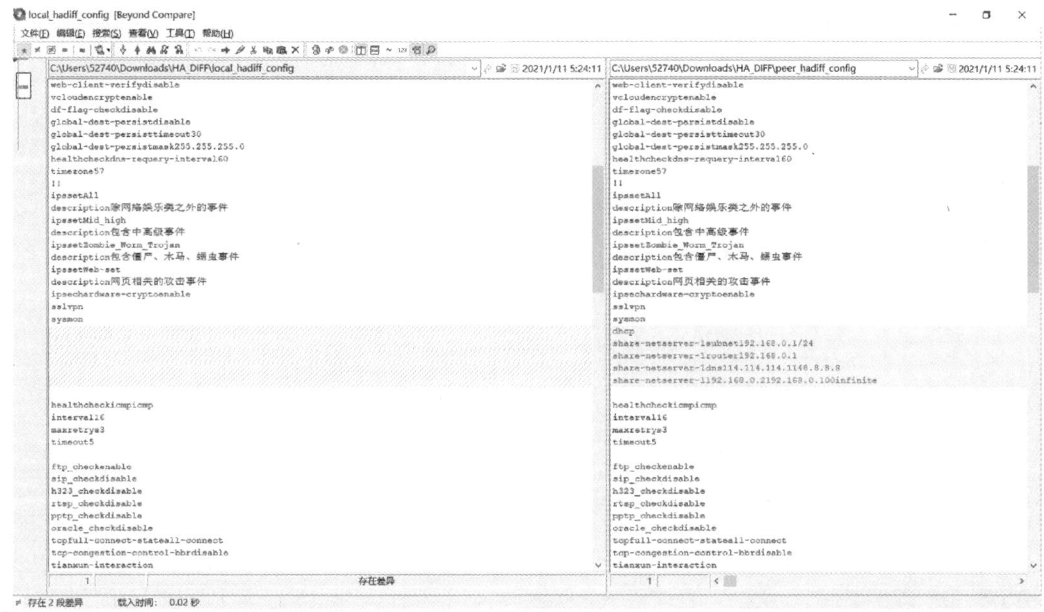

图 13-31 查看配置差异

13.5.2 同步配置到对端

除了自动同步配置之外，还可以手工同步配置到对端。通过上面的配置检测发现了部分配置不同步，此时可以通过“同步配置到对端”的方式进行配置同步，省去了手工增删配置的烦恼。

选择“系统”→“高可用性”→“监控”→“同步配置到对端”选项，即可同步配置到对端防火墙 B，如图 13-32 所示。同步完成后会提示管理员手工重启对端防火墙。

图 13-32 同步配置到对端

登录对端防火墙 B，选择“系统”→“配置”→“设备重启”→“重启系统”选项，单击“提交”按钮，如图 13-33 所示。

图 13-33 重启防火墙

防火墙启动后，再次查看配置，如图 13-34 所示。

HA状态信息

	本地	对端
设备名称	21-10021	21-10018
设备状态	主状态	备状态
故障统计	0	0
系统配置	相同	
软件版本	不同	

图 13-34 查看配置

📖 注意

- 在图 13-32 中，单击“同步配置到对端”按钮，一段时间后页面会返回同步结果，此过程中不要离开页面。
- 同步配置到对端后，需要重启对端设备，配置才能生效。

13.5.3 主备切换

当两台防火墙工作在主备模式且没有配置抢占模式时，就可以进行主备切换。例如，管理员升级防火墙版本时，就可以先升级备防火墙的版本，进行手动主备切换后再升级主防火墙的版本。

选择“系统”→“高可用性”→“监控”→“主备切换”选项，进行主备切换，如图 13-35 所示。

图 13-35 主备切换

📖 注意

- 主主模式下不支持主备切换。
- 若主备模式下配置了抢占模式，则不支持主备切换。
- 只有主状态的防火墙才可以进行主备切换。

13.6　双机热备相关实验

下面通过实验理解配置同步、数据同步的原理，并尝试进行故障切换，观察防火墙主备模式和主主模式下切换前后的状态和业务情况，理解浮动地址、抢占模式和故障检测的原理。

13.6.1　主备透明模式案例实验

【实验拓扑】

对两台防火墙进行双机主备模式部署，工作在透明模式，部署在客户端和服务器之间，对客户端和服务器之间的流量进行转发，两台防火墙互相冗余备份，主备透明模式实验拓扑如图 13-36 所示。

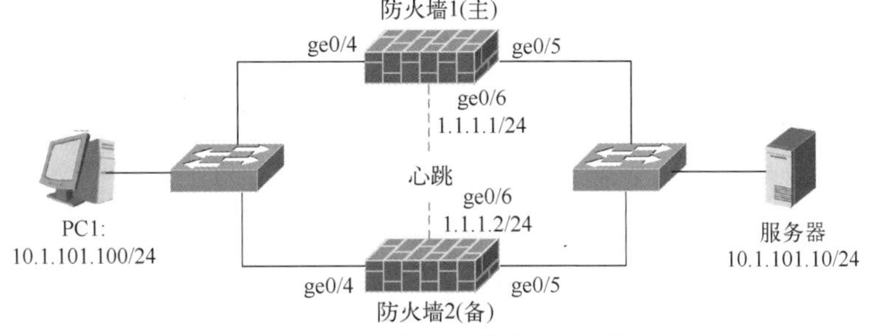

图 13-36　主备透明模式实验拓扑

【实验目标】

学习配置主备透明模式的双机热备，通过实验理解配置同步、数据同步的原理，并尝试进行主备切换，观察防火墙主备切换前后的状态和业务情况，理解透明模式下主备切换的机制。

【实验步骤】

主备透明模式案例实验的步骤如下：

1）通过 Console 口登录防火墙 1，按照要求配置带外管理 IP 地址，开启防火墙 HTTPS 的管理方式。

2）通过 Console 口登录防火墙 2，按照要求配置带外管理 IP 地址，开启防火墙 HTTPS 的管理方式。

3）通过 HTTPS 登录防火墙 1，选择“网络”→“接口”→“透明桥”选项，创建透明桥接口，分别将 ge0/4 和 ge0/5 加入透明桥接口。

4）选择“网络”→“接口”→“物理接口”选项，配置接口 ge0/6 的 IP 为 1.1.1.1/24，允许 ping 访问。

5）选择“系统”→“高可用性”→“工作模式”选项，配置为主备模式，配置“首选通信地址”（本地：1.1.1.1；对端：1.1.1.2），其他参数保持默认设置。

6）选择“系统”→“高可用性”→“配置同步”选项，配置本地地址为 1.1.1.1，对端地址为 1.1.1.2，并选择“自动同步”复选框。

7）选择“系统”→“高可用性”→“数据同步”选项，配置“首选通信地址”（本地：1.1.1.1；对端：1.1.1.2），并选择“连接同步”和“FDB 表项同步”复选框。

8）选择“系统”→“高可用性”→“故障检测”→“接口监控”选项，创建 ge0/4 和 ge0/5 的接口监控。

9）保存配置。

10）通过 HTTPS 登录防火墙 2，重复步骤 3）～9）的操作[修改步骤 4）中 ge0/6 地址为 1.1.1.2/24，修改步骤 5）～7）的本地地址为 1.1.1.2，对端地址为 1.1.1.1]。

11）登录防火墙 1，查看“系统”→“高可用性”→“监控”的 HA 状态，防火墙 1 为主状态，防火墙 2 为备状态，接口监控都是 Up，系统配置为 NA，软件版本为 NA。

12）选择“系统”→“高可用性”→“监控”→“检查配置”选项，检测两端配置是否一致。如果配置不一致，则通过“同步配置到对端”进行配置同步，并重启防火墙 2。如果配置一致，则忽略。

13）测试。

① 测试配置同步：

登录防火墙 1，选择“策略”→“防火墙”→“策略”选项，创建安全策略，放行 PC1 到服务器的所有流量。

登录防火墙 2，选择“策略”→“防火墙”→“策略”选项，确认防火墙 1 配置的安全策略同步到防火墙 2。

② 测试管理员手工主备切换：

PC1 ping 服务器（ping 10.1.101.10 -t -l 60000）。

登录防火墙 1，通过“监控”→“接口”→“接口详情”→“实时”选项查看接口 ge0/4、ge0/5 的发送和接收流量，可以看到发送和接收都在 300kbit/s 左右。

登录防火墙 2，通过“监控”→“接口”→“接口详情”→“实时”选项查看接口 ge0/4、ge0/5 的发送和接收流量，可以看到发送和接收都为 0。说明流量通过防火墙 1 转发，防火墙 2 处于备份状态。

登录防火墙 1，选择“系统”→“高可用性”→“监控”→“主备切换”选项，进行主备切换。防火墙 1 的状态变为备状态，防火墙 2 的状态变为主状态。

观察 PC1 的 ping 窗口，发现 1～2 个包的延迟略微增加，没有超时丢包，或仅有一个丢包。

登录防火墙 1，通过“监控”→“接口”→“接口详情”→“实时”选项查看接口 ge0/4、ge0/5 的发送和接收流量，可以看到发送和接收都为 0。

登录防火墙 2，通过“监控”→“接口”→“接口详情”→“实时”选项查看接口 ge0/4、ge0/5 的发送和接收流量，可以看到发送和接收都在 300kbit/s 左右。说明流量通过防火墙 2 转发，防火墙 1 处于备份状态。

登录防火墙 2，选择“系统”→“高可用性”→“监控”→“主备切换”选项，进行主备切换。还原到最初的状态：防火墙 1 为主状态，防火墙 2 为备状态。

③ 测试连接同步：

通过 PC1 远程连接服务器的 23 端口，连接成功。

登录防火墙 1，通过“监控”→“会话”→“标准会话”选项可以查询到源地址为 PC1 地址、目标地址为服务器地址、目标端口为 23 的会话信息。

登录防火墙 2，通过“监控”→“会话”→“标准会话”选项可以查询到源地址为 PC1 地址、目标地址为服务器地址、目标端口为 23 的会话信息。策略 ID 为“-”。

13.6.2 主备路由模式案例实验

【实验拓扑】

对两台防火墙进行双机主备模式部署，工作在路由模式，部署在客户端和服务器之间，对客户端和服务器之间的流量进行转发，两台防火墙互相冗余备份，主备路由模式实验拓扑如图 13-37 所示。

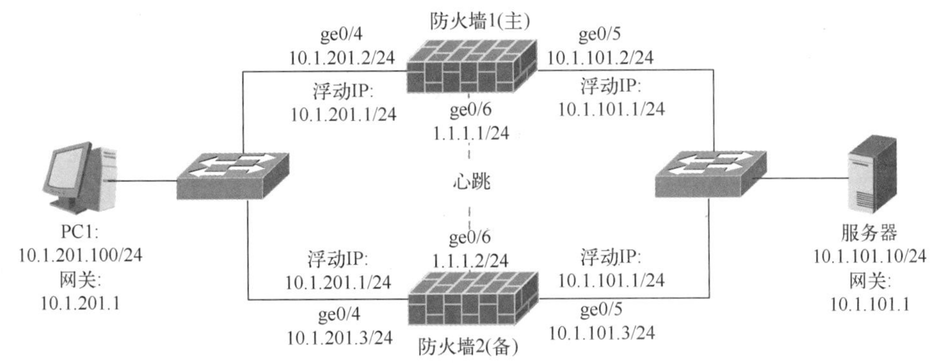

图 13-37　主备路由模式实验拓扑

【实验目标】

学习配置主备路由模式的双机热备，通过实验理解浮动地址、抢占模式和故障检测的原理，并尝试进行主备切换，观察防火墙和 PC1 主备切换前后的状态和业务情况，理解路由模式下主备切换的机制。

【实验步骤】

主备路由模式案例实验的步骤如下：

1）通过 Console 口登录防火墙 1，按照要求配置带外管理 IP 地址，开启防火墙 HTTPS 的管理方式。

2）通过 Console 口登录防火墙 2，按照要求配置带外管理 IP 地址，开启防火墙 HTTPS 的管理方式。

3）通过 HTTPS 登录防火墙 1，选择“网络”→“接口”→“物理接口”选项，配置 ge0/4 的接口地址：静态地址为 10.1.201.2/24，浮动地址为 10.1.201.1/24。配置 ge0/5 的接口地址：静态地址为 10.1.101.2/24，浮动地址为 10.1.101.1/24。均允许 ping、HTTP 和 HTTPS 访问。

4）选择“网络”→“接口”→“物理接口”选项，配置接口 ge0/6 的 IP 为 1.1.1.1/24，允许 ping 访问。

5）选择“系统”→“高可用性”→“工作模式”选项，配置为主备模式，配置“首选通信地址”（本地：1.1.1.1；对端：1.1.1.2），将“抢占模式”配置为“抢占主”，其他参数保持默认设置。

6）选择“系统”→“高可用性”→“配置同步”选项，配置本地地址为 1.1.1.1，对端地址为 1.1.1.2，并选择“自动同步”复选框。

7）选择“系统”→“高可用性”→“数据同步”选项，配置“首选通信地址”（本地：1.1.1.1；对端为 1.1.1.2），并选择“连接同步”复选框。

8）选择“系统”→“高可用性”→“故障检测”→“接口监控”选项，创建 ge0/4 和 ge0/5 的接口监控。

9）保存配置。

10）通过 HTTPS 登录防火墙 2，配置 ge0/4 的接口地址：静态地址为 10.1.201.3/24，浮动地址为 10.1.201.1/24。配置 ge0/5 的接口地址：静态地址为 10.1.101.3/24，浮动地址为

10.1.101.1/24。均允许 ping、HTTP 和 HTTPS 访问。

11）选择“网络”→“接口”→“物理接口”选项，配置接口 ge0/6 的 IP 为 1.1.1.2/24，允许 ping 访问。

12）选择“系统”→“高可用性”→“工作模式”选项，配置为主备模式，配置“首选通信地址”(本地：1.1.1.2；对端：1.1.1.1)，将“抢占模式”配置为“抢占备”，其他参数保持默认设置。

13）重复步骤 6）～9）的操作[修改步骤 6）～8）的本地地址为 1.1.1.2，对端地址为 1.1.1.1]。

14）登录防火墙 1，查看“高可用性”→“监控”的 HA 状态，防火墙 1 为主状态，防火墙 2 为备状态，接口监控都是 Up，系统配置为 NA，软件版本为 NA。

15）选择“高可用性”→“监控”→“检查配置”选项检测两端配置是否一致。如果配置不一致，则通过“同步配置到对端”进行配置同步，并重启防火墙 2。如果配置一致，则忽略。

16）登录防火墙 1，配置安全策略，放行 PC1 到服务器的所有流量。登录防火墙 2，确认防火墙 1 配置的安全策略同步到防火墙 2。

17）测试。

① 测试故障检测触发主备切换和浮动地址漂移：

PC1 ping 服务器（ping 10.1.101.10 -t -l 60000）。

登录 PC1，通过 CMD 进入命令行模式，输入“arp -a”，查看 ARP 表，IP 地址 10.1.201.1 对应的 MAC 地址是防火墙 1 的接口 ge0/4 的 MAC 地址。

登录防火墙 1，通过“监控”→“接口”→“接口详情”→“实时”选项查看接口 ge0/4、ge0/5 的发送和接收流量，可以看到发送和接收都在 300kbit/s 左右。

登录防火墙 2，通过“监控”→“接口”→“接口详情”→“实时”选项查看接口 ge0/4、ge0/5 的发送和接收流量，可以看到发送和接收都为 0。说明流量通过防火墙 1 转发，防火墙 2 处于备份状态。

登录防火墙 1，选择“网络”→“接口”→“物理接口”选项，将 ge0/4 的“管理状态”设置为 Down。

登录 PC1，观察 ping 窗口，发现 1～2 个包的延迟略微增加或仅有一个丢包。

登录 PC1，通过 CMD 进入命令行模式，输入“arp -a”，查看 ARP 表，IP 地址 10.1.201.1 对应的 MAC 地址是防火墙 2 的接口 ge0/4 的 MAC 地址。说明浮动地址发生了漂移，PC1 的网关切换到了防火墙 2 的 ge0/4 口。

登录防火墙 1，通过“监控”→“接口”→“接口详情”→“实时”选项查看接口 ge0/4、ge0/5 的发送和接收流量，可以看到发送和接收都为 0。

登录防火墙 2，通过“监控”→“接口”→“接口详情”→“实时”选项查看接口 ge0/4、ge0/5 的发送和接收流量，可以看到发送和接收都在 300kbit/s。说明流量通过防火墙 2 转发，防火墙 1 处于备份状态。

登录防火墙 1，选择“系统”→“高可用性”→“监控”选项，查看监控状态。防火墙 1 的接口监控中 ge0/4 为 Down，本端状态为备状态，对端为主状态。

② 测试故障恢复功能：

登录防火墙 1，选择“网络”→“接口”→“物理接口”选项，将 ge0/4 的“管理状态”设置为 Up。恢复接口状态。

登录防火墙 1，选择“系统”→“高可用性”→“监控”选项，查看监控状态。防火墙 1 的接口监控中 ge0/4 为 Up，本端状态为主状态，对端为备状态，故障恢复。

13.6.3 主主路由模式案例实验

【实验拓扑】

对两台防火墙进行双机主主模式部署，工作在路由模式，部署在客户端和服务器之间，对客户端和服务器之间的流量进行转发，两台防火墙都处理业务，互相冗余备份，主主路由模式实验拓扑如图 13-38 所示。

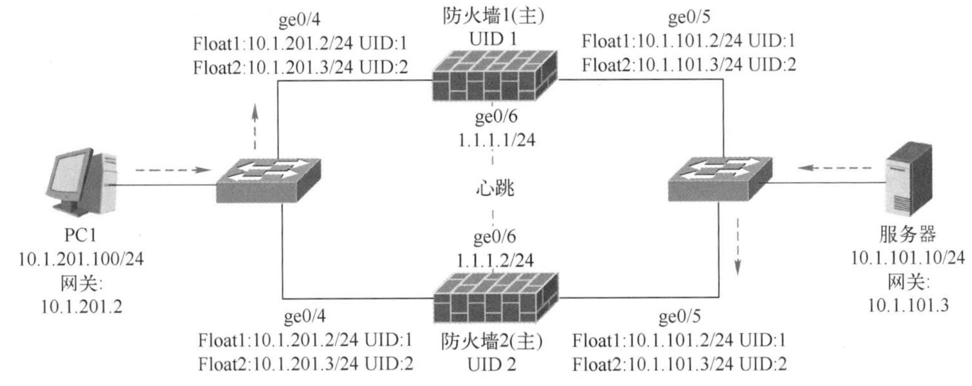

图 13-38 主主路由模式实验拓扑

【实验目标】

学习配置主主路由模式的双机热备，通过实验理解浮动地址 UID 的概念、主主切换的原理，并尝试进行故障切换，观察防火墙和 PC1 切换前后的状态和业务情况。

【实验步骤】

主主路由模式案例实验的步骤如下：

1）通过 Console 口登录防火墙 1，按照要求配置带外管理 IP 地址，开启防火墙 HTTPS 的管理方式。

2）通过 Console 口登录防火墙 2，按照要求配置带外管理 IP 地址，开启防火墙 HTTPS 的管理方式。

3）通过 HTTPS 登录防火墙 1，选择“网络”→“接口”→“物理接口”选项，配置 ge0/4 的接口地址：浮动地址为 10.1.201.2/24 UID 1，浮动地址为 10.1.201.3/24 UID 2。配置 ge0/5 的接口地址：浮动地址为 10.1.101.2/24 UID 1，浮动地址为 10.1.101.3/24 UID 2。均允许 ping、HTTP 和 HTTPS 访问。

4）选择“网络”→“接口”→“物理接口”选项，配置接口 ge0/6 的 IP 为 1.1.1.1/24，允许 ping 访问。

5）选择“系统”→“高可用性”→“工作模式”选项，配置为主主模式，配置“首选通信地址”（本地：1.1.1.1；对端：1.1.1.2），设置单元 ID 为 1，其他参数保持默认设置。

6）选择“系统”→“高可用性”→“数据同步”选项，配置“首选通信地址”（本地：1.1.1.1；对端：1.1.1.2），并选择“连接同步”复选框。

7）选择“系统”→“高可用性”→“故障检测”→“接口监控”选项，创建 ge0/4 和 ge0/5

的接口监控。

8）保存配置。

9）通过 HTTPS 登录防火墙 2，选择“网络”→“接口”→“物理接口”选项，配置 ge0/4 的接口地址：浮动地址为 10.1.201.2/24 UID 1，浮动地址为 10.1.201.3/24 UID 2。配置 ge0/5 的接口地址：浮动地址为 10.1.101.2/24 UID 1，浮动地址为 10.1.101.3/24 UID 2。均允许 ping、HTTP 和 HTTPS 访问。

10）选择“网络”→“接口”→“物理接口”选项，配置接口 ge0/6 的 IP 为 1.1.1.2/24，允许 ping 访问。

11）选择“系统”→“高可用性”→“工作模式”选项，配置为主主模式，配置“首选通信地址”（本地：1.1.1.2，对端：1.1.1.1），设置单元 ID 为 2，其他参数保持默认设置。

12）重复步骤 6）～8）的操作[修改步骤 6）的本地地址为 1.1.1.2，对端地址为 1.1.1.1]。

13）登录防火墙 1，查看“高可用性”→“监控”的 HA 状态，防火墙 1 为主状态，防火墙 2 为主状态，接口监控都是 Up。

14）登录防火墙 1，配置安全策略，放行 PC1 到服务器的所有流量。登录防火墙 2，配置安全策略，放行 PC1 到服务器的所有流量。

15）配置 PC1 地址为 10.1.201.100/24，配置网关为 10.1.201.2。配置服务器地址为 10.1.101.10/24，配置网关为 10.1.101.3。

16）测试。

测试故障检测触发切换和浮动地址漂移：

PC1 ping 服务器（ping 10.1.101.10 -t -l 60000）。

登录 PC1，通过 CMD 进入命令行模式，输入“arp -a”，查看 ARP 表，IP 地址 10.1.201.2 对应的 MAC 地址是防火墙 1 的接口 ge0/4 的 MAC 地址。

登录服务器，通过 CMD 进入命令行模式，输入“arp -a”，查看 ARP 表，IP 地址 10.1.101.3 对应的 MAC 地址是防火墙 2 的接口 ge0/5 的 MAC 地址。

登录防火墙 1，通过“监控”→“接口”→“接口详情”→“实时”选项查看接口流量，ge0/4 的接收流量在 400kbit/s 左右，ge0/5 的发送流量在 400kbit/s 左右。

登录防火墙 2，通过“监控”→“接口”→“接口详情”→“实时”选项查看接口流量，ge0/4 的发送流量在 400kbit/s 左右，ge0/5 的接收流量在 400kbit/s 左右。说明防火墙 1 和防火墙 2 都处于转发状态。

登录防火墙 1，选择“网络”→“接口”→“物理接口”选项，将 ge0/4 的“管理状态”设置为 Down。

登录 PC1，观察 ping 窗口，发现 1～2 个包的延迟略微增大或仅有一个丢包。

登录 PC1，通过 CMD 进入命令行模式，输入“arp -a”，查看 ARP 表，IP 地址 10.1.201.2 对应的 MAC 地址是防火墙 2 的接口 ge0/4 的 MAC 地址。说明浮动地址发生了漂移，PC1 的网关切换到了防火墙 2 的 ge0/4 口。

登录防火墙 1，通过“监控”→“接口”→“接口详情”→“实时”选项查看接口 ge0/4、ge0/5 的发送和接收流量，可以看到发送和接收都为 0。

登录防火墙 2，通过“监控”→“接口”→“接口详情”→“实时”选项查看接口 ge0/4、ge0/5 的发送和接收流量，可以看到发送和接收都在 400kbit/s 左右。说明流量通过防火墙 2 转发，防火墙 1 处于不工作状态。

登录防火墙 1，选择“系统”→“高可用性”→“监控”选项，查看监控状态。防火墙 1 的接口监控中 ge0/4 为 Down，本端状态为“主 N 状态”（代表这台设备存在故障），对端为“主 A 状态”（代表这台设备在工作状态）。

13.6.4　主主透明模式案例实验

【实验拓扑】

对两台防火墙进行双机主主模式部署，工作在透明模式，部署在客户端和服务器之间，对客户端和服务器之间的流量进行转发，两台防火墙互相冗余备份，主主透明模式实验拓扑如图 13-39 所示。

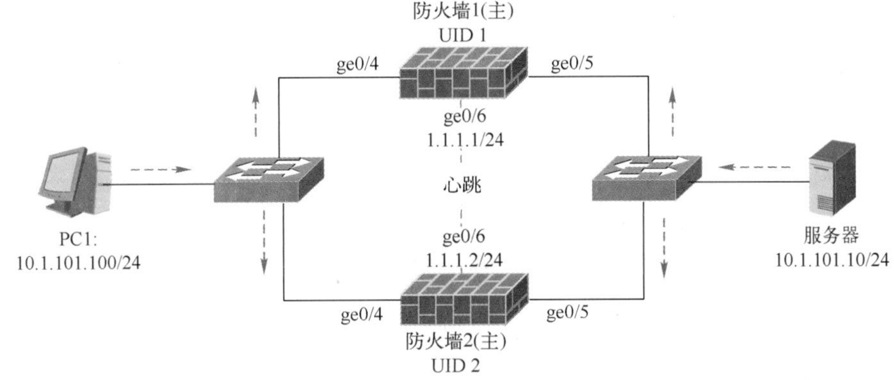

图 13-39　主主透明模式实验拓扑

【实验目标】

学习配置主主透明模式的双机热备，通过实验理解主主透明模式的实现原理，并尝试进行故障切换，观察防火墙切换前后的状态和业务情况。

【实验步骤】

主主透明模式案例实验的步骤如下：

1）通过 Console 口登录防火墙 1，按照要求配置带外管理 IP 地址，开启防火墙 HTTPS 的管理方式。

2）通过 Console 口登录防火墙 2，按照要求配置带外管理 IP 地址，开启防火墙 HTTPS 的管理方式。

3）通过 HTTPS 登录防火墙 1，选择“网络”→“接口”→“透明桥”选项，创建透明桥接口，分别将 ge0/4 和 ge0/5 加入透明桥接口。

4）选择“网络”→“接口”→“物理接口”选项，配置接口 ge0/6 的 IP 为 1.1.1.1/24，允许 ping 访问。

5）选择“系统”→“高可用性”→“工作模式”选项，配置为主主模式，配置“首选通信地址”（本地：1.1.1.1；对端：1.1.1.2），配置单元 ID 为 1，其他参数保持默认设置。

6）选择“系统”→“高可用性”→“数据同步”选项，配置“首选通信地址”（本地：1.1.1.1；对端：1.1.1.2），并选择“连接同步”和“FDB 表项同步”复选框。

7）选择“系统”→“高可用性”→“故障检测”→“接口监控”选项，创建 ge0/4 和 ge0/5

的接口监控。

8）保存配置。

9）通过 HTTPS 登录防火墙 2，选择“网络”→“接口”→“透明桥”选项，创建透明桥接口，分别将 ge0/4 和 ge0/5 加入透明桥接口。

10）选择“网络”→“接口”→“物理接口”选项，配置接口 ge0/6 的 IP 为 1.1.1.2/24，允许 ping 访问。

11）选择“系统”→“高可用性”→“工作模式”选项，配置为主主模式，配置“首选通信地址”（本地：1.1.1.2；对端：1.1.1.1），配置单元 ID 为 2，其他参数保持默认设置。

12）选择“系统”→“高可用性”→“数据同步”选项，配置“首选通信地址”（本地：1.1.1.2；对端：1.1.1.1），并选择“连接同步”和“FDB 表项同步”复选框。

13）选择“系统”→“高可用性”→“故障检测”→“接口监控”选项，创建 ge0/4 和 ge0/5 的接口监控。

14）保存配置。

15）登录防火墙 1，查看“系统”→“高可用性”→“监控”的 HA 状态，防火墙 1 为主状态，防火墙 2 为主状态，接口监控都是 Up。

16）分别登录防火墙 1 和防火墙 2，选择“策略”→“防火墙”→“策略”选项，创建安全策略，放行 PC1 到服务器的所有流量。

17）测试。

PC1 ping 服务器（ping 10.1.101.10 -t -l 60000）。

登录防火墙 1，通过“监控”→“接口”→“接口详情”→“实时”选项，查看接口 ge0/4、ge0/5 的发送和接收流量，可以看到发送和接收都为 0，说明交换机和防火墙 1 相连的接口被生成树协议置为 BLK 状态。

登录防火墙 2，通过“监控”→“接口”→“接口详情”→“实时”选项，查看接口 ge0/4、ge0/5 的发送和接收流量，可以看到发送和接收都为 400Kbit/s 左右，说明流量通过防火墙 2 转发。

登录防火墙 2，选择“网络”→“接口”→“物理接口”选项，将 ge0/4 的“管理状态”设置为 Down。

观察 PC1 的 ping 窗口，发现 ping 出现丢包，大约等到 20s 恢复。具体恢复的时间取决于交换机生成树状态的阻塞（BLK）—监听（LIS）—学习（LRN）—转发（FWD）的时间。

登录防火墙 1，选择“系统”→“高可用性”→“监控”选项，查看监控状态。防火墙 1 的接口监控中 ge0/4 为 Up，本端状态为“主 A 状态”，对端为“主 N 状态”。

本章小结

本章主要介绍了双机热备的部署模式，以及这些部署模式的特点和应用场景，并通过搭建测试环境进行配置操作，还介绍了配置同步、连接同步、故障检测、状态监控功能的使用。配置防火墙双机热备功能时，需要根据组网图对两个防火墙分别进行配置，包括配置防火墙的心跳接口、工作模式（包括主备模式和主主模式）。当防火墙配置为主备模式时可配置抢占模式，进行配置同步、连接同步和故障检测的配置。配置完成或进行主备切换后，可以通过状态监控查看两个防火墙的状态。

第 14 章 防火墙其他模式实验

除了在透明模式下部署防火墙以外，在一些网络中，防火墙还承担了除逻辑访问控制之外的其他工作。在某些特定的网络环境下，防火墙的部署模式可能会随着既有的网络结构而进行调整。本章介绍防火墙的混合模式、单臂模式、旁路检测模式、旁路串行模式等的部署实践。

本章以启明星辰防火墙为例，介绍在其他网络环境中混合模式、单臂模式、旁路模式防火墙的配置方法。

14.1 混合模式配置

混合模式相当于透明模式加路由模式，即在同一台防火墙中同时部署透明模式和路由模式。

防火墙的路由模式用于连接 Internet，为用户上网提供路由、网络地址转换和安全控制等功能；同时承担内部网络的核心数据交换功能，为内部网络提供有逻辑访问控制的高速数据转发服务。混合模式拓扑图如图 14-1 所示。

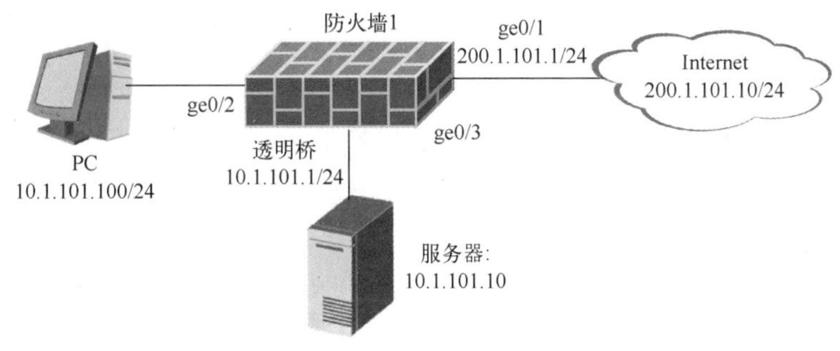

图 14-1　混合模式拓扑图

PC 和服务器在同一 IP 网段，在一个透明桥内，同时，防火墙为路由模式与 Internet 互联。

14.1.1 配置透明桥

通过计算机的 Web 浏览器以 HTTPS 方式进入防火墙管理界面，选择“网络”→“接口”→“透明桥”选项，在弹出的界面中单击“新建”按钮，新建一个透明桥，将接口加入透明桥中，透明桥如图 14-2 所示。

网络 > 接口 > 透明桥
名称
桥组号 0-255
IP地址类型 静态 DHCP
IP地址类型 IPv4 IP地址/掩码 浮动IP UID 1 添加
地址列表 类型 IP地址/掩码 浮动IP UID 操作
没有匹配的记录
显示第 0 至 0 项记录，共 0 项
管理状态 UP
接口选择
MTU 1500
管理访问 HTTP HTTPS PING TELNET SSH BGP OSPF RIP DNS tControl(可编程服务)
接入控制 L2TP SSLVPN
Vlan透传 例如：1,100-200,1024 (vlan号或vlan范围用","分隔)
STP 配置
启用
桥优先级 32768
Hello 时间 2 秒
老化时间 20 秒
端口状态延迟 15 秒
提交 取消

图 14-2　透明桥

14.1.2　配置路由接口

通过计算机的 Web 浏览器以 HTTPS 方式进入防火墙管理界面，选择“网络”→“接口”→“物理接口”选项，单击相应的物理口进行编辑，物理接口如图 14-3 所示。

图 14-3　物理接口

14.1.3　PC 配置网关

如果需要混合模式的防火墙，为透明桥下的 PC 进行路由转发，就需要给透明桥分配 IP 地址，配置透明桥 IP 地址如图 14-4 所示。PC 的网关地址需要配置为防火墙透明桥的地址。

网络 › 接口 › 透明桥

⚙ 配置

名称：透明桥1

桥组号：1

IP地址类型：● 静态　○ DHCP

IP地址类型 IPv4　IP地址/掩码 10.1.101.1/24　浮动IP　UID 1　⊕添加

地址列表：

类型	IP地址/掩码	浮动IP	UID	操作
IPv4	10.1.101.1/24	⊘		×

显示第 1 至 1 项记录，共 1 项

管理状态：UP

接口选择：× ge0/2　× ge0/3

MTU：1500

管理访问：☐ HTTP　☑ HTTPS　☑ PING　☐ TELNET　☐ SSH　☐ BGP　☐ OSPF　☐ RIP　☐ DNS　☐ tControl(可编程服务)

接入控制：☐ L2TP　☐ SSLVPN

Vlan透传：例如：1,100-200,1024 (vlan号或vlan范围用","分隔)

❶ STP 配置

启用：☐

桥优先级：32768

Hello 时间：2 秒

老化时间：20 秒

端口状态延迟：15 秒

提交　取消

图 14-4　配置透明桥 IP 地址

安全策略的配置详解见第 11 章，日志和 NAT 的配置详解见第 12 章，本章不再赘述。

14.2　单臂模式

工作在单臂模式下的防火墙配置了多少个 VLAN，就可以虚拟出多少个子接口，并且防火墙可以配置为这些 VLAN 的网关，Trunk 部署如图 14-5 所示。

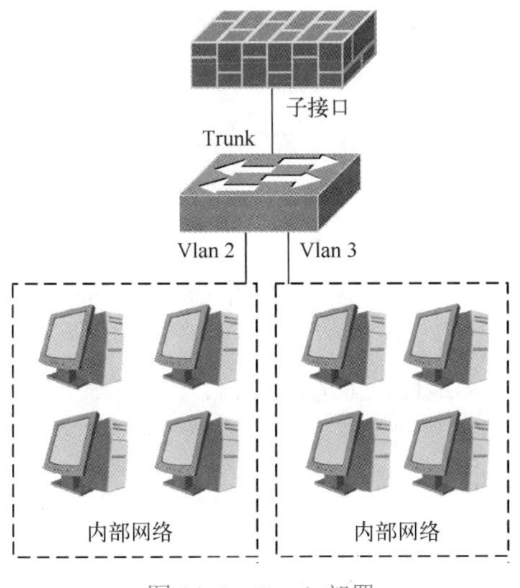

图 14-5　Trunk 部署

14.2.1 交换机配置 Trunk

由于在单臂部署模式下，防火墙同交换机之间要传输多个 VLAN 的数据，而防火墙与交换机之间只有一条链路，因此要求对端交换机配置 Trunk。

以思科交换机为例，配置 Trunk 的方式为：

```
SW# configure terminal
SW(config)#interface g0/1
SW(config-if)#switchport mode trunk
```

以华为交换机为例，配置 Trunk 的方式为：

```
[Switch]int Ethernet 0/3
[Switch-Ethernet0/3]port link-type trunk
[Switch-Ethernet0/3]port trunk permit vlan all
```

14.2.2 防火墙配置子接口

通过计算机的 Web 浏览器以 HTTPS 方式进入防火墙管理界面，选择“网络”→“接口”→“VLAN”选项，在弹出的界面中单击“新建”按钮，创建一个 VLAN 接口，如图 14-6 所示。在防火墙上定义子接口，子接口的 IP 地址就是该子接口所属 VLAN 的网关。同一个物理接口，可以打不同的 Tag，作为不同 VLAN 的网关。

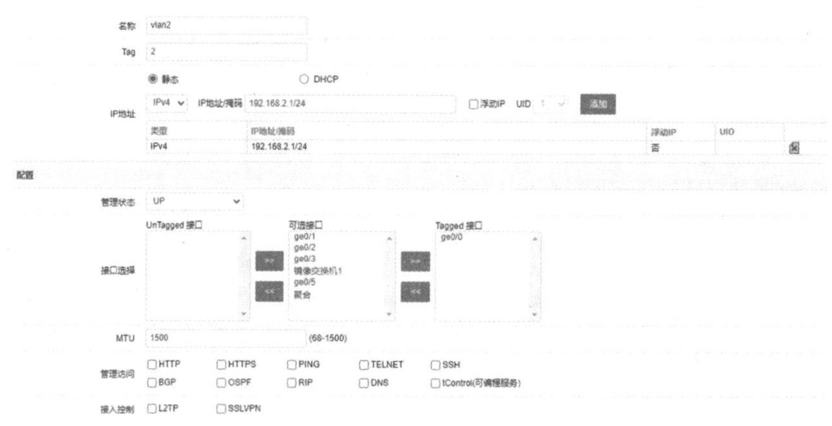

图 14-6 创建 VLAN 接口

参数说明：

名称：VLAN 名称。

Tag：VLAN 的 ID 号，Tag 与交换机配置的 VLAN ID 对应。

静态：通过手工配置的方式设置接口的 IP 地址。

IP 地址/掩码：物理接口 IP 地址，可选择 IPv4、IPv6，输入 IP 地址并单击“添加”按钮生效。此 IP 地址就是 VLAN 的网关地址。

浮动 IP：是否是浮动 IP，HA 使用。

UID：HA 单元 ID。

可选接口：设备中可以加入 VLAN 的物理接口。

UnTagged 接口：以 UnTag 方式加入 VLAN 的物理接口。

Tagged 接口：以 Tag 方式加入 VLAN 的物理接口，启用 802.1Q 协议，同一个物理接口可以加入多个 tagged VLAN 口中，作为它们的网关。

MTU：最大传输单元，范围为 68～1500，一般不更改。

管理访问：配置通过该接口允许管理防火墙的方式，如 HTTP、HTTPS、Telnet、SSH、tControl，也可以配置该接口提供的服务，如 Ping、BGP、OSPF、RIP、DNS。

接入控制：可设置是否使用 L2TP、SSL VPN。

14.3　旁路检测模式

以旁路检测模式部署的防火墙与其他模式部署的防火墙不一样，它没有串行在网络之中，只是一个监听设备，可配置相应的网络防护策略，通过网络镜像流量实时监视网络数据，一旦发现匹配了安全策略的网络数据异常就发出警告。防火墙旁路检测部署如图 14-7 所示。

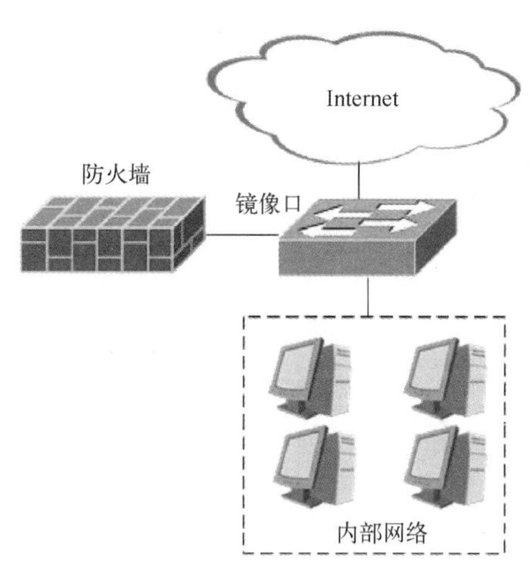

图 14-7　防火墙旁路检测部署

14.3.1　交换机端口镜像

旁路检测防火墙要求交换机将数据镜像到防火墙上，需要在交换机上配置端口镜像。

以思科交换机为例，配置端口镜像的方式为：

```
Switch(config)# monitor session 1 source interface fastethernet 1/1 both
Switch(config)# monitor session 1 destination interface fastethernet 1/48
```

配置端口镜像时需要指定镜像的源端口和目标端口，源端口是要镜像数据的接口，目标端口是连接防火墙的接口。

14.3.2　接口启用旁路

选择“网络”→“接口”→“旁路部署”选项，在要选择旁路部署的接口上单击“启用”按钮，启用此接口的旁路检测模式。旁路接口配置如图 14-8 所示。

图 14-8　旁路接口配置

14.3.3 配置安全防护检测

旁路模式的防火墙由于只接收网络流量中的数据“副本”，所以只能检测流量是否异常，不能阻断数据，类似 IDS（入侵检测系统）。

指定接口为旁路检测模式后，可以配置相应的安全检测策略，对接收到的流量镜像进行检测。

选择“策略”→“安全防护”→“防护策略”选项，按需求配置相应的防护策略，如图 14-9 所示。

图 14-9 配置防护策略

14.4 旁路逻辑串行模式

防火墙物理旁路逻辑串行模式部署时，与网络设备配合，只将网络中的部分流量引入防火墙，其余流量并不经过防火墙，从而达到防火墙只接触和控制部分流量的目的。

14.4.1 透明模式物理旁路逻辑串行模式

透明模式物理旁路逻辑串行模式下，防火墙实际采用透明模式部署，对经过防火墙的流量进行安全防护。透明模式物理旁路逻辑串行拓扑如图 14-10 所示。

1．交换机配置 VLAN

按照图 14-10 所示的拓扑，创建两个 VLAN。

```
Switch(config)#vlan 2
Switch(config)#vlan 3
```

2．交换机接口加入 VLAN

按照图 14-10 所示的拓扑，将 1 口和 2 口加入 VLAN 2，将 3 口和 4 口加入 VLAN 3。

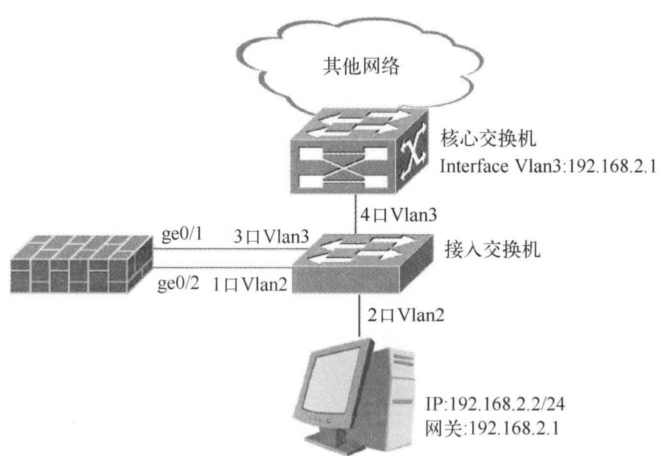

图 14-10　透明模式物理旁路逻辑串行拓扑

```
Switch(config)#interface range f0/1 - 2
Switch(config-if-range)#switchport mode access
Switch(config-if-range)#switchport access vlan 2
Switch(config)#interface range f0/3 - 4
Switch(config-if-range)#switchport mode access
Switch(config-if-range)#switchport access vlan 3
```

3. 防火墙透明桥配置

选择“网络”→“接口”→“透明桥”选项，在弹出的界面中单击“新建”按钮，将防火墙的 ge0/1 和 ge0/2 口加入透明桥，单击“提交”按钮完成透明桥的配置，如图 14-11 所示。

图 14-11　配置透明桥

4. 防火墙安全策略配置

选择“策略”→“防火墙”→“策略”选项，在弹出的界面中，单击“新建”按钮，配置安全策略，放行数据，如图 14-12 所示。

入接口/安全域	× any
出接口/安全域	× any
源地址	× any
目的地址	× any
服务	× any
用户	× any
应用	any
时间	× always
动作	PERMIT
流量统计	
日志	会话开始　会话结束
会话超时时间	30-65535 秒
策略组	default
描述	

确定　取消

图 14-12　配置安全策略

此时，PC 访问网络的数据将会通过防火墙，并由防火墙执行所配置的访问控制。

14.4.2　路由模式物理旁路逻辑串行模式

在一些特定场景下，用户要求防火墙只能对网络中的部分数据实现安全防护，不对全部数据实现安全防护，不愿意将防火墙串行接入网络之中。路由模式物理旁路逻辑串行拓扑如图 14-13 所示，要求 PC 与服务器之间互访经过防火墙，其他数据不经过防火墙。注意：这种部署模式需要交换机支持策略路由功能。

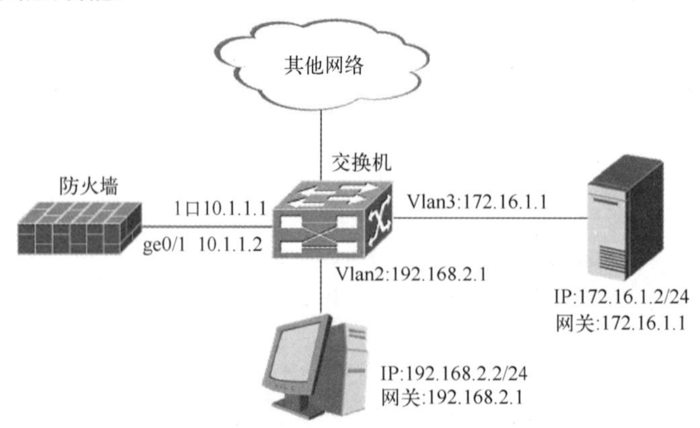

图 14-13　路由模式物理旁路逻辑串行拓扑

1．交换机配置 ACL

将 PC 与服务器之间互访的数据筛选出来，配置两条 ACL 将 PC 访问服务器以及服务器发回 PC 的数据匹配出来。

```
access-list 101 permit ip 192.168.2.0 0.0.0.255 172.16.1.0 0.0.0.255
access-list 102 permit ip 172.16.1.0 0.0.0.255 192.168.2.0 0.0.0.255
```

2．配置策略路由

在交换机上配置两个策略路由，调用用于匹配数据的两条 ACL。

```
route-map PC permit 10
match ip address 101
set ip next-hop 10.1.1.2
route-map S permit 10
match ip address 102
set ip next-hop 10.1.1.2
```

3．将策略路由应用在接口上

在交换机上，将两个策略路由分别应用在不同的接口上：

```
interface vlan 2
ip policy route-map PC
interface vlan 3
ip policy route-map S
```

4．防火墙配置 IP 地址

选择“网络”→“接口”→“物理接口”选项，单击“ge0/1”口，将防火墙 ge0/1 的 IP 地址配置为 10.1.1.2，单击“更新”按钮完成 IP 地址配置，如图 14-14 所示。

图 14-14　配置接口 IP 地址

5．防火墙配置默认路由

选择“网络”→“路由”→“静态路由”选项，在弹出的界面中单击“新建”按钮，配置默认路由，如图 14-15 所示。

图 14-15　配置默认路由

选择“策略”→“防火墙”→“策略”选项，在弹出的界面中单击“新建”按钮，配置安全策略，放行数据，如图 14-16 所示。

图 14-16　配置安全策略

此时，PC 与服务器之间的数据将会通过防火墙，并由防火墙执行所配置的访问控制。

14.5　其他模式相关实验

本节通过实验学习防火墙混合模式、旁路检测模式和透明模式物理旁路逻辑串行模式下的配置过程。

14.5.1　混合模式案例实验

【实验拓扑】

防火墙使用混合模式为用户上网提供网络地址转换和安全控制等功能。混合模式拓扑如图 14-17 所示。

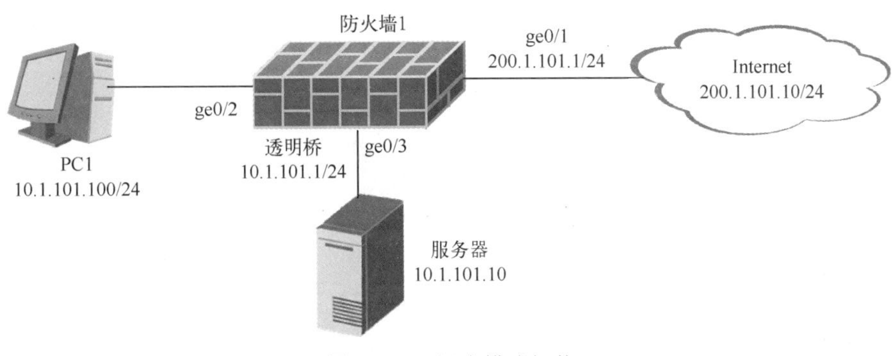

图 14-17　混合模式拓扑

【实验目标】

配置混合模式防火墙，实现 PC1 和服务器访问 Internet。

【实验步骤】

混合模式案例实验的步骤如下：

1）通过 Console 口登录防火墙 1，按照要求配置带外管理 IP 地址，开启防火墙 HTTPS 的管理方式。

2）通过 HTTPS 登录防火墙 1，选择“网络”→“接口”→“透明桥”选项，在弹出的界面中单击“新建”按钮，新建透明桥，将 ge0/2 口和 ge0/3 口加入透明桥。

3）选择“网络”→“接口”→“物理接口”选项，单击“ge0/1”口，配置 ge0/1 口的 IP 地址。

4）选择“对象”→“地址对象”→“地址节点”选项，在弹出的界面中单击“新建”按钮，配置地址对象 PC1 和服务器。

5）选择“策略”→“防火墙”→“策略”选项，在弹出的界面中单击“新建”按钮，配置防火墙策略，放行 PC1 和服务器到 any 的 ICMP 流量。

6）测试。

PC1 和服务器 ping Internet 上的 IP 地址，结果不通。

PC1 和服务器私网 IP 地址不能上公网。

7）选择“网络”→“路由”→“静态路由”选项，在弹出的界面中单击“新建”按钮，配置默认路由，下一跳地址为 Internet 的 IP 地址。

8）选择“网络”→“NAT”→“NAT 规则”→“源地址转换”选项，在弹出的界面中单击“新建”按钮，配置源地址转换。

9）测试。

PC1 ping 通 Internet 上的 IP 地址。

服务器 ping 通 Internet 上的 IP 地址。

选择“网络”→“调试”→“Web 调试”选项，输入过滤条件，通过 Web 调试，查看 PC1 ping 通 Internet 上的 IP 地址的过程。

14.5.2　旁路检测模式案例实验

【实验拓扑】

旁路检测模式可检测发给防火墙的数据是否有异常。旁路检测模式拓扑如图 14-18 所示。

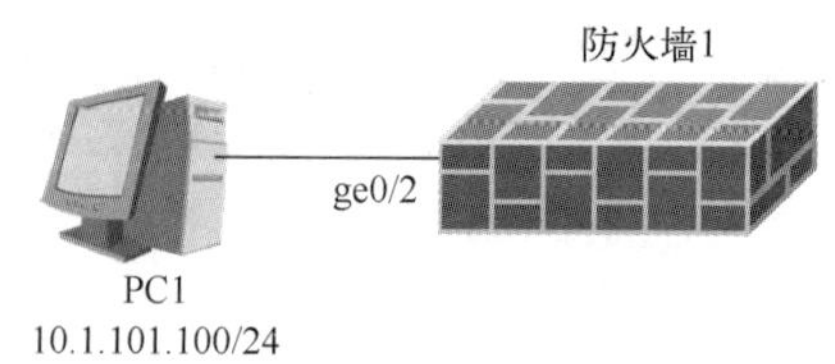

图 14-18　旁路检测模式拓扑

【实验目标】

配置旁路检测模式防火墙，检测数据是否异常。

【实验步骤】

旁路检测模式案例实验的步骤如下：

1）通过 Console 口登录防火墙 1，按照要求配置带外管理 IP 地址，开启防火墙 HTTPS 的管理方式。

2）通过 HTTPS 登录防火墙 1，选择“网络”→“接口”→“旁路部署”选项，启用 ge0/2 口旁路检测模式。

3）选择“策略”→“安全防护”→“安全防护策略”选项，配置安全防护策略，启用入侵防御策略，并开启日志。

4）选择“日志”→“日志配置”→“日志过滤”选项，选择“本地日志”复选框。

5）测试。

PC1 向防火墙发起异常流量，查看防火墙记录的异常日志。

14.5.3　透明模式物理旁路逻辑串行模式实验

【实验拓扑】

防火墙透明模式物理旁路逻辑串行模式部署在网络中，可对部分数据进行安全防护。透明模式物理旁路逻辑串行模式拓扑如图 14-19 所示。

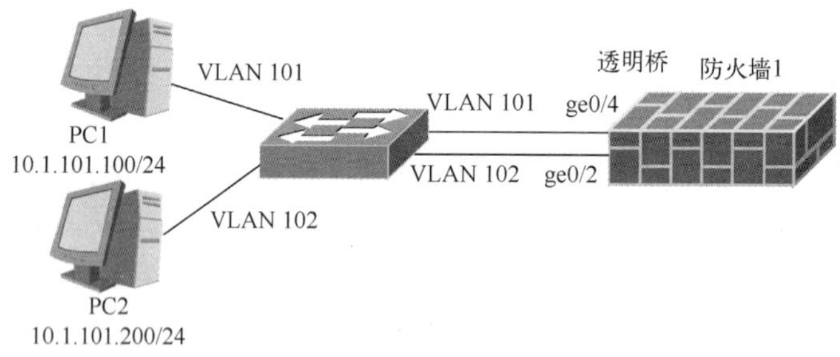

图 14-19　透明模式物理旁路逻辑串行模式拓扑

【实验目标】

实现 PC1 访问 PC2 数据经过防火墙。

【实验步骤】

透明模式物理旁路逻辑串行模式实验的步骤如下：

1）通过 Console 口登录防火墙 1，按照要求配置带外管理 IP 地址，开启防火墙 HTTPS 的管理方式。

2）通过 HTTPS 登录防火墙 1，选择“网络”→“接口”→“透明桥”选项，在弹出的界面中单击“新建”按钮，新建透明桥，将 ge0/2 口和 ge0/4 口加入透明桥。

3）配置防火墙 1 的安全策略，放行 PC1 访问 PC2 的策略。

4）将 PC1 和 PC2 配置为同一 IP 网段。

5）测试。

PC1 可以 ping 通 PC2。

选择“网络”→“调试”→“Web 调试”选项，输入过滤条件，查看输出的 Web 调试信息。

本章小结

本章主要介绍常见的透明模式、路由模式、双机模式部署防火墙之外的其他防火墙部署模式，不同的部署模式具有不同的使用特点和场景。混合模式部署需要配置透明桥及 IP 地址，作为 PC 的网关地址。单臂模式需要在交换机上配置 Trunk，并配置防火墙子接口。旁路检测模式需要在交换机上配置端口镜像，并需要在连接交换机镜像端口的防火墙接口上进行启用操作。透明模式物理旁路逻辑串行部署时，需要在交换机上配置 VLAN；而路由模式物理旁路逻辑串行部署时，需要交换机通过策略路由将部分流量引入防火墙。

第 15 章 密码恢复与防火墙升级实验

在实际网络的运行和维护工作中，可能会由于一些特殊原因导致管理员忘记防火墙的密码，从而需要对防火墙进行重置密码操作。另外，防火墙的生产厂商会定期针对防火墙自身的安全操作系统发布安全性、功能性更新补丁，需要网络安全管理员对防火墙进行升级，以避免防火墙自身存在安全漏洞。

本章以启明星辰防火墙为例介绍防火墙密码恢复、防火墙升级的配置操作。

15.1 防火墙密码恢复

在配置管理、运维交接发生遗漏或错误等情况下，如果网络安全管理员忘记了密码，就可以对防火墙进行密码恢复操作。

如果管理员在更改防火墙密码后没有保存配置，那么重启防火墙就能恢复原本的密码。如果由于忘记密码无法登录防火墙，且需要重启防火墙，那么可以使用插拔电源的方式强制防火墙重新启动。

如果更改了防火墙密码并保存过配置，那么重启防火墙后进入 Bootloader 模式才能恢复密码。

15.1.1 重启的同时进入 Bootloader

使用 Console 的方式连接防火墙，进行恢复密码操作。

重启防火墙，在听到“滴”声后按〈Ctrl+C〉组合键即可进入 Bootloader 模式。如果听不到“滴”声，则可以在启动防火墙时多次按〈Ctrl+C〉组合键，直至进入 Bootloader 模式，如图 15-1 所示。

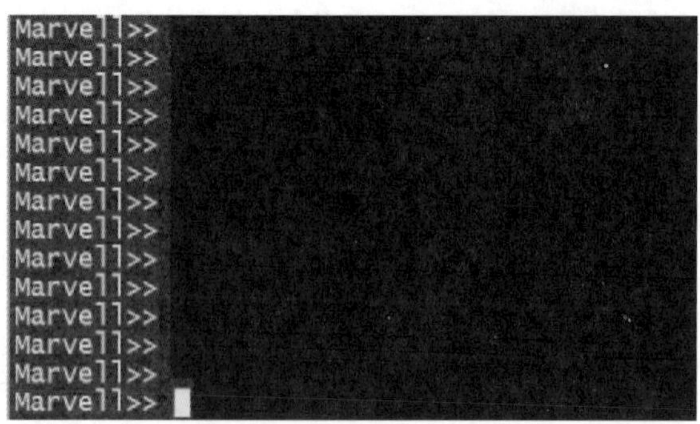

图 15-1　进入 Bootloader 模式

输入 run bootcmd_newboot，如图 15-2 所示。

```
Marvell>>
Marvell>>
Marvell>> run bootcmd_newboot
10764288 bytes read in 266 ms (38.6 MiB/s)
14333 bytes read in 8 ms (1.7 MiB/s)
10027038 bytes read in 242 ms (39.5 MiB/s)
```

图 15-2　输入 run bootcmd_newboot

等待大约 1min，进入 BOOT MENU 界面，如图 15-3 所示。

```
**********************************************************
*                                                        *
*                 BOOT MENU (BOS):                       *
*  1. Configure network parameters.                      *
*  2. Download version image by ethernet port to disk.   *
*  3. Download version image by serial port to disk.     *
*  4. Download version image from USB disk to disk.      *
*  5. Misc functions.                                    *
*  6. Reboot.                                            *
*                                                        *
**********************************************************
Please input your choice[1-6]:
```

图 15-3　BOOT MENU 界面

输入 5，进入 MISC FUNCTION MENU 界面，如图 15-4 所示。

```
Please input your choice[1-6]:5

**********************************************************
*                                                        *
*                MISC FUNCTION MENU:                     *
*  1.  Clear current configure file.                     *
*  2.  Recover backup configure file.                    *
*  3.  Modify system clock.                              *
*  4.  Reset administrator passowrd.                     *
*  5.  Fix CF card file system (EXT2).                   *
*  6.  Fix hard disk file system (EXT2/EXT3).            *
*  7.  Exit.                                             *
*                                                        *
**********************************************************
Please input your choice[1-7]:
```

图 15-4　MISC FUNCTION MENU 界面

密码保存在配置文件中，可以按需选择“1”（即 Clear current configure file）清除当前配置，也可以选择“4”清除密码。这里选择“1”清除当前配置。

15.1.2　重启防火墙

在图 15-4 中选择“1”，清除配置后，回到 MISC FUNCTION MENU 界面，选择“7”（Exit），退回 BOOT MENU 界面，选择“6”，重启防火墙，如图 15-5 所示。

```
**********************************************************
*                                                        *
*                 BOOT MENU (BOS):                       *
*  1. Configure network parameters.                      *
*  2. Download version image by ethernet port to disk.   *
*  3. Download version image by serial port to disk.     *
*  4. Download version image from USB disk to disk.      *
*  5. Misc functions.                                    *
*  6. Reboot.                                            *
*                                                        *
**********************************************************
Please input your choice[1-6]:6
```

图 15-5　重启防火墙

再次重启后，设备恢复成默认配置，密码被恢复为默认密码。

15.2 Web 界面升级

防火墙的生产厂商一般会定期发布新的防火墙操作系统版本，用于修复防火墙的功能问题或增加新功能。用户可以通过 Web 界面升级防火墙的操作系统版本，提升防火墙使用体验。

15.2.1 浏览器导入软件版本

升级防火墙操作系统版本需要准备防火墙版本文件（可以通过防火墙生产商家的官方指定渠道下载，下载后务必按照官方公布的方式进行版本散列值校验，以确定防火墙安全操作系统版本文件 tsos.bin 的完整性），使用 admin 账户通过浏览器的方式登录防火墙。

选择“系统”→“版本管理”选项，单击“软件版本”，选择 tsos.bin 文件所在位置，导入文件，如图 15 6 所示。

图 15-6　导入软件版本

15.2.2 重启防火墙

导入完成后，选择“系统”→“配置”→“设备重启”选项，在弹出界面中的“重启选项”中选择“重启系统”，如图 15-7 所示。

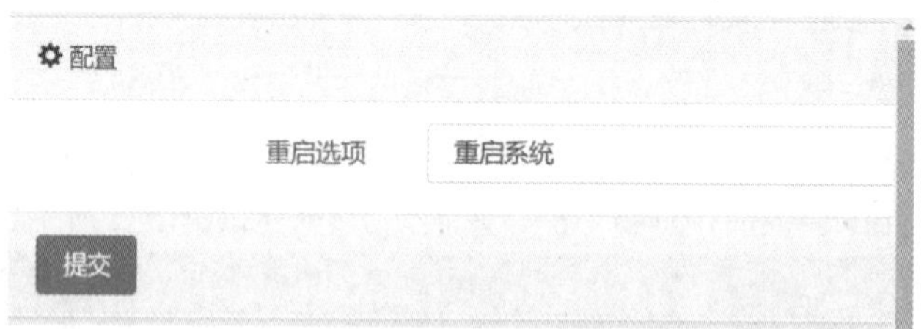

图 15-7　选择“重启系统”选项

在图 15-7 所示界面中单击“提交”按钮，会弹出一个重新启动系统的对话框，从中单击“提交”按钮，重启设备，如图 15-8 所示。

等待设备重启完成，可以通过选择“首页”→“系统信息”→“Release”选项查看防火墙版本，确定是否升级成功。

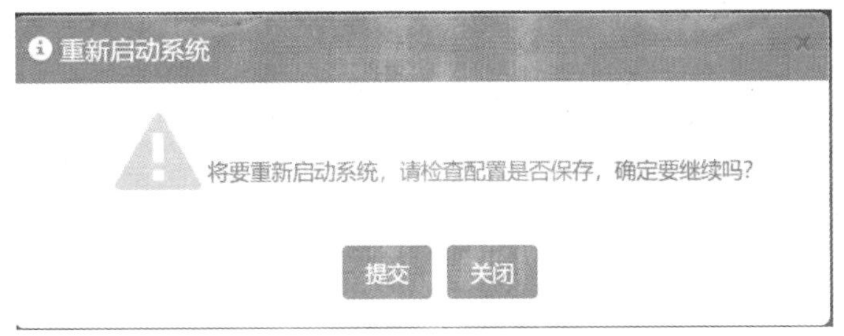

图 15-8　重启确认

15.3　TFTP 升级

TFTP（Trivial File Transfer Protocol，简单文件传输协议）是 TCP/IP 协议族中的一个用来在客户机与服务器之间进行简单文件传输的协议，防火墙也可以通过 TFTP 进行软件升级。

15.3.1　部署 TFTP 服务器

使用管理员的计算机作为 TFTP 服务器，配置 IP 地址为 192.168.1.22，与防火墙在同一 IP 网段，确保 PC 与防火墙的连通性。

在管理员的计算机上运行 TFTP 服务器软件，让管理员的计算机成为 TFTP 服务器，指定防火墙的软件版本目录，将 tsos.bin 文件复制到 TFTP 目录下，修改管理员的计算机操作系统自带防火墙策略，使其放行 TFTP 服务流量或短暂关闭防火墙（会降低安全性，不推荐），启动 TFTP 服务器，TFTP 服务器如图 15-9 所示。

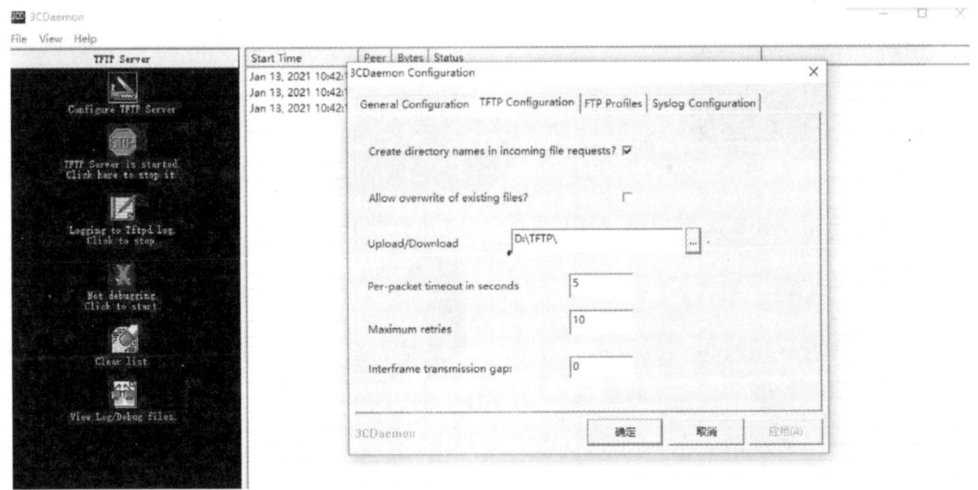

图 15-9　TFTP 服务器

15.3.2　通过 TFTP 下载软件版本

通过浏览器管理防火墙，选择“网络”→“接口”→“物理接口”选项，单击 ge0/0 口，在管理访问处选择“SSH”复选框。单击“更新”按钮，开启接口的 SSH 管理功能，如图 15-10 所示。

图 15-10　开启 SSH

在 SecureCRT 软件中，使用 SSH 登录防火墙，在特权模式下输入以下命令：

```
host# copy tftp 192.168.1.22 tsos.bin version
```

可以在 TFTP 服务器上看到防火墙正在下载 tsos.bin 文件，TFTP 传输版本如图 15-11 所示。

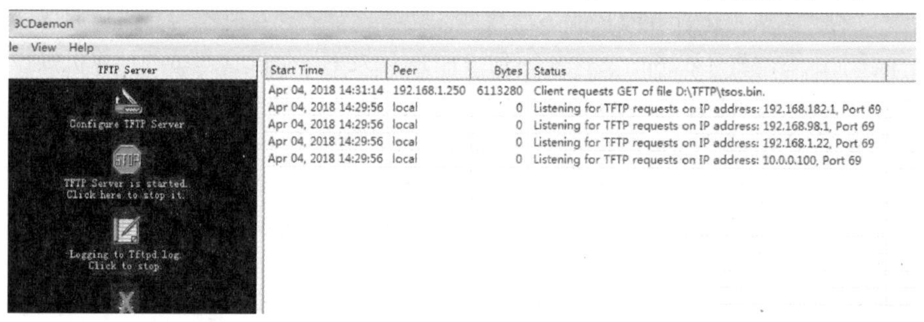

图 15-11　TFTP 传输版本

等待 TFTP 传输完版本，重启防火墙，即可完成防火墙升级。

15.3.3　重启防火墙

TFTP 传输完防火墙操作系统版本文件后，通过浏览器管理防火墙，选择“系统”→“配置”→“设备重启”选项，在“重启选项”中选择“重启系统”选项，如图 15-12 所示。

图 15-12　重启系统

在图 15-12 所示的界面中，单击“提交”按钮，会弹出一个重新启动系统的对话框，单击“提交”按钮，重启设备，如图 15-13 所示。

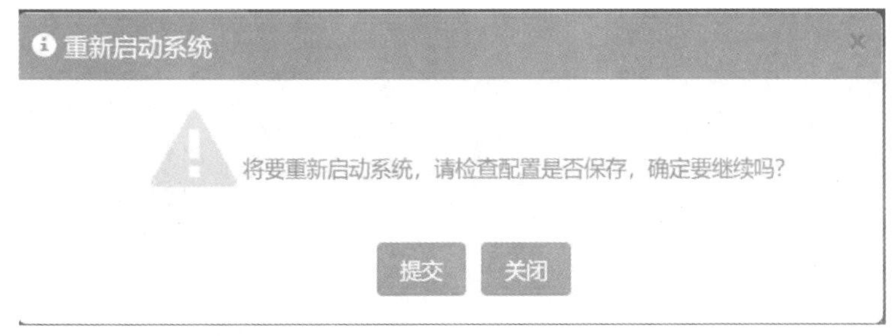

图 15-13　重启确认

等待设备重启完成，可以通过选择“首页”→“系统信息”→“Release”选项查看防火墙版本，确定是否升级成功。

15.4 Bootloader 升级

如果防火墙无法通过浏览器登录，也无法通过 Console 口进入防火墙系统，但会打印一些字符，那么很有可能是防火墙安全操作系统损坏。这时可以通过在 BootLoader 下升级防火墙安全操作系统解决。

15.4.1 重启的同时进入 Bootloader

使用 Console 连接防火墙，重启防火墙，在听到“滴”声后按〈Ctrl+C〉组合键，进入 Bootloader 模式，BOOT MENU 界面如图 15-14 所示。

```
Bootloader version 3.5 (ext2)

             ****************************************************************
             *                                                              *
             *                    BOOT MENU (BOS):                          *
             *  1. Configure network parameters.                            *
             *  2. Download version image by ethernet port to disk.         *
             *  3. Download version image by serial port to disk.           *
             *  4. Download version image from USB disk to disk.            *
             *  5. Misc functions.                                          *
             *  6. Reboot.                                                  *
             *                                                              *
             ****************************************************************
Please input your choice[1-6]:
```

图 15-14　BOOT MENU 界面

15.4.2 U 盘导入软件版本

准备一个文件系统为 FAT32 的 U 盘，将防火墙的软件版本复制到根目录下，将防火墙的安全操作系统文件的名称修改为 tsos.bin，将 U 盘插到防火墙的 USB 口。

进入 Bootloader，在 Bootloader 的选项中输入“4”后，防火墙进入 U 盘升级状态，如图 15-15 所示。

15.4.3 重启防火墙

U 盘升级完成后会进入 BOOT MENU 界面，输入“6”，将会重启防火墙，如图 15-16 所示。

```
Please input your choice[1-6]:4
Copying tsos.bin from usb ...
Copy success.

Begain to install files......
Install kernel.img......success!
Install rootfs.img......success!
Install ISP_CMCC.dat......success!
Install ISP_CT.dat......success!
Install ISP_CTT.dat......success!
Install ISP_UNICOM.dat......success!
Install ISP_CERNET.dat......success!
Install ISP_INTL.dat......success!
Install china.txt......success!
Install cap_kernel.img......success!
Install cap_rootfs.img......success!
Install host_kernel.img......success!
Install host_rootfs.img......success!
Finish to install version file!
Bootloader version 3.5 (ext2)

     ****************************************************************
     *                                                              *
     *                      BOOT MENU (BOS):                        *
     *  1. Configure network parameters.                            *
     *  2. Download version image by ethernet port to disk.         *
     *  3. Download version image by serial port to disk.           *
     *  4. Download version image from USB disk to disk.            *
     *  5. Misc functions.                                          *
     *  6. Reboot.                                                  *
     *                                                              *
     ****************************************************************
Please input your choice[1-6]:
```

图 15-15　U 盘升级状态

```
     ****************************************************************
     *                                                              *
     *                      BOOT MENU (BOS):                        *
     *  1. Configure network parameters.                            *
     *  2. Download version image by ethernet port to disk.         *
     *  3. Download version image by serial port to disk.           *
     *  4. Download version image from USB disk to disk.            *
     *  5. Misc functions.                                          *
     *  6. Reboot.                                                  *
     *                                                              *
     ****************************************************************
Please input your choice[1-6]:6
```

图 15-16　重启防火墙

防火墙需 3～5min 重启，之后即完成防火墙安全操作系统的更新或重置。

15.5　密码恢复与防火墙升级相关实验

本节介绍将防火墙密码恢复为默认密码及通过 Web 升级防火墙操作系统版本的实验过程。

15.5.1　密码恢复实验

【实验拓扑】

忘记防火墙密码，需要做密码恢复，要使用 Console 线与防火墙连接，拓扑如图 15-17 所示。

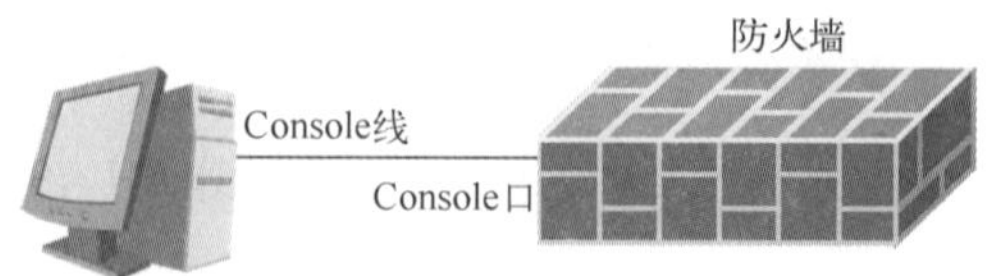

图 15-17　Console 连接防火墙拓扑

【实验目标】

将防火墙的密码恢复为默认密码。

【实验步骤】

密码恢复实验的步骤如下：

1）通过 Console 口管理防火墙。

2）重启防火墙，按〈Ctrl+C〉组合键，进入防火墙的 Bootloader 系统。

3）选择“1”，清除当前配置文件。

4）选择“6”，重启防火墙。

5）登录测试。防火墙密码恢复为默认配置。

15.5.2　Web 升级实验

【实验拓扑】

通过浏览器的方式管理防火墙，为防火墙升级软件版本，PC 通过网线连接防火墙，拓扑如图 15-18 所示。

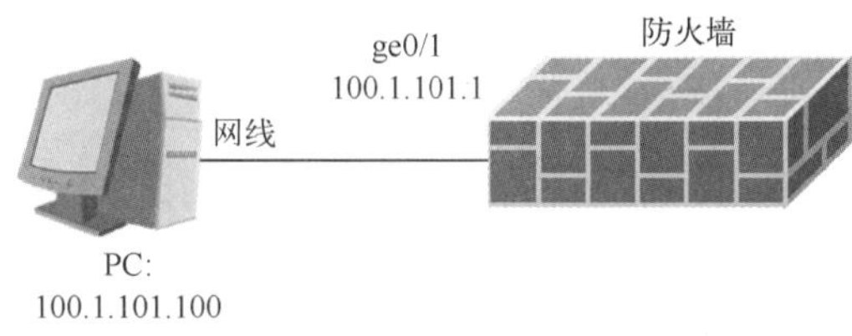

图 15-18　升级防火墙软件版本拓扑

【实验目标】

通过 Web 界面升级防火墙软件版本。

【实验步骤】

Web 升级实验的步骤如下：

1）PC 通过 HTTPS 管理防火墙。

2）选择“系统”→“版本管理”选项，单击“软件版本”，选择 tsos.bin 文件所在位置并导入。

3）选择“系统”→“配置”→“设备重启”选项，在“重启选项”中选择“重启系统”选项并提交。

4）选择“首页”→“系统信息”→“Release”选项查看防火墙版本，确定是否升级成功。

本章小结

本章主要介绍了防火墙基本的故障恢复方式，包括如何进行密码恢复，以及防火墙安全操作系统版本的重置和升级等操作。防火墙的操作系统版本可以通过 Web 界面、TFTP、Bootloader 这 3 种方式进行升级。其中，Web 界面升级通过浏览器进行操作，易用性较好，但在防火墙安全操作系统损坏，无法通过浏览器登录，也无法通过 Console 口进入防火墙系统时，可以通过 Bootloader 升级防火墙安全操作系统。

拓　展　篇

学习目标

1. 掌握路由模式部署防火墙在实际中的应用。
2. 掌握双机热备部署防火墙在实际中的应用。
3. 掌握透明模式部署防火墙在实际中的应用。
4. 掌握 IPSec VPN 在实际中的应用。
5. 掌握默认路由、策略路由在实际中的应用。
6. 掌握源地址转换、目标地址转换在实际中的应用。
7. 掌握入侵防御、防病毒、攻击防护在实际中的应用。
8. 掌握 SNMP 服务在实际中的应用。
9. 掌握 Syslog 日志、本地日志在实际中的应用。

各章名称

第 16 章 大型企业边界防火墙案例

企业边界防火墙部署中，一般要求防火墙提供内部用户访问 Internet、内部服务器向外提供服务、访问电信的业务走电信链路、访问联通的业务走联通链路、企业总部和企业分部通过 Internet 安全通信等主要工作内容。本章以某企业网络安全优化改造项目为例，按照企业网络边界防火墙需求，结合企业网络实际环境对防火墙进行配置。

16.1 项目背景

随着互联网应用的深化，以及网络空间战略地位的日益提升，网络空间已经成为国家或地区安全博弈的新战场，例如近几年频繁发生的勒索病毒攻击、跨国电信诈骗、数据泄露、网络暴力等事件，给网络的发展与治理带来了巨大的挑战。面对愈发严峻的网络安全形式，人们要时刻保持对网络安全事件的警惕和防范。2017 年，我国正式实施《网络安全法》，对网络运营者的责任和义务提出了法律层面的要求。为符合相关法律法规的要求，增强现有网络业务可用性、数据传输的保密性，某大型企业网络安全管理部计划采购若干台防火墙用于网络安全强化建设。

该大型企业属于信息和技术密集型企业，成立于 20 世纪 90 年代初，经过几十年的发展壮大，在国内多个城市设有分支机构（分部）。该大型企业的计算机网络已经颇具规模。作为一个现代化的大型科技龙头企业，除了要满足高效的内部自动化办公需求、保障互联网的信息资源访问获取需求以外，还需要面向互联网进行企业形象展示，提供信息发布服务等，同时分支机构（分部）也有访问企业 OA（办公自动化）系统、人力资源管理系统、文件共享系统、视频会议系统、财务系统等的需求。结合该大型企业复杂的网络及应用系统部署情况，要求网络必须具备满足多种应用协议实时传输、大量并发用户同时访问、敏感数据的互联网安全传输等综合网络信息安全能力。

该大型企业网络安全管理部考虑到企业自身业务数据的重要性，一旦泄露将给企业的形象带来致命影响。经过一段时间的考察和对比工作，决定在企业本部以及分支机构（分部）的网络边界采用启明星辰下一代防火墙所提供的综合网络安全解决方案，在网络上应用高性能网络安全设备和先进的防护技术来保证网络及业务系统的正常、安全、稳定运行。

该大型企业本次网络安全强化建设的需求如下：

1）针对某企业总部和分部的要求，内部用户需要以私网地址访问公网。

2）总部内网的 Web 服务器需要对外提供服务。

3）总部和分部通过 Internet 进行安全通信。

4）总部访问的目标地址为电信 IP 地址，选择电信的链路作为出链路，当电信链路发生故障以后，选择联通的链路作为出链路；总部访问的目标地址为联通 IP 地址，选择联通的链路作为出链路，当联通链路发生故障以后，选择电信的链路作为出链路。

5）分部要求所有数据走电信，只有当电信链路发生故障时，数据才走联通。

16.2 项目范围

本次网络安全边界优化改造范围如表 16-1 所示。

表 16-1 网络安全边界优化改造范围

序号	类别	内容
1	网络安全设备	企业本部边界防火墙
2	网络安全设备	分支机构（分部）边界防火墙
3	网络链路	联通 Internet 专线
4	网络链路	电信 Internet 专线
5	服务器	Web 服务器
6	业务系统	集团企业官网
7	业务系统	OA 系统
8	业务系统	人力资源管理系统
9	业务系统	文件共享系统
10	业务系统	视频会议系统
11	业务系统	财务系统
12	终端	办公终端

该大型企业总部为了保证网络系统访问链路的可用性，进行了冗余部署，连接了电信和联通两条 Internet 专线，目前两条专线为主备部署方式，即全部流量通过联通专线传输，仅当联通专线失效时切换到电信。一段时间以来，用户接连向网络安全管理部反馈 Internet 访问速度慢，无法满足日益增长的办公带宽需求。

当前分支机构（分部）通过 Internet 访问企业总部相关办公业务系统，经过网络安全管理部的网络安全风险评估后，确定这种连接方式存在一定的敏感信息泄露隐患，需要即刻开展整改。

16.3 项目需求分析

该大型企业的本次项目需要满足下列要求：

1）网络安全管理部通过前期调研，收集并整理了企业本部以及分支机构（分部）的用户网络访问需求：随时随地利用企业提供的基础设施接入 Internet，要求 Internet 连接具有可用性。

2）企业本部对 Internet 提供网站服务，进行企业形象展示及信息发布。

3）分支机构（分部）需依托互联网访问总部的 OA（办公自动化）系统、人力资源管理系统、文件共享系统、视频会议系统、财务系统等。由于所传输的数据为企业敏感数据，因此要求数据通过安全方式传输。

4）企业本部用户多次反馈访问 Internet 卡顿，用户要求对 Internet 的访问进行优化，优化现有网络访问效率，提升网络访问带宽。经过网络安全管理部梳理分析，确定将主备模式的 Internet 专线改为负载均衡方式。总部访问的目标地址为电信 IP 地址，选择电信的专线作为出口链路，当电信专线发生故障以后，选择联通的专线作为出口；总部访问的目标地址为联通 IP 地址，选择联通专线作为出口，当联通专线发生故障以后，选择电信专线作为出口。

5）分支机构（分部）根据业务规模和数据传输量情况，结合各地运营商专线价格差异，要求默认所有数据传输通过电信专线进行，只有当电信链路发生故障时，数据才通过联通专线传输。

16.4　项目原则

为了达到项目建设目标，本次项目建设将遵循以下原则。

1. 综合防范、整体安全

坚持管理与技术并重，从人员、管理、安全技术手段等多方面着手，建立综合防范机制，实现整体安全。

2. 同步建设

安全保障体系规划与系统建设同步，协调发展，将安全保障体系建设融入信息化建设的规划、建设、运行和维护的全过程中。

3. 纵深防御，集中管理

可构建一个从外到内、功能互补的纵深防御体系，对资产、安全事件、风险、访问行为等进行集中统一分析与监管。

4. 实用性与先进性

采用先进成熟的技术满足当前的业务需求，兼顾其他相关的业务需求，尽可能适应更多的数据传输需要，使整个系统在一段时期内保持技术的先进性，并具有良好的发展潜力，以适应未来业务的发展和技术升级的需要。

5. 安全性与可靠性

为保证将来的业务应用，系统必须具有高可靠性。要对整体结构、网络设备等的各个方面进行高可靠性的设计和建设。在采用硬件备份、冗余等可靠性技术的基础上，采用相关的软件技术提供较强的管理机制、控制手段、事故监控和网络安全保密等技术措施，提高网络系统的安全可靠性。

6. 灵活性与可扩展性

由于整个系统是一个不断发展的系统，因此它必须具有良好的扩展性，能够根据将来信息化的不断深入发展的需要，方便地扩展网络覆盖范围，扩大容量和提高系统各层次节点的功能。

7. 开放性与互联性

具备与多种协议的计算机通信网络互联互通的特性，确保网络系统基础设施的作用可以充分发挥，在结构上真正实现开放，基于国际开放式标准，包括各种广域网、局域网、计算机及数据库协议，坚持统一规范的原则，为未来的业务发展奠定基础。

16.5 项目总体方案设计

边界防火墙案例拓扑如图 16-1 所示。

总部设备配置源 NAT 实现内网访问外网的 NAT 转换，设备配置目标 NAT 实现外网到内网服务器的访问，配置两条默认路由使得内网可以通过路由成功访问到外网，配置策略路由实现基于运营商的选路，配置 IPSec VPN。

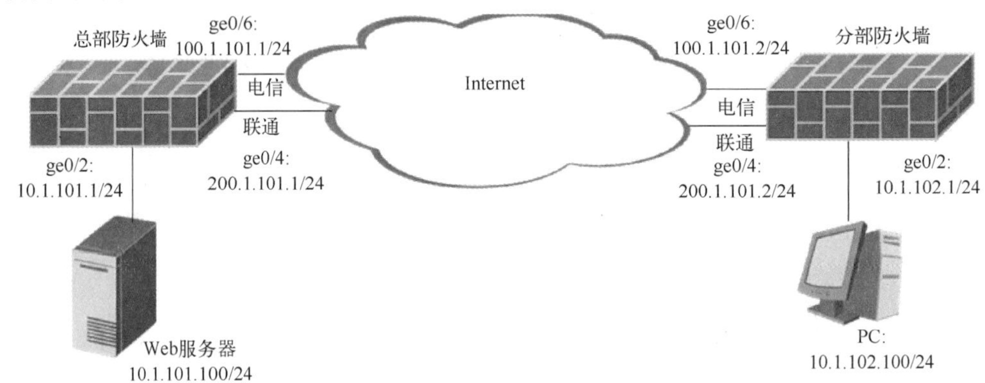

图 16-1　边界防火墙案例拓扑

16.6 项目实施过程

本项目的实施需要配置路由、源地址和目标地址的转换、站点到站点 VPN 以及策略路由，分为总部的防火墙配置和分部的防火墙配置。

16.6.1 配置路由

首先通过 Console 口分别登录总部防火墙和分部防火墙并进行基础配置：

1）通过 Console 口登录总部防火墙，按照要求配置带外管理 IP 地址，开启防火墙 HTTPS 的管理方式。

2）通过 Console 口登录分部防火墙，按照要求配置带外管理 IP 地址，开启防火墙 HTTPS 的管理方式。

1. 总部防火墙路由配置

总部防火墙进行如下配置：

1）通过 HTTPS 登录总部防火墙，选择“网络”→“接口”→“物理接口”选项，按照要求配置防火墙的 ge0/2 口、ge0/4 口和 ge0/6 口 IP 地址。

2）选择“对象”→“健康检查”选项，在弹出的界面中单击“新建”按钮，配置健康检查 ICMP，选择类型为“ICMP”。

3）选择“网络”→“路由”→“静态路由”选项，在弹出的界面中单击“新建”按钮，配置默认路由。分别配置下一跳地址为电信和联通的两条默认路由，选择健康检查，保证路由的可用性。

2．分部防火墙路由配置

分部防火墙进行如下配置：

1）通过 HTTPS 登录分部防火墙，选择“网络”→“接口”→“物理接口”选项，按照要求配置防火墙的 ge0/2 口、ge0/4 口和 ge0/6 口 IP 地址。

2）选择“对象”→“健康检查”选项，在弹出的界面中单击“新建”按钮，配置健康检查 ICMP，选择类型为“ICMP”。

3）选择“网络”→“路由”→“静态路由”选项，在弹出的界面中单击“新建”按钮，配置默认路由。配置下一跳地址为电信的默认路由，距离为 1，选择健康检查为“ICMP”。配置下一跳地址为联通默认路由，距离为 2，选择健康检查为“ICMP”。可实现分部上网走电信，电信故障时走联通。

16.6.2　配置源地址转换

1．总部防火墙源地址转换配置

1）通过 HTTPS 登录总部防火墙，选择“对象”→“地址对象”→“地址节点”选项，在弹出的界面中单击“新建”按钮，配置地址对象服务器。

2）选择“策略”→“防火墙”→“策略”选项，在弹出的界面中单击“新建”按钮，配置防火墙策略，放行服务器到 any 的数据。

3）选择“网络”→“NAT”→“NAT 规则”→“源地址转换”选项，在弹出的界面中单击“新建”按钮，配置源地址转换。源地址为地址对象“服务器”，目标地址为“any”，服务为“any”，出接口为 ge0/6，转换后的地址为出接口地址。

4）选择“网络”→“NAT”→“NAT 规则”→“源地址转换”选项，在弹出的界面中单击“新建”按钮，配置源地址转换。源地址为地址对象“服务器”，目标地址为“any”，服务为“any”，出接口为 ge0/4，转换后的地址为出接口地址。

2．分部防火墙源地址转换配置

1）通过 HTTPS 登录分部防火墙，选择“对象”→“地址对象”→“地址节点”选项，在弹出的界面中单击“新建”按钮，配置地址对象 PC。

2）选择“策略”→“防火墙”→“策略”选项，在弹出的界面中单击“新建”按钮，配置防火墙策略，放行 PC 到 any 的数据。

3）选择“网络”→“NAT”→“NAT 规则”→“源地址转换”选项，在弹出的界面中单击“新建”按钮，配置源地址转换。源地址为地址对象“PC”，目标地址为“any”，服务为“any”，出接口为 ge0/6，转换后的地址为出接口地址。

4）选择“网络”→“NAT”→“NAT 规则”→“源地址转换”选项，在弹出的界面中单击“新建”按钮，配置源地址转换。源地址为地址对象“PC”，目标地址为“any”，服务为“any”，出接口为 ge0/4，转换后的地址为出接口地址。

16.6.3　配置目标地址转换

1．总部 Web 服务器配置

总部 Web 服务器配置如下：

1）总部 Web 服务器配置 IP 地址、子网掩码、网关。

2）总部 Web 服务器开启 HTTP 服务。

2. 总部防火墙目标地址转换配置

1）通过 HTTPS 登录总部防火墙，选择“策略”→“防火墙”→“策略”选项，在弹出的界面中单击“新建”按钮，配置防火墙策略，放行 any 到服务器的数据。

2）选择“网络”→“NAT”→“NAT 规则”→“目标地址转换”选项，在弹出的界面中单击“新建”按钮，配置目标地址转换。源地址为“any”，目标地址为“100.1.101.1”，服务为“http”，入接口为 ge0/6，转换后的目标地址为 10.1.101.100。

3）测试，PC 访问 100.1.101.1 的 80 端口，可以访问到服务器的 80 端口。

16.6.4 配置站点到站点 VPN

1. 总部防火墙配置 IPSec VPN

1）通过 HTTPS 登录总部防火墙，选择“网络”→“VPN”→“IPSec”选项，在弹出的界面中单击“新建”按钮，新建 IKE 协商策略，指定本地 IP 地址和对端 IP 地址。

2）选择“网络”→“VPN”→“IPSec”选项，在弹出的界面中单击在 IKE 协商后的“+”号，新建 IPSec 协商策略。

3）选择“网络”→“VPN”→“IPSec”→“IPSec 策略”选项，在弹出的界面中单击“新建”按钮，新建 IPSec 策略，指定源地址段和目标地址段。

4）选择“策略”→“防火墙”→“策略”选项，在弹出的界面中单击“新建”按钮，配置防火墙策略，放行 IPSec 策略段的数据。

2. 分部防火墙配置 IPSec VPN

1）通过 HTTPS 登录分部防火墙，选择“网络”→“VPN”→“IPSec”选项，在弹出的界面中单击“新建”按钮，新建 IKE 协商策略，指定本地 IP 地址和对端 IP 地址。

2）选择“网络”→“VPN”→“IPSec”选项，在弹出的界面中单击在 IKE 协商后的“+”号，新建 IPSec 协商策略。

3）选择“网络”→“VPN”→“IPSec”→“IPSec 策略”选项，在弹出的界面中单击“新建”按钮，新建 IPSec 策略，指定源地址段和目标地址段。

4）选择“策略”→“防火墙”→“策略”选项，在弹出的界面中单击“新建”按钮，配置防火墙策略，放行 IPSec 策略段的数据。

3. 总公司与分公司之间通过 IPSec VPN 访问公司内网

PC 直接访问服务器的私网地址。

选择“网络”→“VPN”→“IPSec”→“监视器”选项，查看 IPSec VPN 的状态。

16.6.5 配置策略路由

1. 配置访问电信流量走电信

1）通过 HTTPS 登录总部防火墙，选择“对象”→“地址对象”→“地址节点”选项，在弹出的界面中单击“新建”按钮，配置地址对象电信，ISP 地址库选择电信的地址库。

2）选择“网络”→“路由”→“策略路由”选项，在弹出的界面中单击“新建”按钮，新建策略路由，入接口为 ge0/2，源地址为“any”，目标地址为地址对象“电信”，下一跳地址选择电信的下一跳地址，选择健康检查为“ICMP”。当这条策略路由失效时，数据会查路由表。

2．配置访问联通流量走联通

1）通过 HTTPS 登录总部防火墙，选择“对象”→“地址对象”→“地址节点”选项，在弹出的界面中单击“新建”按钮，配置地址对象联通，ISP 地址库选择联通的地址库。

2）选择“网络”→“路由”→“策略路由”选项，在弹出的界面中单击“新建”按钮，新建策略路由，入接口为 ge0/2，源地址为“any”，目标地址为地址对象“联通”，下一跳地址选择联通的下一跳地址，选择健康检查为“ICMP”。当这条策略路由失效时，数据会查路由表。

16.7　项目管理方案

为了保证本项目的顺利实施，确保项目质量并达到预期目标，需要加强项目管理和协调合作，使工作和责任更加清晰、明确，因此，本项目应建立分工明确、职责清楚、层次分明而且协调配合的科学项目管理组织架构。

16.7.1　项目组织架构与职责分工

本次项目主要由网络安全管理部承担，必要时将由相关的协助单位、硬件制造商和供应商直接提供支持。

根据特点及服务需要，本项目网络安全管理部的相关项目小组的职责分工如下：

1）领导小组：主要由网络安全管理部领导组成，职责是批准本项目方案及预算、组织项目评审及验收、协调处理重大问题等。

2）项目总体组：负责系统集成建设实施方案设计、整体协调和进度控制等，人员来自网络安全管理部、启明星辰及相关产品的系统开发商。

3）项目监理：本项目的监理方可根据实际情况由项目领导小组监督项目的实施。

4）技术专家委员会：根据整体安全需求对安全系统集成建设方案做出评价，提出指导性建议，对安全方案建设及日后的运营、维护、管理进行指导，人员主要由启明星辰技术总监和网络安全管理部资深工程师或聘请的技术专家组成。

5）项目经理：由网络安全管理部指派，根据项目总体组的决定与授权，在安全系统集成建设方案的基础上提出具体实施方案，协调具体实施进程，解决实施中出现的各类问题。

6）项目团队：项目团队在项目经理的带领下负责项目的具体实施工作，它分为系统实施组、管理培训组、质量保障组。各项目小组职责如下：

① 系统实施组：负责本项目所涉及的安全产品在项目现场的部署、调试与测试，以及基础数据准备和项目后期的技术支持工作。

② 管理培训组：负责本项目的培训方案的制订、中文培训教材编写、组织培训实施等一系列工作。

③ 质量保障组：负责本项目的实施质量，制订质量保障计划，审核项目实施过程的规范性，并保障项目中各类文档的质量。

在科学的项目管理组织领导下，网络安全管理部将调配对大型网络信息系统体系设计有丰富实施、建设和服务经验的资深专业安全技术人员进行产品安装部署、集成和技术支持与服务，保障本项目的顺利实施。

16.7.2 项目进度管理

项目建设需根据现状，按照相关技术要求进行建设。因此在项目实施中，需严格保证工作的高效率、工作的延续性、同步进行实施进度和工程质量的控制。

本项目实施将按照系统工程的方法进行，为保证项目建设质量，严格完成项目实施进度，项目建设将在项目经理负责制的基础上对产品集成、产品部署配置、工程测试验收、安全培训、技术支持、工程文档提交等各个环节的活动进行整体考虑，做到组织落实、计划落实、资金落实。

1. 关键流程控制

为了加强对本项目实施过程中关键流程的控制，将采取以下方法控制整个项目的实施，保证项目按照计划顺利实施。

建立规约：通过统一的规约对系统质量管理期间的活动进行规范统一的管理，确保系统质量管理工作过程可控，管理沟通顺畅。

制订计划，分派任务：在建立了基本的规约后，领导小组将系统质量管理活动进行分解，制订出相应的计划与时间表，并将任务落实到每一个人。总体计划由总体进度计划、测试计划、配置管理计划、过程审计计划以及培训计划、文档确认计划等一系列计划共同组成。

计划实施：计划实施工作由具体的项目小组承担，由各小组负责人负责各项具体工作的实施，实施中的每日进展数据记入配置管理库中，并直接汇报到领导小组。实施过程中产生的文档及记录由配置管理员进行集中统一管理。除此之外，配置管理人员还负责相应的测试工具以及系统中产品与文档的集中统一管理，并严格按照约定的变更方式对所管理的各文档、产品的变更进行控制。

测试方法：在进行系统测试的过程中，一般采用专业测试系统或软件进行测试，测试手段采用手工测试与工具测试相结合的方法。在测试的过程中，一般对于功能测试采用手工进行，性能测试必要时采用工具辅助进行，同时还可以采用录制脚本工具进行系统的自动功能回归测试。

总结评判：系统质量管理结束后，将产生的结果与相应的测试标准或验证标准比较后对系统进行总体的评价，评价系统是否满足功能需求以及操作需求，根据系统的测试成功率、错误数等评价系统的可靠性以及可维护性，并决策是否可以进行接收。

2. 项目进度监管

应通过项目进度报告、项目进度会议等手段切实了解项目进度，评估项目的进展情况及未按计划完成的原因，制订相应的行动方案。

针对本项目，具体使用的工具包括：

1）每周项目进度报告。

2）项目任务制定表。

3）每周工作考勤报告。

4）每周项目差异（提前或推迟）及其原因报告。

5）问题清单、尚待处理事项清单等。

3. 项目进度计划

制订行之有效的项目进度计划并进行进度控制，是按期完成各项任务的保证。在本项目中，根据项目总的进度要求制订合理可行的详细进度计划，并保证有效地将项目计划传达给每个人。

为保证本项目的顺利实施，将本项目的建设工作加以分解，并确定每一过程任务的详细计划进度，保证按照招标文件要求完成本次项目涉及的所有产品的安装与调试、培训和技术支持。

4. 实施进度计划

在进行建设时将利用当前成熟的技术或工具进行集成开发，提高系统的质量、稳定性和可扩展性，确保整个应用系统能够正常运行并具有互操作性、所有硬件系统和设备能够接通并正常运行、所有软件能够正常运行。

严格按照本项目要求完成各阶段的建设工作。

1）项目准备阶段：组织专门的项目组制订项目计划，经确认后项目正式启动。

2）需求阶段：项目正式启动后，提供的实施方案应满足项目需求中的各项要求，具体方案包括系统集成方案、安全策略方案、部署实施方案、售后运维方案等。该项目需求方案将作为项目的验收标准之一。

3）试运行阶段：在试运行阶段，根据运行情况和用户要求进行产品的优化调整，最后提交包括试运行情况在内的报告。

4）验收阶段：试运行结束后提出最终验收申请，验收通过视为项目结束。

16.7.3　项目沟通管理

项目沟通计划是本项目整体计划中的一部分，它的作用非常重要。本项目最典型也最重要的项目干系人是集团企业相关业务机构领导以及分支机构（分部）等的相关负责人、项目团队成员，而项目组成员、项目经理是较重要的项目干系人。本项目中的书面沟通大多用来进行通知、确认和要求等活动。书面沟通时注意：在描述清楚事情的前提下应尽可能简洁，以免增加负担而流于形式。

书面沟通时一般使用项目团队内部使用的备忘录、每次会议时的会议记录、对客户和非公司成员的项目报告、一些重大事项的联系单、定期向公司和项目组成员发送项目工作的简报。

面对面的交流和私人接触这一方式简单有效，很容易被大多数人接受，因此，口头沟通在本项目中也是非常重要的。口头沟通在以下情况下使用：会议、评审、私人接触、自由讨论等。在出现分歧时，一般应该和业务人员进行口头沟通，达成一致后，再通过书面形式进行确认。

16.7.4　项目变更管理

1. 变更控制的方法

变更控制是整个项目成功与否的重要因素，在项目实施过程中可采用以下变更控制方法：

1）清楚定义项目变更申请及审批控制流程。

2）明确各级项目管理控制人员的控制权限。

3）确定项目计划变更信息发布方案。

4）确保对项目实施中出现的各种情况及时处理，尽可能降低因项目变更而带来的负面影响。

2．变更控制的影响

项目变更一般会对项目时间进度、费用、质量及技术可行性等方面有影响，分类如下：

1）可以接受，不影响项目投资或时间进度。

2）可以接受，但影响项目投资或时间进度。

3）建议作为一个新项目。

4）不能接受，因为技术可行性原因（需要提供一个详细解释）。

如果评估结果表明变更对资金和时间进度没有影响，那么项目经理有最终决定权来处理这个变更请求，包括无条件接受、有条件接受（需项目执行委员会批准）、拒绝接受。

如果评估结果表明变更对资金、时间进度或满意度有影响，那么项目经理有责任量化这种影响，以便对变更结果有更准确的估计。变更请求表被返回到申请者和相关项目干系人审查及批准，由相关项目干系人和项目经理两方签字方可进行。一旦变更请求被所涉及的各个方面（包括第三方厂商等）同意和接受，变更请求就会作为工作计划的一部分影响到所有的项目文档，项目经理维护这个变更请求，在整个项目周期跟踪记录这个变更请求的执行情况，并向项目执行委员会汇报。

3．项目沟通机制

本项目工期短、技术复杂，确保项目顺利实施的一个重要因素是协调、调动项目各方的积极性与创造性。项目各参与方的密切合作和理解是项目实施成功的一个重要基石。定期的项目协调会可使项目各参与方及时了解项目进度，并处理项目中遇到的问题。项目参与方组成的特殊性（甲乙双方共同参与），决定项目管理中沟通管理的重要性，项目经理对该项目负责，同时必须对项目的沟通进行详细的规划及组织。项目组的沟通形式将采用：

1）例会。

2）电话会议。

3）E-mail。

4）其他有利于增进团队建设的沟通方式。

对于重大事项，项目经理必须采用正式发文的形式进行沟通，必要时启动重大事项通报制度。对影响项目进度的重大变更，必须提交书面申请，经项目领导小组讨论决定并签字确认后，对项目进度及相关计划进行变更处理，并以新的项目计划基线为实施标准。

4．项目绩效评估

项目绩效评估是项目干系人了解项目状态的主要手段。项目绩效评估的主要输出是项目绩效报告。项目绩效报告是将项目实际费用花费与项目推进计划相比，用于分析项目的健康状况，并分析项目未来走势。

本项目将采用绩效分析机制，通过项目定期报告、项目阶段审批、里程碑控制与项目随机检查获得绩效分析数据。

16.7.5　项目质量控制

1．质量控制目标

在本项目建设中，项目组将配备技术熟练、经验丰富的项目实施人员，所有人员都熟悉设计要求和相关的规范以及项目的质量标准，并以认真负责的态度开展专业工作，严格按照要求和质量标准提供先进、合理、可靠的安全产品并对产品进行检查验收。

启明星辰可保证所提供的货物正确安装、正常运转和保养，在其使用寿命期内具有符合质量要求和产品说明书的性能。在产品质量保证期内，启明星辰对由于设计、工艺或材料的缺陷而发生的任何不足或故障负责。根据企业自己的检验结果或有资质的相关质检机构的检验结果，启明星辰如果发现货物的数量、质量、规格与合同不符，或者在质量保证期内证实货物存在缺陷，则会协调产品采购单位完成维修或更换有缺陷的货物及部件。

在项目实施过程中，将严格按照 ISO 9000 标准的要求，遵循质量管理程序，贯彻预防为主与检验把关相结合的原则，认真执行项目实施流程，对项目实施各关键环节进行质量控制和管理，各项责任落实到人。在项目形成的每一阶段和环节，都对影响质量的因素进行预测和控制，并对质量活动的成果进行分阶段验证，以便及时发现质量问题，确保每一个环节的安全实施都在严密的质量控制之下。

2．质量控制保证

质量控制保证包括以下内容。

（1）制订质量计划

质量计划是保证项目工作质量的基础。在本项目开始时，项目组从整体考虑，对项目进行质量体系总体规划，明确所开展的活动及如何实施这些活动。

其内容包括：

1）需达到的质量目标，包括项目总质量目标和具体目标。

2）质量管理工作流程。

3）在项目的各个阶段进行职责、权限和资源的具体分配。

4）项目实施中需采用的质量手册和文档。

5）质量目标实现的检查方法。

6）为达到项目质量目标必须采取的其他措施。

（2）规范质量审核

本项目设立专门的质量控制小组，对项目实施过程中的各关键环节进行质量审核，做好质量记录，必要时将邀请监理方和相关干系人参加质量审核活动。从供货、安装、调试、集成开发、试运行到验收交付，对项目全过程实施有效的质量控制，确保直接影响项目质量的各个环节处于受控状态，主要包括：

1）进行全面的需求调研。

2）针对需求调研结果，进行全面需求分析，对风险、策略、范围、产品描述等进行说明。

3）通过论证，以保证对本次建设的需求和业务理解的正确性。

4）对安全软硬件的安装、配置、集成与测试方法制定相应的项目文档。现场使用的所有技术文件均应文本一致、完整、清晰并现行有效。

5）严格按有关标准/法规、质量计划和质量文档的规定操作。

6）需要时，对某些过程和设备是否满足要求进行认可。操作人员的技术水平必须满足规定的要求。

7）在产品实施前，按规定对安全产品进行监测、验收。

（3）实施配置管理

实施配置管理是质量保证的重要一环，目的是在项目生命周期的整个过程中建立并维护产品的完整性，保证产品配置、系统实施的高效性。

在本项目中实施配置管理，拟将主要解决的问题：

1）如何表示及管理版本不一、数量众多的项目文档。

2）在产品交付之前和交付之后如何控制变更及实现有效的变更。

3）谁有权批准变更以及安排变更的优先级。

4）实施配置管理的主要工作内容包括配置标识、版本管理、变更管理、配置审核及配置报告等。

5）项目组制订实施配置管理计划，包括配置标识的详细说明，配置状态的记录和报告，配置管理所使用的工具、技术和方法等。

6）设立配置管理人员，定期对配置项进行检查，并记录、报告检查结果。

（4）质量文档管理

项目组将严格按照要求，并严格执行项目管理流程和规范，设置项目文档管理员来负责安全建设期间项目过程记录和项目文档的监督执行、汇总与管理。项目中与项目质量有关的需求调研、设计报告、产品检验报告、配置文档、项目变更、现场实施记录等文件，内容应准确、完整、协调和一致。

项目的技术和管理文档将作为项目成果的一个组成部分，在项目结束时归档管理。除技术文档外，在项目期间对下列项目资料也应收集保管：

1）工作过程记录。

2）提交的需求文档。

3）需求改变报告和批准书。

4）测试方案和测试结果报告。

5）签署的阶段成果确认书。

6）各阶段和各环节的评审报告。

7）质量检查记录。

8）产品验收记录。

9）各产品实施配置文档。

10）阶段工作总结报告。

11）会议纪要和备忘录。

12）项目管理文档等。

本章小结

本章介绍了边界防火墙部署方式，该部署方式是典型的企业网络边界的防火墙部署模式。本章以某大型企业网络安全边界优化改造项目为例，对项目背景、项目范围、项目需求分析、项目原则、项目总体方案设计、项目实施过程及项目管理方案进行了具体介绍，内容涵盖工程项目从规划到实施、从技术到管理。在项目实施中，包括了默认路由、源地址转换、目标地址转换、IPSec VPN、策略路由的配置过程，是对前面章节所学内容的综合应用。

第 17 章 大型企业服务器区防火墙案例

进行企业网络架构设计时，企业服务器区域的需求包括抵御针对服务器的非法访问，如网络入侵、DoS 攻击、病毒植入等。防火墙一般以透明模式部署在服务器前面，在安全性要求较高的企业，往往还会部署专业的 WAF 设备和 IPS 设备，均透明串行部署在服务器前方。下一代防火墙提供了一部分 WAF 和 IPS 的功能，在一定程度上可以替代两者的工作。对于串行部署，任何一个环节故障都会导致网络中断，所以防火墙的位置非常关键，通常采用双机部署，互相提供备份。同时，为了掌握防火墙的实时状态，一般需要启用 SNMP 服务和 Syslog 服务，实时监控防火墙的状态。

本章就围绕上面介绍的这些需求，对防火墙进行逐一配置和实验。

17.1 项目背景

某大型企业网络安全管理部为确保企业网络的可用性、数据的保密性，通过对市场产品进行多轮对比分析，选定启明星辰下一代防火墙的网络安全综合解决方案。在上一章中，通过一段时间的调研分析、采购建设、网络部署实施，该企业已经初步完成了本部与分支机构（分部）的网络安全通道搭建、网络访问智能链路选择等建设工作。目前该大型企业的大部分业务系统已经完成网络割接和调试工作，陆续上线提供服务。

在近期网络的实际运行和使用中，网络安全管理部发现网站应用服务器及数据库服务器存在异常情况，偶尔发现网站应用服务器访问效率低下，登录发现网站应用服务器 CPU 和内存占用率较高，同时服务器所部署的网络版杀毒软件频繁提示存在木马病毒。网络安全管理部的工程师高度怀疑服务器遭到 DoS 攻击或病毒入侵等严重的网络攻击行为。同时，在某市的网络安全执法检查过程中，民警同志指出该企业没有根据《网络安全法》相关要求留存至少 180 天的网络日志，这不符合法律强制性要求，也不利于网络应急处置事件的回溯、日志取证分析工作。

结合近期频发的服务器攻击事件，依据《网络安全法》的相关要求，网络安全管理部的工程师系统地分析了企业总部的网络现状，确定为提升企业网站系统的安全性、稳定性，将其在 DMZ 的单台防火墙优化为冗余部署的启明星辰下一代防火墙，避免由于单台防火墙故障而导致整体串行链路的业务失效。为了节约成本，进一步提升资金利用效率，按照启明星辰网络安全综合解决方案，在 DMZ 边界防火墙上增加采购 IPS（入侵防御）、防病毒、WAF（Web 应用防火墙，用于 Web 攻击防护）等功能模块授权，节约网络安全经费支出。并在企业内部搭建 Syslog、SNMP 服务器，用于保存相关网络安全日志并监控防火墙及相关网络业务系统的实时状态，满足合规性要求的同时，提升网络入侵等的分析溯源取证能力，进一步筑牢该大型企业的网络安全防线。

17.2　项目范围

本次 DMZ 网络安全加固范围如表 17-1 所示。

表 17-1　DMZ 网络安全加固范围

序号	类别	内容
1	网络安全设备	原 DMZ 防火墙
2	网络安全设备	启明星辰下一代防火墙
3	服务器	Web 服务器
4	数据库	Web 业务数据库
5	服务器	Syslog 服务器
6	服务器	SNMP 服务器
7	终端	办公终端

该大型企业 DMZ 目前部署了一台采购时间较久的网络防火墙，在使用过程中频繁发生故障导致网站业务停滞，给企业带来了一定的负面影响。同时，近期网络安全管理部工程师频繁发现对企业 DMZ 网站的攻击行为，以及服务器存在异常情况。

由于近期网络攻击频繁，企业总部所在地网络安全部门对该企业开展了一次网络安全专项检查工作，在检查过程中，民警提出该企业没有按照《网络安全法》的要求存留至少 180 天的网络日志，不便于发生网络业务系统故障、网络攻击事件时进行分析和取证。

17.3　项目需求分析

项目要求包括下列内容：

1）网络安全管理部需优化 DMZ 网络结构，将当前部署的单台防火墙改为冗余部署的两台启明星辰下一代防火墙，并按照启明星辰综合网络安全解决方案进行配置和优化，确保两台防火墙可以协同工作、互为备份。

2）按照互联网网站的实际业务情况和客户群体，根据网站业务的端口开放情况，严格优化配置网站防火墙上的安全防护策略，除可访问允许的客户端 HTTP 流量外，阻断对网站业务服务器其他端口的访问请求。

3）根据风险评估结果以及网络脆弱性分析结果，按照启明星辰综合网络安全解决方案指导，配置 DMZ 防火墙，开启服务器入侵防护、病毒防护、攻击防护等功能模块并配置防护策略，对网站服务器提供深度防护，最大程度过滤、阻断网络黑客等攻击行为。

4）开启防火墙的日志发送功能，并在企业内部的服务器区搭建 Syslog 服务器，作为日志综合收集分析管理中心，实时收集来自防火墙和其他网络业务系统的日志信息，进行统一分析，便于未来发生网络安全事件后的溯源取证。

5）开启防火墙的 SNMP 功能，并在企业内部的服务器区搭建 SNMP 服务器，网络安全管理部相关运行维护工程师可以依托 SNMP 服务器实时监控防火墙运行状态，并根据运行状态及时做出问题响应。

17.4 项目原则

为了达到项目建设目标，本次项目建设将遵循以下原则。

1. 综合防范、整体安全

坚持管理与技术并重，从人员、管理、安全技术手段等多方面着手，建立综合防范机制，实现整体安全。

2. 同步建设

安全保障体系规划与系统建设同步，协调发展，将安全保障体系建设融入信息化建设的规划、建设、运行和维护的全过程中。

3. 纵深防御，集中管理

可构建一个从外到内、功能互补的纵深防御体系，对资产、安全事件、风险、访问行为等进行集中统一分析与监管。

4. 实用性与先进性

采用先进成熟的技术满足当前的业务需求，兼顾其他相关的业务需求，尽可能适应更多的数据传输，使整个系统在一段时期内保持技术的先进性，并具有良好的发展潜力，以适应未来业务的发展和技术升级的需要。

5. 安全性与可靠性

为保证将来的业务应用，系统必须具有高可靠性。要对整体结构、网络设备等的各个方面进行高可靠性的设计和建设。在采用硬件备份、冗余等可靠性技术的基础上，采用相关的软件技术提供较强的管理机制、控制手段、事故监控和网络安全保密等技术措施，提高网络系统的安全可靠性。

6. 灵活性与可扩展性

由于整个系统是一个不断发展的系统，因此它必须具有良好的扩展性，能够根据将来信息化的不断深入发展的需要，方便地扩展网络覆盖范围，扩大容量和提高系统各层次节点的功能。

7. 开放性与互联性

具备与多种协议的计算机通信网络互联互通的特性，确保网络系统基础设施的作用可以充分发挥，在结构上真正实现开放，基于国际开放标准，包括各种广域网、局域网、计算机及数据库协议，坚持统一规范的原则，为未来的业务发展奠定基础。

17.5 项目总体方案设计

企业服务器区案例拓扑如图 17-1 所示。

防火墙部署在内部网络和服务器之间，以透明模式部署，客户端和服务器处在同一个网段内。两台防火墙工作在主备模式，开启安全功能、SNMP 服务、Syslog 日志。

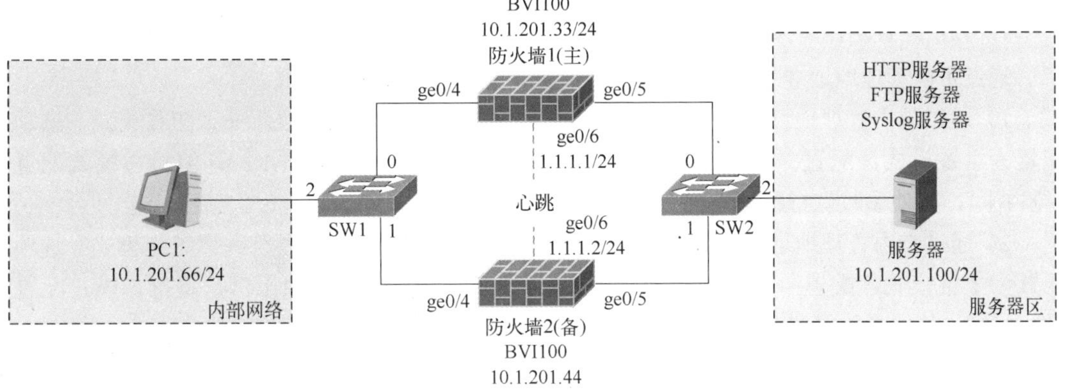

图 17-1　企业服务器区案例拓扑

17.6　项目实施过程

本项目的实施需要配置两台防火墙的透明桥、主备模式、入侵防御、防病毒等安全防护功能，以及 Syslog 日志和 SNMP 服务。

17.6.1　配置透明桥

1．分别配置两台防火墙接口

通过 Console 口登录防火墙 1 和防火墙 2 配置接口。

1）通过 Console 口登录防火墙 1，按照要求配置带外管理 IP 地址，开启防火墙 HTTPS 的管理方式。

2）通过 Console 口登录防火墙 2，按照要求配置带外管理 IP 地址，开启防火墙 HTTPS 的管理方式。

3）通过 HTTPS 登录防火墙 1，选择“网络”→“接口”→“物理接口”选项，按照要求配置防火墙 1 的 ge0/6 口 IP 地址 1.1.1.1/24。

4）通过 HTTPS 登录防火墙 2，选择“网络”→“接口”→“物理接口”选项，按照要求配置防火墙 2 的 ge0/6 口 IP 地址 1.1.1.2/24。

2．分别配置两台透明模式防火墙和带内管理地址

登录防火墙 1 和防火墙 2 配置透明桥接口及带内管理地址。

1）通过 HTTPS 登录防火墙 1，选择“网络”→“接口”→“透明桥”选项，创建透明桥接口 BVI100，分别将 ge0/4 和 ge0/5 加入透明桥接口，桥接口配置带内管理地址 10.1.201.33/24，开启 HTTPS 和 ping 访问。

2）通过 HTTPS 登录防火墙 2，选择“网络”→“接口”→“透明桥”选项，创建透明桥接口 BVI100，分别将 ge0/4 和 ge0/5 加入透明桥接口，桥接口配置带内管理地址 10.1.201.44/24，开启 HTTPS 和 ping 访问。

17.6.2 配置双机热备

1. 分别配置两台防火墙主备模式

通过带内管理地址登录防火墙 1 和防火墙 2，配置防火墙主备模式。

1）通过带内管理地址登录防火墙 1，选择“系统”→“高可用性”→“工作模式”选项，配置为主备模式，配置“首选通信地址”（本地：1.1.1.1；对端：1.1.1.2），将抢占模式配置为“抢占主”，其他参数保持默认设置。

2）通过带内管理地址登录防火墙 2，选择“系统”→“高可用性”→“工作模式”选项，配置为主备模式，配置“首选通信地址”（本地：1.1.1.2；对端：1.1.1.1），将抢占模式配置为“抢占备”，其他参数保持默认设置。

2. 配置自动配置同步

通过带内管理地址登录防火墙 1 和防火墙 2，配置自动配置同步。

1）通过带内管理地址登录防火墙 1，选择“系统”→“高可用性”→“配置同步”选项，配置本地地址为 1.1.1.1，对端地址为 1.1.1.2，并选择“自动同步”复选框。

2）通过带内管理地址登录防火墙 2，选择“系统”→“高可用性”→“配置同步”选项，配置本地地址为 1.1.1.2，对端地址为 1.1.1.1，并选择“自动同步”复选框。

3. 配置会话同步

通过带内管理地址登录防火墙 1 和防火墙 2，配置会话同步。

1）通过带内管理地址登录防火墙 1，选择“系统”→“高可用性”→“数据同步”选项，配置“首选通信地址”（本地：1.1.1.1；对端：1.1.1.2），并选择“连接同步”和“FDB 表项同步”复选框。

2）通过带内管理地址登录防火墙 2，选择“系统”→“高可用性”→“数据同步”选项，配置“首选通信地址”（本地：1.1.1.2；对端：1.1.1.1），并勾选“连接同步”和“FDB 表项同步”复选框。

4. 配置故障检测

通过带内管理地址登录防火墙 1 和防火墙 2，配置故障检测。

1）通过带内管理地址登录防火墙 1，选择“系统”→“高可用性”→“故障检测”→“接口监控”选项，创建 ge0/4 和 ge0/5 的接口监控。

2）通过带内管理地址登录防火墙 2，选择“系统”→“高可用性”→“故障检测”→“接口监控”选项，创建 ge0/4 和 ge0/5 的接口监控。

3）分别登录防火墙 1 和防火墙 2，进行保存配置。

5. 监控双机状态

登录防火墙 1 和 2 查看状态。

1）登录防火墙 1，查看“系统”→“高可用性”→“监控”的 HA 状态，本端为主状态，对端为备状态，接口监控都是 Up。

2）通过“系统”→“高可用性”→“监控”→“检查配置”选项，检测两端配置是否一致。

3）登录防火墙 2，查看“系统”→“高可用性”→“监控”的 HA 状态，本端为备状态，对端为主状态，接口监控都是 Up。

17.6.3　配置防火墙策略

按照以下步骤配置防火墙策略。

1．配置地址对象

通过 HTTPS 登录防火墙 1，选择“对象”→“地址对象”→“地址节点”选项，在弹出的界面中单击“新建”按钮，分别创建内网地址对象和服务器地址对象。

2．配置服务对象

通过 HTTPS 登录防火墙 1，选择“对象”→“服务对象”→“服务组”选项，在弹出的界面中单击“新建”按钮，将预定义服务中的 HTTP、FTP、ICMP 添加到服务组。

3．配置防火墙策略

分别配置防火墙 1 和防火墙 2 的策略。

1）通过 HTTPS 登录防火墙 1，选择“策略”→“防火墙”→“策略”选项，在弹出的界面中单击“新建”按钮，配置防火墙策略，引用之前创建的地址对象和服务对象，放行服务器的流量。

2）通过 HTTPS 登录防火墙 2，查看防火墙 2 的地址对象、服务对象和安全策略。确认防火墙 1 的配置被同步到防火墙 2。（后续的实验步骤只需要在防火墙 1 上配置即可）

4．基本连通性验证

基本连通性验证步骤：

1）检查服务器端 HTTP 服务器和 FTP 服务器的运行情况。

2）PC1 ping 服务器，可以 ping 通。

3）PC1 使用浏览器访问 HTTP 服务，可以访问。

4）PC1 使用 FTP 客户端访问 FTP 服务，可以访问。

5）通过 HTTPS 登录防火墙 1，通过“监控”→“会话”→“标准会话”选项，可以查询到源地址为 PC1 地址，目标地址为服务器地址，目标端口为 21 的会话信息。

6）通过 HTTPS 登录防火墙 2，通过“监控”→“会话”→“标准会话”选项，可以查询到源地址为 PC1 地址，目标地址为服务器地址，目标端口为 21 的会话信息。策略 ID 为“-”。

17.6.4　配置安全防护策略

配置以下安全防护功能。

1．配置入侵防御

通过 HTTPS 登录防火墙，配置入侵防御。

1）通过 HTTPS 登录防火墙 1，选择“安全防护”→“入侵防护”→“事件集”→“新建”选项创建自定义事件集。

2）选择创建的自定义事件集的“详细”→“添加事件”选项，添加具体的入侵事件。

3）选择“安全防护”→“入侵防护”→“自定义事件”→“新建”选项，创建自定义事件，填写事件名称、协议、特征、日志、动作和级别。

4）在事件集中添加创建的自定义事件。

2. 配置防病毒

通过 HTTPS 登录防火墙，进行防病毒配置。

1）通过 HTTPS 登录防火墙 1，选择“策略”→“安全防护”→“病毒防护”→“新建”选项，创建病毒防护配置。选择“HTTP”、“FTP”协议，动作选择“阻断”。

2）通过 HTTPS 登录防火墙 1，选择“策略”→“安全防护”→“病毒防护”→“文件类型配置”选项，选择“扫描任何文件”。

3. 配置攻击防护

通过 HTTPS 登录防火墙 1，选择“策略”→“安全防护”→“攻击防护”→“新建”选项，创建攻击防护配置，启用“Anti-Flood Attack”功能，并设置“每主机报文速率限制(源 IP)”为 100/s，动作为“告警”。

4. 配置安全防护策略

通过 HTTPS 登录防火墙 1，选择“策略”→“安全防护”→“防护策略”→“新建”选项，创建安全防护策略，分别引用之前创建的入侵防护、防病毒、攻击防护模板，并开启日志。

5. 开启本地日志

选择“日志”→“日志管理”→“日志过滤”→“本地日志”选项，选择“病毒防护”“入侵防护”“防 Flood 攻击”“防火墙策略”，级别选择“信息”。

6. 内部主机尝试入侵服务器

1）登录 PC1，通过入侵工具针对服务器发起入侵行为（也可以是能命中自定义 IPS 事件特征的流量），攻击失败。

2）登录 PC1，通过 FTP 客户端向 FTP 服务器上传病毒文件，上传失败。

3）登录 PC1，通过 HTTP 浏览器向 HTTP 服务器上传病毒文件，上传失败。

4）登录 PC1，通过发包工具，如“XCAP”，发送 DoS 攻击，攻击速率大于每秒 200 次。

5）选择“日志”→“安全日志”选项，查看“病毒防护”“入侵防护”“防 Flood 攻击”的日志信息，可以看到攻击阻断日志。

17.6.5 配置 Syslog

Syslog 服务器与防火墙进行如下配置。

1. 搭建 Syslog 服务器

登录服务器主机，安装 Syslog 服务器软件，开启软件监听 UDP 514 端口的 Syslog 消息。

2. 配置防火墙日志过滤

通过 HTTPS 登录防火墙，配置日志过滤。

1）通过 HTTPS 登录防火墙 1，选择“日志”→“日志管理”→“日志服务器”→“启用 Syslog 服务器”选项，开启 Syslog 服务器。配置服务器 1 的地址和端口。

2）选择“日志”→“日志管理”→“日志过滤”→“Syslog 日志”选项，选择“病毒防护”“入侵防护”“防 Flood 攻击”“防火墙策略”，级别选择“信息”。

3．产生 Syslog 日志

产生 Syslog 日志，查看日志信息。

1）登录 PC1，通过 HTTP 访问服务器，触发“安全策略”的放行日志。

2）查看 Syslog 服务器的日志信息，可以查询到对应的流量日志。

17.6.6　配置 SNMP

登录防火墙配置 SNMP，并配置 SNMP 服务器。

1．配置防火墙 SNMP

通过 HTTPS 登录防火墙 1，选择“系统”→“SNMP”→“SNMP 代理”→“启用”选项，版本选择 v1、v2c、v3，将 SNMP 团体设置为“public”。

2．搭建 SNMP 服务器

配置 SNMP 服务器的步骤如下：

1）登录 PC1，安装 Mib Browser 软件。

2）运行 Mib Browser，单击“SNMP Protocol Preferences”，设置 SNMP 版本和 Read Community 信息。

3）在“Remote SNMP agent”中输入防火墙 1 的带外管理地址。单击“Contact”连接防火墙，提示连接成功，窗口返回防火墙在线运行时间。

4）选择具体的 MIB 节点，单击鼠标右键，单击目录中的“Walk”，访问指定的 MIB 节点，返回当前节点的信息。

5）选择 MIB 节点树，单击鼠标右键，单击目录中的“Prompt For OID”，输入防火墙私有 MIB 的 OID，单击“GET”，返回对应的信息。

本章小结

本章通过某大型企业服务器区防火墙的部署案例，介绍防火墙透明模式双机热备应用场景及常用功能的配置方法，包括透明桥、主备模式、入侵防御、防病毒、攻击防护、安全防护策略、本地日志、Syslog 日志、SNMP 服务的配置过程。本章案例对工程项目的项目背景、项目范围、项目需求分析、项目原则、项目总体方案设计以及项目实施过程进行了全面介绍。

附录　习题参考答案

第1章

一、填空题

1. 源地址　目标地址　传输协议　端口号
2. 静态包过滤
3. 入方向　出方向
4. 隐藏
5. 传输　应用

二、判断题

1. 错误　2. 错误　3. 正确　4. 错误　5. 正确

三、简答题

1. 防火墙是作用于不同的安全域之间，具备访问控制及安全防护功能的网络安全产品。

2. 第一代包过滤防火墙，第二代应用代理防火墙，第三代状态检测防火墙，下一代防火墙。

3. 包过滤防火墙根据定义好的过滤规则检查每个数据报并确定数据报是否与过滤规则匹配，从而决定数据报能否通过。

4. 下一代防火墙应具备以下特点：

1）具备基本的安全特性，如安全策略、包过滤、NAT（网络地址转换）和VPN等。

2）集成一套高效的入侵检测引擎和丰富的攻击特征。

3）应用识别和全栈（L2～L7）应用可视化。支持基于应用特征的识别。

4）智能化的访问控制。

5）高性能。

6）支持用户的识别。

第2章

一、填空题

1. 可信任的安全域　DMZ　不可信任的安全域
2. 全双工　半双工
3. MAC
4. 电口 光口

5．Trunk

二、判断题

1．错误　　2．正确　　3．错误　　4．正确　　5．错误

三、选择题

1．AC　　2．D　　3．D　　4．C　　5．A

第3章

一、填空题

1．源　　目标

2．路由信息　　路由信息

3．隐藏

4．32　　点分十进制

5．入接口　　源地址　　目标地址　　服务

二、判断题

1．错误　　2．正确　　3．错误　　4．错误　　5．错误

三、选择题

1．C　　2．ABCD　　3．C　　4．C　　5．D

第4章

一、填空题

1．心跳协议

2．心跳口

3．主主　　主备　　主备　　主主

4．可用性

5．IP　　透明桥接口

二、判断题

1．正确　　2．错误　　3．正确　　4．正确　　5．正确

三、选择题

1．B　　2．B　　3．C　　4．ABC　　5．A

第5章

一、填空题

1．透明模式　　路由模式

2．镜像

3．物理　　逻辑

4．VLAN

5．旁路检测

二、判断题

1．错误　　2．正确　　3．正确　　4．正确　　5．错误

三、选择题

1．AB　　2．C　　3．AD　　4．D　　5．D

第6章

一、填空题

1．传输模式　隧道模式

2．Web 代理模式　隧道模式

3．数据机密性　数据完整性　数据验证

4．数据链路层

5．封装安全有效负载（ESP）　验证报头（AH）

二、判断题

1．正确　　2．错误　　3．正确　　4．错误　　5．错误

三、选择题

1．C　　2．AC　　3．D　　4．D　　5．C

第7章

一、填空题

1．入侵防御

2．自我繁殖　复制

3．木马

4．特征库

5．MAC 地址

二、判断题

1．错误　　2．错误　　3．错误　　4．错误　　5．正确

三、选择题

1．A　　2．B　　3．C　　4．B　　5．C

第8章

一、填空题

1．URL 分类

2．应用控制

3．放行或阻断

4．源地址　用户　URL 分类　文件类型　时间对象　网页关键字

5. 自定义 URL 分类　预定义 URL 分类　URL 组

二、判断题

1. 错误　　2. 错误　　3. 错误　　4. 错误　　5. 正确

三、选择题

1. AB　　2. D　　3. C　　4. B　　5. B

第 9 章

一、填空题

1. 系统日志　审计日志　VPN 日志　安全日志　配置审计日志
2. 8　0 级（紧急）
3. Syslog 格式　本地日志　E-mail 日志
4. 审计
5. 安全日志

二、判断题

1. 错误　　2. 错误　　3. 错误　　4. 正确　　5. 错误

三、选择题

1. B　　2. C　　3. A　　4. B　　5. C